普通高等教育"十三五"规划教材

金属材料工程实验教程

主　编　仵海东

副主编　李春红　曹献龙　周安若

U0342546

北　京

冶金工业出版社

2017

内 容 提 要

本书根据金属材料工程专业人才培养目标的要求,以金属材料和表面工程方向的典型共性实验为基础,兼顾综合性、特色性实验,选择了80个实验项目进行介绍。内容涉及"材料科学基础(金属学)"、"金相分析"、"金属力学性能"、"金属物理性能"、"热处理原理与工艺"、"材料制备"、"材料现代分析测试技术"、"金属腐蚀原理"、"涂装工艺学"、"涂料制造工艺"、"电镀工艺学"、"涂层检测技术"等专业主干课程,每个实验包含了实验目的、实验设备及材料、实验原理、实验方法与步骤、注意事项和实验报告要求等内容,并且列出了与实验内容相关的思考题。

本书可作为高等院校材料科学与工程、金属材料工程及相关专业的实验教材,也可作为研究生及其他专业人员的参考书或培训教材。

图书在版编目(CIP)数据

金属材料工程实验教程/仵海东主编. —北京:冶金工业
出版社,2017.7

普通高等教育"十三五"规划教材

ISBN 978-7-5024-7530-7

Ⅰ.①金… Ⅱ.①仵… Ⅲ.①金属材料—实验—高等
学校—教材 Ⅳ.①TG14-33

中国版本图书馆 CIP 数据核字(2017)第 118268 号

出 版 人 谭学余
地　　址 北京市东城区嵩祝院北巷 39 号 邮编 100009 电话 (010)64027926
网　　址 www.cnmip.com.cn 电子信箱 yjcbs@cnmip.com.cn
责任编辑 赵亚敏 美术编辑 吕欣童 版式设计 孙跃红
责任校对 李 娜 责任印制 牛晓波
ISBN 978-7-5024-7530-7
冶金工业出版社出版发行;各地新华书店经销;三河市双峰印刷装订有限公司印刷
2017 年 7 月第 1 版,2017 年 7 月第 1 次印刷
787mm×1092mm 1/16;21 印张;505 千字;325 页
42.00 元

冶金工业出版社 投稿电话 (010)64027932 投稿信箱 tougao@cnmip.com.cn
冶金工业出版社营销中心 电话 (010)64044283 传真 (010)64027893
冶金书店 地址 北京市东四西大街 46 号(100010) 电话 (010)65289081(兼传真)
冶金工业出版社天猫旗舰店 yjgycbs.tmall.com
(本书如有印装质量问题,本社营销中心负责退换)

前　言

　　金属材料工程是一个理论与实践联系非常紧密的专业，实验教学作为理论与实践联系的重要环节，对于培养实际动手能力和分析与解决问题的能力非常重要。

　　本实验教材根据金属材料工程专业的金属材料方向和表面工程方向的人才培养目标的要求，以金属材料和表面工程的典型共性实验为基础，兼顾综合性、特色性实验，旨在培养学生的实验技能、动手能力、研究能力和创新能力。本教材汇集了材料科学基础（金属学）、金相分析技术、金属力学性能、金属物理性能、热处理原理与工艺、材料制备、材料现代分析测试技术、金属腐蚀原理、涂装工艺学、涂料制造工艺、电镀工艺学、涂层性能检测等金属材料与表面工程的专业主干课程的相关实验。每个实验包含了实验目的、实验设备及材料、实验原理、实验方法与步骤、注意事项和实验报告要求等内容，并且列出了与实验内容相关的复习思考题，以供学生加深对相关实验的理解和相关背景知识的学习。

　　全书按照金属材料制备、工艺（热处理）、组织结构分析、性能测试和应用（表面处理）进行分类编排，以实现内容编写的系统性和科学性。在实验项目的选择上，既考虑了金属材料工程专业的基础性和通用性实验，又兼顾学科发展的最新成果，如原子力和磁力显微镜的应用。实验内容具有一定的深度和广度，可作为高等院校材料科学与工程、金属材料工程及相关专业的实验教材，也可作为相关专业人员的参考书。

　　本书由仵海东担任主编，李春红、曹献龙、周安若担任副主编。全书分6章共80个实验项目。编写人员分工为：仵海东编写第2章实验1~11，第4章实验1~6，第6章实验1~6；李春红编写第1章实验1~8，第2章实验12，第3章实验11，第4章实验7~11；曹献龙编写第5章实验1~12，第6章实验7~

19；周安若编写第 3 章实验 1~10，第 3 章实验 12~18。全书由仵海东、李春红统稿。

　　本书在编写过程中，参考了国内公开出版的相关教材、论著和论文等内容，在此向各位作者表示衷心感谢！本书编写过程中得到了重庆科技学院冶金与材料工程学院许多老师的支持和帮助，在此向他们表示诚挚的谢意！同时感谢重庆科技学院给予的鼎力支持！

　　由于作者水平有限，书中难免存在不妥之处，恳请广大读者批评指正。

作　者

2017 年 1 月

目　录

金属材料制备实验

实验1　合金非真空高频熔炼

一、实验目的

（1）熟悉非真空高频熔炼炉的工作原理、构造和应用。

（2）掌握非真空高频熔炼的操作方法。

二、实验设备及材料

（1）实验设备：GGR-50-2-B-JL型高频感应炉，箱式高温炉，坩埚，天平，搅棒，打渣瓢，抱钳。

（2）实验材料：工业纯铁，电解钴，电解镍，电解铜，电解铝，海绵钛，铌铁，硫化亚铁，结晶硅，硅钙合金，电极碳。

三、实验原理

感应电炉熔炼是利用电磁感应和电流热效应原理进行工作的，当线圈通过各种频率交变电流时，线圈周围产生交变磁场，放入线圈中的金属材料在交变磁场的作用下产生感应电动势，从而在金属材料内形成感应电流，感应电流在金属中流动产生热量，使其融化并进一步使液态金属过热。这种熔炼加热快、温度高、搅动能力强，适用于需要较高熔炼温度的合金。

材料内形成的感应电流成漩涡状，涡流密度从坩埚的中心到表层分布不均匀，坩埚壁密度大，电流频率高，坩埚内部密度小，外部的感应电动势和电流比内部大，这种现象称为"集肤效应"。频率越高，"集肤效应"越明显，因此电流频率应与坩埚直径相适应。

感应熔炼依照频率不同可分为高频感应熔炼、中频感应熔炼。高频感应加热设备实际上是一个大功率的变频器，通过设备本身的电子装置，将50Hz的工频交流电变为几十到数百千赫兹的高频交流电，用来加热金属，所以又称它为电子管式高频发生器，工厂中常称为高频炉。

高频感应加热设备主要由三相可控整流器、电子管振荡器和控制电路三大部分组成，其结构方框图如图1-1所示。三相可控整流器的作用是将电压为380V的工频交流电先经过阳极变压器升压，升高到某一数值，例如10kV，然后再由三相可控整流器整流为6.75~13.5kV连续可变的直流电压，并供电给振荡器。振荡器的作用是将高压直流电变换为高频高压交流电，其常用的频率范围是90~300kHz（超音频振荡器的常用频率范围是30~60kHz），再经高频高压LC振荡槽路柜连接到熔炼炉。当高频电流流过感应器时，感应器内便产生强大的高频磁场，金属材料因感应涡流而发热，在极短时间内就被加热到所需的温度。控制电路的作用是保证高频感应加热设备按操作规程安全地运行，以及确保操作者的人身安全。

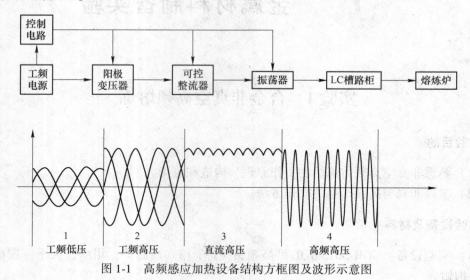

图 1-1　高频感应加热设备结构方框图及波形示意图

四、实验方法与步骤

1. 配料

配料是按规定的化学成分范围，根据原材料成分和单炉装入量进行计算称量的过程，配料过程如下：

（1）金属原材料的外在质量要求：工业纯铁需光亮无锈；镍、钴、铜、铝材必须干燥，且洁净、无异物。

（2）投料配比见表 1-1。

表 1-1　投料配比

成分	Al	Ni	Co	Ti	Cu	C	Nb	Si	S	Ca$_{31}$Si$_{60}$	余
质量分数/%	7.5	14.5	34.5	5.1	3.2	0.03	1.0	0.3	0.25	0.10	Fe

（3）铝、镍、钴、铜、钛、铁等金属料用量程为 10kg 台秤称量，铌铁、结晶硅、硫化亚铁、硅钙合金、电极碳等材料用量程为 0.5kg 药物天平称量，将称量好的料装入试样袋中。

2. 熔炼

（1）先将钴片、镍块，工业纯铁和电解铜等材料同时加入炉内，大片料应顺炉壁摆放，电解镍板应放置在高层，装料力求紧实，以便迅速熔化。

（2）启动高频加热设备，以最大功率进行熔化，熔化过程中，随时捅料，以防料悬空"架桥"。

（3）材料全熔后，将硅钙合金粉倒入不锈钢小铲中，撒入钢液面进行预脱氧，捞去熔渣后，将炭粉均匀地撒在液面上，让其充分地进行碳氧反应，反应时间隔 30s。

（4）待碳氧反应完毕后，将硫化亚铁放入不锈钢小铲中加入炉内，随时捞出熔渣，并顺次加入铌铁和结晶硅。

（5）加入结晶硅后，液面出现羽毛花纹，待金属液面中仅剩 1/3 羽毛状花纹或全部消失时，立即加入钛、铝金属，并用经 950~1000℃ 烘烤后的搅拌棒对钢液进行充分地搅拌，为使其成分均匀，上下搅拌次数不少于 40 次，搅拌后停电，静置 2min 后升温，搅拌出钢。

（6）确认搅拌均匀后，停电、抬炉、浇注，浇注温度控制在 1650℃ 左右，在高压 12~12.5kV，阳极电流 3A 左右，栅极电流 0.6A 左右时，正常熔炼时间应控制在 0.8kg/min 以内。

3. 浇注

（1）在搅拌钢液即将结束，迅速地用大抱钳将高温成型模壳从 1350℃ 的高温炉中取出，判定型模壳底部平整无开裂现象后，立即放在定向结晶钢板上，放上压铁。

（2）迅速抬起坩埚，大流量浇注，同时将结晶器冷却水开至最大。10kg 钢力求控制在 5~6s 内浇完。夹型、施压、浇注、开水要求配合严密，动作敏捷，整个过程应在 1~2min 内完成。

（3）浇注完后，取出压铁，从高温炉中夹出红砖，放在取向型模盖上，然后将整个浇注热型模用保温罩盖上，静置不动，钢液在型壳内结晶时间保持 20~30min。

（4）浇注后用钢钎清理坩埚壁和炉底的熔渣。

4. 清砂

将经过定向结晶的磁钢铸件从型模中清理出来的过程叫清砂，清砂按下列步骤进行：

（1）用小钢钎去掉保温帽，把浇注口上残余金属取下，将完好的保温帽叠放好，下次备用。

（2）敲掉型模四周砂层，露出铸件，用榔头敲击铸件保温层金属，使结晶取向的铸件沿保温层金属面自行掉落。

五、注意事项

（1）环境要求：

1）环境温度：5~40℃。

2）相对湿度：最高环境温度 40℃ 时不超过 50%，在正常环境温度 20℃ 以下不超过 90%。

3）周围空气：周围没有导电尘埃，爆炸性气体及腐蚀性气体。

4）没有明显的振荡和颠簸。

（2）设备的供水要求：pH 值，6.5~8.5；硬度，不大于 60mg/L；电导率，不大于 50μS/cm；进水压力，0.2~0.3MPa；用水量，160L/min；进水温度，9~30℃。

（3）设备供电：3 相，380V±10%，50Hz±1%，180kV·A。

（4）设备的绝缘电阻：控制电路不小于 0.5MΩ；栅极电路不小于 20MΩ；阳极电路不小于 100MΩ。

（5）电子管 FD-911S 使用时，保证阳极电压为 13.5kV 时阳极电流不大于 12.5A，栅极电流不大于 2.5A。

（6）设备停机，切断灯丝电压 15min 后才能停风停水。

（7）在没有加上灯丝电压之前，要先对电子管冷却，在电子管各电极断电 15min 后才可以停止对电子管冷却。

（8）开始投入工作的新电子管或达 10 天以上未使用的电子管在使用时均应加正常灯丝电压 10~15min 后，再加阳极、栅极电压。

六、实验报告要求

（1）每人一份实验报告，报告应包括实验目的、实验原理、实验设备和材料、实验方法与步骤、实验结果与分析。

（2）分析讨论铝镍钴合金熔炼过程中出渣，熔化时间控制，合金放置顺序的作用和注意事项。

（3）指出实验过程中存在的问题，并提出相应的改进方法。

七、思考题

（1）高频熔炼与中频熔炼有何区别？

（2）高频熔炼为什么能保障合金的化学成分？合金添加顺序为什么从熔点高的到熔点低的？

（3）高频熔炼中电感调节器的作用是什么？

实验 2　合金真空感应熔炼

一、实验目的

（1）熟悉真空感应熔炼炉的工作原理、构造和应用。

（2）掌握真空感应熔炼的操作方法。

二、实验设备及材料

CXZT-0.5 真空感应熔炼炉，真空电阻炉，坩埚，天平，砂纸，锰片，铋颗粒。

三、实验原理

1. 真空感应熔炼原理

真空感应熔炼（Vacuum Induction Melting, VIM）是在真空条件下，利用电磁感应在金属内产生涡流对炉料进行加热熔炼的方法，该工艺具有熔炼室体积小，抽真空时间和熔炼周期短，温度压力便于控制，材料的净化效果好，熔炼出的材料含气量低、氧化夹杂物少等特点。真空感应熔炼原理主要包括感应加热和真空环境两部分。感应加热原理包括法拉第电磁感应定律和焦耳-楞茨定律。

（1）法拉第电磁感应定律。法拉第电磁感应定律如公式（1-1）所示：

$$\varepsilon = -\frac{\mathrm{d}\Phi_{\mathrm{B}}}{\mathrm{d}t} \tag{1-1}$$

式中　ε——闭合回路中感应电动势瞬时值，V；

$\quad\Phi_{\mathrm{B}}$——磁通数量，Wb；

$\quad t$——时间，s。

感应电动势的大小与穿过电路磁通量的变化率成正比。

当频率为 f 的交变电流通过一座无芯感应炉的感应线圈时，在感应线圈包围的空间和四周会产生一个交变磁场，该交变磁场的极性、磁感应强度与交变频率随着交变电流变化而变化。若将装满金属炉料的坩埚放入感应线圈内，则交变磁场的一部分磁力线将穿过金属炉料，磁力线的交变就相当于金属炉料与磁力线之间产生了切割磁力线的相对运动，于是，在金属炉料中将产生感应电动势（E），其大小通常由公式（1-2）确定：

$$E = 4.44\Phi \cdot f \cdot n \tag{1-2}$$

式中　Φ——感应线圈中交变磁场磁通量，Wb；

$\quad f$——交变电流频率，Hz；

$\quad n$——炉料所形成回路匝数，通常 $n=1$。

（2）焦耳-楞茨定律，又称为电流热效应原理。当电流通过导体时，定向流动的电子克服电阻的阻力所消耗的能量将以热能的形式放出，热量大小如公式（1-3）所示：

$$Q = I^2 Rt \tag{1-3}$$

式中　Q——焦耳-楞茨热，J；

$\quad I$——电流强度，A；

R——导体电阻，Ω；

t——导体通电时间，s。

当交流电通过感应炉时，在感应线圈内坩埚里的金属炉料产生感应电动势，由于金属炉料本身形成的是一闭合回路，于是在炉料中产生感应电流，如公式（1-4）所示。根据焦耳-楞茨定律，产生的感应电流将在炉料中放出热量，使炉料被加热。

$$I = 4.44\Phi \cdot f/R \tag{1-4}$$

式中　R——金属炉料的有效电阻，Ω。

同时，当炉料中流过感应电流时，受电磁力的作用，炉料产生定向运动，即产生"电磁搅拌"作用，可使熔化时金属液成分和温度均匀，合金元素的烧损少，预测成分较准确。

（3）真空环境。真空熔炼具有除气、除渣、防氧化作用。熔体中气体的溶解度满足公式（1-5）：

$$S = k\sqrt{P} \tag{1-5}$$

式中　S——金属熔体的气体溶解度；

　　　　P——金属与气体接触处的气体分压；

　　　　k——比例常数，与金属、气体及温度条件有关。

因此通过真空熔炼可降低外界压力，减少气体在熔体中的溶解度，同时根据分压差原理，降低压力使溶解在熔体中的气体具有强烈的析出取向，因此，真空熔炼具有除气作用。生成的气泡在析出过程中，能吸附非金属夹杂物，把夹杂物带出熔体外，具有除杂作用。另外，熔炼环境为真空，能减少金属熔体的氧化倾向，防止熔料被氧化。

熔炼过程中，当反应生成物中气体摩尔数大于反应物中的气体物质的量，通过增加真空度来减小系统压力，可使平衡反应向着增加气体物质的反应移动，促使反应完全，熔炼彻底。

2. 设备介绍

感应炉的基本电路由变频电源、电容器、感应线圈和坩埚中的炉料组成。真空感应熔炼炉构造主要包括真空感应熔炼炉体和电控两部分，分别如图1-2、图1-3所示。

真空感应炉熔炼的整个周期可分为以下几个主要阶段，即加料、熔化、精炼、浇注。

（1）加料：真空熔炼的料需经过特别的清洁处理，以除去沾污、油脂，并烘烤去掉水分。过分复杂的铸件回收料等应破碎，并清除表面氧化皮和非金属物等。

装料原则是下紧上松，较长的棒料和形状复杂的料放在下面，并用小块料将空隙填紧，坩埚上口放形状较规则的料，以免熔炼过程中产生"结桥"。装料动作要轻，以免碰伤坩埚和形成金属液中间渣。锭模放入真空熔炼炉前应将其内表面清刷干净，并在加热炉中200℃下烘烤，彻底去除水分。

（2）加料结束后，按照抽真空操作顺序，将炉内抽到高真空就可以开始送电。

一般情况下开始时先送入较小功率，避免过大功率造成炉温急剧上升，以致短期内炉内大量放气而造成真空度显著下降，所以一般功率的增加速度是以不使真空度大幅度下降为准。

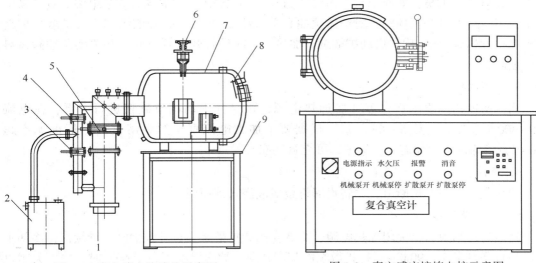

图 1-2　真空感应熔炼炉示意图

1—扩散泵；2—直联泵；3—前级阀；4—预抽阀；
5—手动高真空蝶阀；6—二次加料装置；
7—炉盖；8—炉体；9—炉架

图 1-3　真空感应熔炼电控示意图

在炉料温度不断提高时，功率因数也将不断变化，这时要不断调整功率因数至最佳值，电炉功率的最大值应以中频电压和电流最大值为限制。在功率因数调整至最佳值时，由于炉料和感应器的匹配关系，电压和电流数值不一定都能同时升到最高值，因此最大输送功率应以电压和电流中其中一个参数到顶为限制。一般来说，如熔炼炉料的电阻率较大，炉料尺寸合适，装料密实，坩埚用旧而造成壁较薄等情况下功率输送较大，反之，则功率较低。

（3）精炼：炉料全熔后需要加入合金料时，可以旋动合金加料器上的手轮，使合金料落入加料翻斗内，用手轻轻转动翻斗的操作手柄就能按需要的速度往坩埚内添加合金料。

有些合金加入坩埚时很易引起溅射，这时就要注意合金加入的速度不能太快，有时甚至采取"结膜加料"的办法，即先降低功率，使液面略微冻结，然后加入合金料，以减少溅射。

（4）浇注：精炼结束后，可不用断电，倾转坩埚将金属液浇入锭模内。

四、实验方法与步骤

1. 实验准备

（1）查阅资料，制定实验方案。

（2）备料。采用纯度为 99.0% 的金属铋颗粒和 99.0% 的电解锰为原料，电解锰表面的氧化皮用砂纸去除。

（3）配料。总质量 2kg，Mn 与 Bi 原子比为 1:1，将配好后的料混合均匀放入坩埚中，在真空电阻炉中低温烘烤去除水分。

2. 抽真空操作

将试样在坩埚内装好后，关闭锁紧炉门，检查各真空阀门（预抽阀、前级阀、高真空阀）应处于关闭状态，各水冷阀门应处于开启状态（此时冷却水泵处于关闭状态）。无误后，开启冷却水泵，使冷却水工作（压力 0.1~0.25MPa），启动直联泵电源。直联泵运行平稳后，缓慢打开预抽阀，对炉体预抽真空。约 2min 后，打开前级阀，对扩散泵抽真空。真空度达到 10Pa 后，启动扩散泵。加热 45min 后打开高真空阀，并关闭预抽阀，对炉体抽高真空。

3. 升温操作

当真空度达到要求后，可开启加热电源，顺时针手动调节旋钮进行升温，在电流 200~300A 左右下预热 5~6min 后，根据要求加大电流直至炉料熔化（一般电流不超 600A）。熔炼过程中如需充气保护，可充氩气或氮气。

4. 浇注

炉料全熔后，不用断电，倾转坩埚将金属液浇入锭模内。

5. 出料操作

浇注处理结束后，关闭加热电源、高真空阀和扩散泵，打开预抽阀，继续保持冷却水畅通和直联泵工作。90min 后待扩散泵冷却到常温，炉内温度不高于 60℃ 时，才可关闭直联泵和冷却水。炉内温度接近室温后，打开手动放气阀以破坏炉内真空，开启炉门，进行出料操作。

6. 熔炼后的合金进行扫描电镜观察及磁性能测试

五、注意事项

（1）扩散泵未完全冷却前，不能关闭前级阀和直联泵。

（2）浇注过程中不要使金属液浇在锭模外面。

（3）熔炼炉停止使用时，应对炉内进行清洁处理，然后抽成真空状态保存。

（4）熔炼时，应经常注意各部分冷却情况，冷却水出水温度不应超过 50℃。如果水压不足或局部地方温升过高，应该停止送电，并找出原因，恢复正常后再用。冷却水质应注意硬度不要太高，不要含有泥沙。

（5）为了防止坩埚渗漏钢液造成危害，首先要保证坩埚有良好的质量，不能使用的坩埚不要勉强使用。如果对坩埚的寿命没有把握，则应在炉壳底部放一个耐火材料或金属制的托盘，以防渗漏钢液导致损坏。

六、实验报告要求

（1）每人一份实验报告，报告应包括实验目的、实验原理、实验设备和材料、实验方法与步骤、实验结果与分析。

（2）分析讨论真空感应熔炼锰铋合金中真空环境的作用及注意事项。

（3）指出实验过程中存在的问题，并提出相应的改进方法。

七、思考题

（1）真空熔炼与非真空熔炼有何差异？

（2）感应熔炼中炉料的熔化速度影响因素有哪些？

（3）感应熔炼炉的特点有哪些？

实验 3　合金电弧熔炼

一、实验目的

（1）熟悉电弧熔炼炉的工作原理、构造和应用。

（2）掌握电弧熔炼的操作方法。

二、实验设备及材料

WKDHL 型非自耗真空电弧炉，天平，砂纸，锰片，铋颗粒。

三、实验原理

1. 电弧熔炼原理

真空电弧熔炼（Vacuum Arc Melting）是在真空或惰性气体氛围中，利用电弧放电（电极与电极或电极与被融物之间）所产生的热量对金属或其他材料进行加热和熔炼的一种冶金技术。金属或其他材料在电极的直流电弧高温作用下迅速熔化，然后在水冷结晶器内凝固，通过机械搅拌的方式可使被熔炼的材料混合均匀。真空电弧熔炼的优点是：熔炼过程不受耐火材料、大气和铸模的污染；能够快速定向结晶，有利于消除缩孔、偏析和中心疏松等缺陷。

常用的电弧炉根据电极的消耗方式不同可分为自耗型熔炼炉和非自耗熔炼炉。自耗熔炼炉的电极是由被熔材料制成的，会在熔炼过程中逐渐被消耗掉，材料熔化后通过滴进结晶器中冷凝成锭。而非自耗熔炼炉的电极则是由钨等高熔点材料制成的，被熔材料添加到熔炼坩埚中，引弧后，随着熔炼温度的升高，被熔材料被熔化后凝结成锭，在此过程中，电极基本不消耗。真空非自耗电弧熔炼炉用水冷铜作为坩埚，电极电弧作为热源，因而坩埚的材料不会对被熔材料产生沾污。但是这种熔炼炉的缺点是其电弧稳定性差且生产效率低。

WKDHL 型真空电弧炉是在真空条件下熔炼各种金属样品的专用设备。它的主要特点是熔炼温度高、含氧量低、杂质少。该设备具有功率大、性能稳定、真空度高、使用操作方便等优点。主要用于各种高熔点金属和合金的熔炼，用于相图、金属学等各种物性研究的样品制备。

非自耗真空电弧炉工作时大电流产生巨大的热能，其中心温度可达几千摄氏度。利用电弧所产生的高温熔化金属，将两块或几块金属材料熔化在一起，形成合金或化合物。真空电弧炉熔炼金属材料一般都不能一次熔炼均匀，翻转样品反复熔炼多次方能达到理想程度。

2. 设备构造

该装置是由炉体，电源控制柜，直流电源，真空系统等组成。

（1）炉体。该设备采用卧式真空室，前面开门，真空室内空间大，装取样品和清洗坩埚方便，结构紧凑合理。该部分由炉体、真空系统、水冷系统、操作台等组成。炉体由样品室、钨电极、机械手、坩埚盘冷却水槽和炉座组成。电极和电极杆用螺纹固定在一起，它与直流电源"负极"相连接，水冷电极固定在炉体顶部可升降调整的支架上，摇动手轮可调整钨电极与坩埚之间的距离；坩埚盘固定在坩埚水冷槽上，它与直流电源"正极"相连接。

（2）电源控制柜。电源控制柜由以下四个单元组成：电源控制单元，其中包括真空系统的控制；电流调节、水压开关等；远控直流熔炼电源控制；真空测量。

真空机组控制：开启"机械泵"开关，使 2×Z-8 型真空机械泵运行。当扩散泵前级真空度达到 $6×10^{-2}$（托）或 5Pa 后开扩散泵冷却水，启动"扩散泵"开关，拉出"三通阀"并关上"扩散泵蝶阀"，将扩散泵预热 30min 至 1h。

直流电源开关的控制：用远控开关控制直流电源的开（ON）和关（OFF），直流电源的电流调节由直流电源的遥控器调节。

水压报警：直流电源远控开关与电极水冷却系统组成互锁电路，当电极冷却水未打开时，熔炼电源不能启动。而在熔炼样品过程中突然断水时，互锁电路动作，致使熔炼电源停止工作，报警器报警。当冷却水再度正常循环时，报警终止，熔炼电源自动吸合成工作状态。

复合真空计为单独部件，它和电源控制器组装在同一机箱中，对炉体作低高真空测量。

（3）直流电源（ZX-500A）。输入电压：380V、3 相、50/60Hz、空载电压 80V；电流调节范围 80~500A（安培）、工作电压（24~40V）。

（4）真空系统。机械泵：2XZ-8；扩散泵：JK-200，1500L/s，极限真空 $1×10^{-4}$Pa。

四、实验方法与步骤

1. 实验准备

（1）查阅资料，制定实验方案。

（2）备料。采用纯度为 99.0% 的金属铋颗粒和 99.0% 的电解锰为原料，电解锰表面的氧化皮用手动砂轮机去除。

（3）配料。总质量 0.3kg，均分为 6 份，Mn 与 Bi 原子比为 1:1，在电阻炉中低温烘烤去除水分。

2. 预抽前级真空

（1）接通控制柜总电源。

（2）关好炉体抽气阀（在炉体右侧），开"机械泵"，推进三通阀杆，开扩散泵蝶阀，打开热电偶真空计测量低真空，抽到 $6×10^{-2}$Torr（5Pa）。

（3）开扩散泵冷却水，开"扩散泵"（接通扩散泵炉丝电源），拉出三通阀杆，关好扩散泵蝶阀，将扩散泵预热 30min 至 1h。

3. 装料：扩散泵预热的同时，可以进行装料

（1）打开样品室，清洗炉体、坩埚、电极和机械手。

（2）装料，在中心的一个坩埚中放入纯金属钛，其他六个坩埚中装入准备好的 Mn 和 Bi 混合料。

（3）关门，拧紧样品室四个密封旋钮。

4. 对样品室（真空室）抽真空

（1）拉出三通阀杆，缓慢打开炉体阀，对样品室抽气。达到低真空（p 低于 0.1 个大气压）后，全部打开炉体阀（如突然打开，由于抽气量太大，会导致机械泵喷油），并再一次旋紧样品室四个密封旋钮。

若真空上不去，检查以下事项：1）样品室充气阀（位于炉体左边）是否关严；2）样品室四个密封旋钮是否拧紧；3）机械手活动部分是否漏气；4）样品室门上的密封圈上是否有异物。

（2）当低真空达到 5×10^{-3} Torr（5×10^{-1} Pa）后，推进三通阀杆，开扩散泵蝶阀，对真空室抽高真空。真空达到 1×10^{-1} Pa 时，打开电离规管测试开关，测高真空。测高真空时，可先使用去气开关进行去气，测定后要随时关闭电离规管开关。

5. 用氩气清洗真空室

（1）当真空度达到 5×10^{-5} Torr（5×10^{-3} Pa）后，关炉体阀，拉出三通阀杆，关扩散泵蝶阀。

（2）打开充气阀（在炉体左边）对样品室充氩气清洗。达到一个大气压后，关闭充气阀。

（3）缓慢打开炉体阀门。

（4）重复 3 中（1）、（2）步骤。

（5）必要时可按本项中（1）～（4）重复清洗多次。

6. 熔炼合金

（1）关炉体阀，拉出三通阀杆，关扩散泵蝶阀。

（2）打开充气阀，对真空室充氩气至约 1.1 个大气压，关好充气阀。

（3）开"电极"冷却水，开控制器柜面板上的"水压开关"，检查冷却水流量。检查直流电源和电流调节器两者的电流选择是否一致（小挡、大挡）。

（4）将机械手提高，远离电极杆、坩埚和极头部分，防止短路。

（5）打开远控开关（ON），接通直流电源。

（6）旋转遥控开关的电流调节器，将电流调至 10~50A，在样品室内坩埚上的钨电极上起弧。

（7）将置于中心坩埚内的钛锭熔炼 1~2min，以吸附样品室内残存的氧气。

（8）逐一熔炼六个坩埚中的样品，当极头从一个坩埚上方移至邻近的另一个坩埚上方时，要先提升极头以防止接触坩埚边沿造成短路，而且移动极头之前要减小电流以防损坏坩埚之间的连接部分。

（9）熔炼完一遍后，将熔炼电流减小至零，关闭遥控开关（OFF）。

（10）利用机械手和电极头将样品翻转。

（11）每个样品一般要熔炼 3~4 次，每次熔炼的时间视样品成分和重量而定，一般为 20~30s。每熔炼一遍后，若需要可重复本项中（4）～（10）步骤。

7. 取出样品

（1）熔炼结束后冷却约 15min，慢慢打开炉体阀，待样品室内真空度低于 1 个大气压后关闭炉体阀。这样可以较容易地旋开样品室门上四个旋钮。

（2）打开样品室门，取出样品。

（3）清洗样品室内壁、坩埚、极头和机械手。

（4）若再次熔炼，可重新装入样品，重复第 2~6 各项。

8. 浇注

（1）将普通坩埚连同坩埚冷却水槽底盘换成浇注坩埚连同冷却水槽底盘，装上适当的模具。

（2）将 Ti 片装入一个熔炼坩埚，将适量样品装入另一熔炼坩埚。样品的质量须跟所选用的模具进行计算。

（3）打开浇注吸气管阀，重复第 4、5 项及第 6 项中（1）~（7）步骤。关好浇注吸气阀，对样品室充氩气到 1.1 个大气压。

（4）将 Ti 片熔炼 1~2min，净化样品室气氛，吸收残存氧气。

（5）将样品熔炼均匀，关闭直流电源（OFF）。

（6）将熔炼好的样品，在机械手的帮助下从熔炼坩埚移至浇注坩埚。

（7）调节熔炼电流为 100~120A 待样品化透后打开浇铸吸气阀进行浇注。

（8）待模具套冷却后，打开其下端的密封拷，取出模具，拧下模具上的细钉，打开模具，取出样品。

9. 结束

（1）在完成第 7 项中（1）~（4）项或第 8 项以后，关电极冷却水。

（2）推进三通阀杆，抽走扩散泵中油蒸气。

（3）大约 1h 后关机械泵。

（4）待扩散泵炉体底盘冷却后（用手可摸）关扩散泵冷却水。

（5）关总电源。

10. 熔炼后的合金进行扫描电镜观察及磁性能测试

五、注意事项

（1）必须保持坩埚表面和真空室洁净。每次熔炼之前，必须把坩埚表面和真空室用酒精或石油醚清洗干净，否则有可能导致金属合金表面起反应而改变合金成分比例。

（2）充入保护气体（氩气）应是高纯的，充入氩气之前，其真空度应在 3×10^{-3} Pa 以上。另外钨极头必须保持洁净，不能有其他金属粘在上面，否则以上问题都会造成熔炼合金污染。

（3）输入线和保险丝应保证 30A（安培），输入电压不能低于 380V，否则会造成继电器合不上，影响整个使用过程。

（4）开扩散泵电源时先开扩散泵冷却水。扩散泵冷却水没有水压报警，要特别注意。

（5）电极冷却水与水压报警器相连，熔炼时未开水或熔炼过程中突然断水，报警器立即报警。如冷却水不能及时供水，请先关掉面板上的"水压"报警开关，报警铃声即可停止。

（6）用高纯氩气清洗真空室，应反复数次充、抽氩气，当欲抽空炉内氩气时，请注意，必须尽量缓慢打开与炉体相连的样品室抽气阀，切勿太快，否则会造成机械泵喷油。

六、实验报告要求

（1）每人一份实验报告，报告应包括实验目的、实验原理、实验设备和材料、实验方法与步骤、实验结果与分析。

（2）结合扫描电镜观察及磁性能测试分析讨论电弧熔炼锰铋合金与感应熔炼锰铋合金的差异及电弧熔炼的注意事项。

（3）指出实验过程中存在的问题，并提出相应的改进方法。

七、思考题

（1）感应电炉熔炼与电弧熔炼比较有何不同？

（2）电弧熔炼的原理是什么，有哪些特点？

实验4　放电等离子烧结实验

一、实验目的

（1）熟悉放电等离子烧结炉的工作原理、构造和应用。

（2）掌握放电等离子烧结的操作方法。

二、实验设备及材料

SPS-20T-10 型放电等离子热压炉，NdFeB 磁粉。

三、实验原理

1. 放电等离子烧结原理

放电等离子烧结（Spark Plasma Sintering，SPS）工艺是将金属或合金等粉末装入石墨等材质制成的模具内，利用上、下模冲和通电电极将烧结电源和压制压力施加于烧结粉末，经放电活化、热塑变形和冷却制取高性能材料的一种新型快速烧结技术。

SPS 是利用放电等离子体进行烧结的。等离子体是物质除固态、液态和气态以外的第四种状态，是在高温或特定激励下的一种物质状态。等离子体是电离程度较高，电离电荷相反，数量相等的气体，通常是由电子、离子、原子或自由基等离子组成的集合体。等离子体温度 4000~10999℃，其气态分子和原子处在高度活化状态，且等离子气体内离子化程度很高，这些性质使得等离子体成为一种非常重要的材料制备和加工技术。产生等离子体的方法包括加热、放电和光激励等。放电产生的等离子体包括直流放电、射频放电和微波放电等离子体。SPS 利用的是直流放电等离子体。

在 SPS 烧结过程中，在脉冲电流作用下颗粒间发生放电，激发等离子体，放电产生的高能离子撞击颗粒间的接触部分，使物质产生蒸发而起到净化和活化作用。当脉冲电压达到一定值时，粉体间的绝缘层被击穿而放电，电场使离子高速迁移而加快扩散，通过反复施加开关电压，放电点在压实颗粒间移动而布满整个粉体。颗粒之间放电时会产生局部高温，在颗粒表面引起蒸发和融化，在颗粒接触点形成颈部，由于热量立即从发热中心传递到颗粒表面向四周扩散，颈部快速冷却而使气压低于其他部位。颗粒受脉冲电流加热和垂直单向压力作用，体扩散和晶界扩散都得到加强，加速了烧结致密化过程。SPS 烧结过程可以看作是颗粒放电、导电加热和加压综合作用的结果。在 SPS 技术中，除加热和加压这两个促进烧结的因素外，颗粒间的有效放电可产生局部高温，可以使表面局部熔化、表面物质剥落。高温等离子的溅射和放电冲击清除了粉末颗粒表面杂质和吸附的气体。

放电等离子烧结融合等离子活化、热压、电阻加热为一体，升温速度快、烧结时间短、烧结温度低、晶体均匀、获得的材料致密度高，并且有操作简单、安全可靠、节省能源和成本等优点。

2. 设备构造

放电等离子热压炉属于快速热压烧结系统，具有烧结速度快，样品致密度高等优点，是烧结纳米相材料、梯度功能材料、介孔纳米热电材料、稀土永磁材料、合金玻璃非平衡态材料等最有力的工具。

　　SPS 放电等离子热压炉系统主要由炉体、大功率脉冲直流电源、加压系统、真空及气氛控制系统、水冷系统和控制系统等组成，设备主要结构如图 1-4、图 1-5 所示。

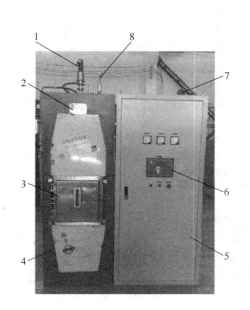

图 1-4　设备结构图 A

1—温度测量组件；2—设备铭牌；3—炉体；
4—炉架；5—控制柜；6—控制面板；
7—报警灯；8—位移测量组件

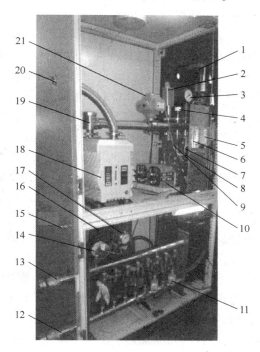

图 1-5　设备结构图 B

1—油缸；2—温度变送器；3—真空压力表；4—压力传感器；
5—充气流量计 2S；6—充气流量计 1S；7—破真空阀；8—排气阀；
9—手动破真空阀；10—电源变压器；11—水温度流量传感器；
12—总出水管；13—总进水管；14—水压力表；15—排气口；
16—液压站；17—油压力表；18—真空泵；19—真空过滤器；
20—真空排气口；21—真空阀

　　(1) 炉体。腔体构造为立式炉壳，由不锈钢制备而成，具有很高的强度和足够的刚度，在外力和高温下不易变形。夹套通水冷却，将炉壳内壁上的热量带走。内外筒与上下法兰焊成一个整体，上部开有抽气孔、红外测温孔。腔体上部动密封装置由焊接波纹管实现，下部密封为波纹管密封，炉体外观图如图 1-6 所示。

　　(2) 脉冲直流电源。采用 IGBT 脉冲直流电源，非晶软磁合金材料变压器铁芯，使加热在几分钟内达到 2000℃以上。配有电压电流自动反馈，中频变压器温度检测，系统故障诊断保护功能。

　　(3) 加压系统。加压系统主要由液压站、压力传感器、上压头、下压头、光栅位移组件、控制系统等组成。油缸运动的速度调节范围为 50~300mm/min。压力控制有手动或自动两种方式：自动运行时，可根据设定的压力自动加压；手动运行时，通过手动电位器调节压力的大小。压头是一个在高温区有载运动的零件，既承受高压和高温的作用，又要在高温区运动，要求既不能变形，又不能在高温环境下氧化，因此必须具有良好的冷却条件和动密封性能。上、下压头分别设有水冷装置，密封采用特殊工艺以保证接触电阻小。压头与炉架之间采用了良好的传压和电绝缘材料，保证压力传递和绝缘。

（4）真空及气氛控制系统。真空系统由TRP-60 直联式旋片真空泵、真空电动阀门、真空变送器、真空压力表、破真空阀等组成。旋片式真空泵抽气速率 18L/s，极限真空度为10Pa。气氛控制主要由电磁充气阀、排气阀、流量计、压力传感器等组成。气氛控制分为两路进气，一路排气。两路进气分别从红外仪视窗、炉体底部进气，排气在炉体顶部的真空管道上。通往炉体的充气分为快充及慢充，慢充带有流量计可调节充气流量的大小，充放气由压力传感器控制，保证腔体的工作气压。结合

图 1-6 炉体外观图
1—焊接波纹管组件；2—炉门锁扣；3—炉门水管；
4—炉门铰链；5—波纹管组件；6—炉门把手；
7—观察窗；8—检测热电偶

真空系统，可实现真空烧结、微负压烧结及微正压烧结工艺。

（5）水冷系统。水冷系统由各种阀，管道相关装置组成。冷却水由总管进入，经过各支管送到炉壳、炉盖、炉底、上压头、下压头、液压站、变压器等冷却部位，然后汇总到总管排出。每路冷却水都有手动阀门。进水管上设有电接点压力表，当水压低于0.2MPa 时，自动切断加热。上、下压头设有温度流量传感器，当温度、流量异常时，系统报警并切断加热。

（6）控制系统。采用标准柜，内设检修照明，控制面板上安装触摸屏、急停、手动加热电位器、手动加压电位器。控制系统支持工艺暂停，工艺跳步，配方导入、导出，实时曲线，历史曲线，历史数据导出，实时数据曲线拍照等功能，以便于后期数据分析。运行中出现超压、超温、过流时，系统会保护硬件，发出报警，同时记录报警原因、时间、报警解除时间等。

（7）烧结工艺举例。

例 1：以 $\phi30\text{mm}$ 样品，自动控温、自动控压、手动充放气为例，烧结工艺见表 1-2。

表 1-2 烧结工艺 1

步号	时间/min	温度/℃	压力/MPa	备 注
1	3	1500	350	升温、升压段，约 500℃/min，100MPa/min
2	1	1500	450	保温、升压段
3	2	2000	450	升温、保压段，约 250℃/min
4	2	2000	450	保温、保压段
5	1	0	150	卸压段
6	0	0	0	结束段

例 2：以 $\phi 60mm$ 样品，手动控温 1800℃、自动控压，手动充放气为例，烧结工艺见表 1-3。

表 1-3　烧结工艺 2

步号	时间/min	温度/℃	压力/MPa	备　　注
1	3	电位器控温	455	升压段，约 130MPa/min
2	1	电位器控温	455	保压段
3	2	电位器控温	955	升压段，约 250MPa/min
4	2	1800℃（电位器控温）	955	保压段
5	2	0	150	卸压段
6	0	0	0	结束段

红外仪量程为 1000~3000℃，第一步设定的温度远高于红外仪量程下限，为取得更好的控温效果，将原工艺的第 1 步分解成两段，在不高于 1100℃ 时采用恒功率控温（限幅），在高于 1100℃ 时使用 PID 控温，因此，将例 1 分解成工艺 3，见表 1-4。

表 1-4　烧结工艺 3

步号	时间/min	温度/℃	PID 号	限幅值/%	压力/MPa	备　　注
1	2	1100	3	30	250	升温、升压段
2	1	1500	2	50	350	升温、升压段
3	2	1500	5	55	450	保温、升压段
4	2	2000	4	70	450	升温、保压段
5	3	2000	2	70	450	保温、保压段
6	2	0	0	0	150	卸压段
7	0	0	0	0	0	结束段

四、实验方法与步骤

1. 开机前准备工作

（1）观察进水处水压表压力，并确保水压不低于 0.2MPa。

（2）确保进水分流器处球阀全部打开，电位器处于最小值。

（3）确保上述无误后，合上电源空开。

（4）观察主界面中的状态信息，是否存在通信或传感器异常。

2. 参数设置

进入参数设置页面（主界面→【参数设定】）。

3. 装料

（1）将炉门锁扣松开，打开【破真空阀】（主界面→【工艺控制】→【真空控制】→【破真空阀】）。

（2）炉内压力与大气压相等后，炉门打开，关闭【破真空阀】。

（3）启动液压站（主界面→【工艺控制】→【压力控制】→【液压泵】）。

（4）按装料要求将 NdFeB 磁粉装入模具中，见图 1-7，将模具装入炉内。

（5）将两支热电偶 TC_ 1 号、3 号分别插入上压头和下压头，TC_ 2 号悬空，使用万用表电阻挡分别检查热电偶与炉壳，压头与炉壳，确保无短路现象，并且确保热电偶间不接触。

（6）手动操作线控器，以不高于 1MPa 的压力压住模具，使得模具外套处于上下压头的中间。

（7）关闭并锁紧炉门。

4. 抽真空

（1）打开直联泵（主界面→【工艺控制】→【真空控制】→【直联泵】）。

（2）待直联泵运行平稳后，打开【真空阀开】，约 5s 后，点击【真空阀停】，待真空度优于 4000Pa 时，再次点击【真空阀开】，直到阀门完全打开（主界面→【工艺控制】→【真空控制】→【真空阀开】→【真空阀停】）。

5. 工艺运行

注意：按例 1 执行时执行下面步骤中的（1）、（2）、（3）、（5）步；按例 2 执行时执行下面步骤的（1）～（6）步。

（1）压紧模具：将压头下降，上压头出现绿色下降标识（主界面→【工艺控制】→【压力控制】→【压头下降】）。

（2）按照分解后的工艺编写曲线，并下载至 PLC。

（3）运行程序（主界面→【工艺运行】→【工艺启停】→弹出提示窗口：确认是您需要的工艺吗？→【确认】）。

（4）启动手动加热，并调节电位器，使温度上升（主界面→【工艺控制】→【温度控制】→【手动加热】）。

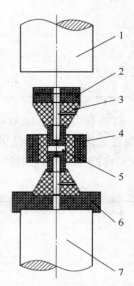

图 1-7　模具放置示意图
1—上压头；2—调整垫块；
3—模具；4—软垫；5—物料；
6—定位块；7—下压头

（5）观察主界面左侧各数据信息，也可以进入实时曲线画面进行查看。根据需要，可以修改 X、Y 轴的长度，用于放大或缩小画面，用于分析当前工艺部分或整个过程。

（6）当测量温度到 1600℃时，关闭真空阀。真空阀关闭后，关闭直联泵。打开充气阀（主界面→【工艺控制】→【气氛控制】→【充气阀 1S】）。

6. 停止设备

注意：按例 1 执行时执行下面步骤中的（2）～（8）步，按例 2 执行时执行下面步骤（1）～（8）步。

（1）在卸压段，把加热电位器调 0，并关闭手动加热（主界面→【工艺控制】→【温度控制】→【手动加热】）。

（2）当热电偶温度低于 100℃时，关闭真空阀（主界面→【工艺控制】→【真空控制】→【真空阀关】）。

（3）待真空阀完全关闭后，屏幕指示灯变为红色，关闭直联泵（主界面→【工艺控制】→【真空控制】→【直联泵】）。

（4）打开炉门锁扣，打开破真空阀，破炉内真空（主界面→【工艺控制】→【真空控制】→【破真空阀】)。

（5）待炉内外压力相等，打开炉门，关闭破真空阀。

（6）操作线控手柄，使压头上升，采用必要的防护装置，取出模具。

（7）将炉内清理干净，将炉内抽真空，以备下次使用。

（8）停止液压泵（主界面→【工艺控制】→【压力控制】→【液压泵】)。

（9）当炉内热电偶温度低于 60℃时，可关闭总电源、水和气源。

7. 本实验烧结 NdFeB 磁粉，烧结温度 900℃，保温 10min，工艺参考例 2 执行

五、注意事项

（1）热电偶放置完毕后，必须使用万用表电阻挡分别检查热电偶与炉壳、压头与炉壳，确保无短路现象，并且确保热电偶之间不接触。

（2）若烧结温度高于 1000℃，必须取出模套内的监测热电偶，以防止热电偶损坏。

（3）真空阀未开关到位时，阀门状态为红蓝闪烁。

（4）真空阀兼有预抽阀功能，抽真空初期采用小角度抽，可防止粉料扬尘。

（5）在烧结过程，需要密切关注电流、电压、真空度、水压力和炉内亮度，防止生产过程中出现突发状况，如：缺水、漏气等。

（6）要定期检查红外仪焦点是否照射到上压块圆孔内。

（7）手动加压时，加压压力值由压力手动电位器控制，使用线控上升时，要注意调大压力。

六、实验报告要求

（1）每人一份实验报告，报告应包括实验目的、实验原理、实验设备和材料、实验方法与步骤、实验结果与分析。

（2）分析讨论放电等离子烧结在钕铁硼合金晶粒大小和密度影响方面所起的作用和实验过程中的注意事项。

（3）指出实验过程中存在的问题，并提出相应的改进方法。

七、思考题

（1）放电等离子烧结和真空烧结相同点和不同点有哪些？

（2）放电等离子烧结过程中怎么确定压力确保模具不被压坏？举例说明。

实验 5 机械合金化法制备粉体材料

一、实验目的

（1）熟悉高能球磨机的工作原理、构造和应用。

（2）掌握利用高能球磨机，通过机械合金化法制备非晶磁性粉末的方法。

二、实验设备及材料

QM-3SP4 行星式球磨机，磨球，钕铁硼磁性粉末，有机溶剂。

三、实验原理

1. 机械合金化法原理

机械合金化（Mechanical Alloying，MA）是指金属或合金粉末在高能球磨机中反复混合、破碎、冷焊，在球磨过程中逐步细化成弥散分布的超细颗粒，导致粉末颗粒中原子扩散，实现固态下合金化。

混合粉末在球磨初期受到球的碰撞、挤压而塑性变形、冷焊、破碎，形成洁净的表面，在新鲜表面中相互接触的不同元素在压力下相互冷焊，形成层间有一定原子结合力的复合颗粒。进一步球磨，粉末经球的反复碰撞、挤压，不断塑变，加工硬化后又破碎、冷焊，形成多层结构复合离子。在机械合金化过程中，层状结构的形成标志着元素间合金化的开始，各层内积累的空位、位错等缺陷，促使原子充分扩散，加快合金化。球磨中，材料越硬，回复过程越难进行，球磨所能达到的晶粒度越小，同时，位错滑移难以进行，导致位错密度增大，有利于粉末合金化。

目前机械合金化的反应机制，主要有原子扩散和爆炸反应两种方式：

原子扩散：在球磨过程中粉末颗粒在球磨罐中受到高能球的碰撞、挤压发生严重的塑性变形、断裂和冷焊而被不断细化，导致新鲜未反应的表面不断地暴露出来，粉末通过新鲜表面而结合在一起，从而增加了原子反应的接触面积，缩短了原子的扩散距离。球磨中，在自由能的驱动下，由晶体的自由表面、晶界和晶格上的原子扩散而逐渐形核长大，直至耗尽原始粉末，形成合金。

爆炸反应：粉末在球磨开始阶段发生变形、断裂和冷焊作用而不断细化，过程中产生的能量在粉末中"沉积"。一旦粉末在机械碰撞中产生局部高温，就可以"点燃"粉末，反应一旦"点燃"后，将会放出大量的生成热，激活邻近临界状态的粉末发生反应而形成合金。

影响机械合金化的因素主要有研磨装置、研磨速度、研磨时间、研磨介质、球料比、充填率、过程控制剂、研磨温度。

2. 设备介绍

QM 系列行星式球磨机是在一个大盘上装有四只球磨罐，当大盘旋转时（公转）带动球磨罐绕自己的转轴旋转（自转），从而形成行星运动。公转与自转的传动比为 1∶2（公转一转，自转两转）。罐内磨球和磨料在公转与自转两个离心力的作用下相互碰撞、粉碎、研磨、混合试验样品。行星式球磨机结构简图如图 1-8 所示。

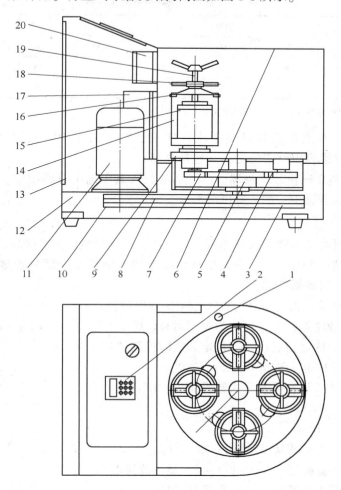

图 1-8　行星式球磨机结构简图

1—安全开关；2—控制盒；3—大带轮；4—过渡齿轮；5—固定齿轮；6—保护罩；7—行星齿轮；
8—三角皮带；9—大盘；10—小带轮；11—电机；12—机座；13—后盖板；14—拉马套；
15—球磨罐；16—横梁；17—变频器；18—锁紧螺杆；19—压紧螺杆；20—排风扇

四、实验方法与步骤

1. 阅读与检查

详细阅读使用说明书，按说明书步骤进行球磨机的空转试运行，检查变频器及球磨机的运转是否正常。

2. 装罐

（1）装磨球：为了提高球磨效率，罐内装入大小不同的磨球，大球主要作用是砸碎粗磨料，小球则用于磨细及研磨，使磨料磨到要求的细度。表 1-5 列出各种规格球磨罐的配球数（仅供参考）。

表 1-5 各种规格球磨罐的配球数

罐容积/mL		50	100	150	250	300	400	500
	$\phi6$	50	100	150	250	280	320	400
球/粒	$\phi10$	8	16	24	40	48	80	100
	$\phi20$	—	—	—	2	3	6	8

注：最佳配球数根据磨料性质及要求细度确定。

（2）装磨料。球磨前磨料粒度要求：松脆磨料不大于 10mm，其他磨料一般小于 3mm。装料不超过罐容积的四分之三（包括磨球）。

本实验将 NdFeB 磁粉分成两部分，一部分放入其中两个球磨罐中，并抽真空；另一部分放入另两个球磨罐中，加入有机溶剂。

3. 装球磨罐

装罐完毕即可将球磨罐装入球磨机拉马套内，可同时装四个球磨罐，亦可以对称安装两个，不允许只装一个或三个。安装后利用两个加力套管先拧紧 V 型螺栓，然后拧紧锁紧螺母，以防球磨时磨罐松动。

实验采用单向运行 2h 后停机，选定 40Hz 频率运转。

设定：（1）cd02 运行方式设定为单向运行"0"。

（2）cd03 运行定时控制设定为定时控制"1"。

（3）cd12 运行时间设定为"2.0"。

（4）cd16 运行重启动次数设定为"0"。

（5）按 $\dfrac{\text{MENU}}{\text{ESC}}$ 键，显示器闪烁显示。

（6）按 RUN 键，球磨机开始运行。

（7）按▲▲键，至 Hz 红灯亮。显示器显示频率。

（8）按▲或▼键，调整频率至 40Hz。

（9）球磨 2h 后自动停机。

4. 球磨结束后将球磨罐中的粉末各取出一部分，并保存在玻璃试剂瓶中

5. 清洗球磨罐和钢球

五、注意事项

（1）拧螺栓、螺母时不允许用锤敲击。

（2）球磨罐安装完毕，罩上保护罩，安全开关被接通球磨机才能正常运行。球磨过程中如遇意外，保护罩松动或脱落，安全开关断开，球磨机立刻停转，意外排除后重新罩上保护罩，再重新启动。

（3）球磨完毕，用加力套管先松开锁紧螺母，再松开 V 型螺栓即可以卸下球磨罐，把试样和磨球同时倒入筛子内，使球和磨料分离。

（4）再次球磨前先检查一遍拉马套有无松动，如松动，必须拧紧螺丝，以防意外。

（5）球磨时由于磨球之间、磨球与磨罐之间互相撞击，长时间球磨后罐内的温度和压力都很高，球磨完毕，需冷却后再拆卸，以免磨粉被高压喷出。某些金属粉末球磨后颗粒极细，而且罐内接近真空状态，如猛然打开罐盖倒出磨料，会激烈氧化而燃烧。所以活泼金属粉末球磨后，必须充分冷却后缓缓打开，稍停再倒出磨料。在真空手套箱内出料效果更好。

六、实验报告要求

（1）每人一份实验报告，报告应包括实验目的、实验原理、实验设备和材料、实验方法与步骤、实验结果与分析。

（2）简述机械合金化法制备粉体材料的影响因数和实验过程中的注意事项。

（3）指出实验过程中存在的问题，并提出相应的改进方法。

七、思考题

（1）机械合金化法有什么特点？与传统的制备工艺相比，机械合金化法有哪些优势？

（2）高能球磨与低能球磨的区别是什么？

（3）研磨速度、研磨时间、研磨介质、球料比、充填率、过程控制剂、研磨温度对机械合金化过程有怎样的影响？

实验6　快淬法制备非晶薄带材料

一、实验目的

（1）熟悉快淬炉的工作原理、构造和应用。

（2）掌握利用快淬炉制备非晶薄带的方法。

二、实验设备及材料

GX-ZG-0.5真空快淬炉，钕铁硼铸锭，石英管。

三、实验原理

快淬炉的原理是在高真空环境下将熔融态的金属或合金利用气体压力喷射到高速旋转的水冷铜辊上，使其快速冷却（大于100K/s）得到薄带，由于冷却速度很快，材料在极大的过冷度下凝固，可使得金属或者合金晶粒尺寸达到纳米级或得到非晶组织。

真空快淬的熔炼及冷却全过程都在真空状态下进行，适用于各种非晶和微晶材料的研究，几乎所有的金属和合金都可以进行快淬处理，所以真空快淬的应用范围非常广阔。

金属和合金的晶粒尺寸随着过冷度的增加而减小，快淬中可通过调节铜辊转速、液态金属和合金的喷射压力控制其冷却速度，从而控制金属或合金的晶粒度。快淬法分为单辊快淬法和双辊快淬法，本实验采用的是单辊快淬法。采用中频感应加热使铸锭熔化然后通入氩气，使试管内外产生压力差，使熔化合金从漏嘴喷出到达快速旋转的辊面而迅速凝固形成薄带，最后借助离心力抛离辊面。快淬工艺的关键因数包括铜辊的转速、液态金属或合金的压力和温度、石英喷口的尺寸和形状、喷口和铜辊的距离。

本实验采用的快淬炉结构示意图如图1-9所示，快淬料放入带有喷嘴的石英管中后插入加热丝中，加热丝通过电流后被加热从而融化快淬料，呈熔融状态的材料通过石英管喷嘴喷射到高速转动的滚筒上，通过滚轮转动将料抛入储料柜中。石英升降开关可调喷嘴和滚筒之间的距离，加热开关可改变通过加热丝的电流，从而改变加热温度，滚筒开关可调节滚筒的转速。

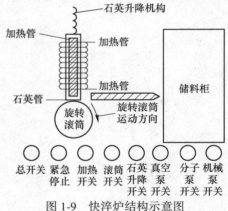

图1-9　快淬炉结构示意图

四、实验方法与步骤

1. 开机检查

（1）开总电源：将安装在配电箱内的电源总开关向上拨至"on"。

（2）开冷却水：将设备后水管总开关扭至与水压表指针到0.2~0.3MPa。

（3）开机械泵：关闭充气阀，按下机械泵开机电源按钮，待系统内空气抽至10Pa以下。

（4）开扩散泵：按下扩散泵开机电源按钮，等待 50min，待扩散泵预热完全，关闭预抽阀，打开扩散泵出口阀，再打开高真空阀。

（5）开铜辊电机试运转，观察是否异常。

2. 清理内腔

（1）将铜辊转速调至慢速（约 10m/s）。

（2）用沾有清洁剂（如酒精、丙酮）的纸巾擦拭铜辊外表面。

（3）用金相砂纸轻轻擦拭外沿。

（4）铜辊表面修光后将铜辊停止。

（5）用沾有丙酮的纸巾擦拭腔体其他地方。

3. 安装石英管

（1）将石英管架向右移离感应线圈上方。

（2）将装有 NdFeB 铸锭的石英管开口向上自上而下插入感应线圈内。

（3）将管架移回感应线圈上方。

（4）将石英管尽可能地向上置于管架口内，慢慢锁紧石英管。

（5）旋转管架高度调节旋钮至需要的高度。

4. 抽真空

（1）抽低真空：

1）关上炉门，打开机械泵电源。

2）等待真空表指示小于 10Pa 时，抽低真空完成。

（2）抽高真空：

1）当腔内真空低于 10Pa 后，打开扩散泵预热。

2）扩散泵预热到 45min 左右即可关闭预抽阀，打开扩散泵出口阀。

3）再将高真空蝶阀打开（手柄扳向垂直位置）。

4）等达到所需的真空度即可进行下一步操作。

5. 甩带

（1）打开右侧感应加热电源进行预热。

（2）观察腔内石英管内样品，并缓慢增加功率。

（3）当石英管内样品有较红光发出后启动铜辊。

（4）待样品熔化后，右手迅速按下甩带开关至甩带完成。

（5）甩带完成后，按上升开关使石英管回到原位。

（6）关闭加热机电源开关。

（7）关闭铜辊电机。

（8）关闭真空阀门、扩散泵和机械泵。

6. 条带的收集

（1）打开充气阀至气压表指示为 "0" 时并关上阀门。

（2）打开前侧腔门。

（3）松开石英管紧固螺钉。

（4）旋转管架高度调节按钮至石英管能取出。

（5）将管架移离感应线圈上方，取出石英管并使管架复位。

（6）用刷子轻轻扫出条带并置于样品袋内。

7. 关机

（1）保持设备通水 45min 以上，待扩散泵冷却即可关闭冷却水阀。

（2）将内腔清理干净后，关闭炉门。

（3）若停机时间较长请保持炉内处于真空状态。

（4）将安装在外部配电箱内的电源总开关拉下至"off"。

五、注意事项

（1）实验开始时先开水源，保持冷却水路畅通。

（2）开高真空计时，需保证系统已经达到高真空，并且分子泵对室内已经抽了一段时间。

（3）取样品时，要对真空腔体放气后才能打开腔体。

六、实验报告要求

（1）每人一份实验报告，报告应包括实验目的、实验原理、实验设备和材料、实验方法与步骤、实验结果与分析。

（2）分析快淬法的优缺点。

（3）简述快淬工艺的影响因素。

（4）分析实验过程中存在的问题，并提出相应的改进方法。

七、思考题

（1）怎么鉴别快淬得到的材料为非晶或纳米晶？

（2）快淬中石英管空嘴的大小和形状对材料组织结构有何影响？

实验 7　磁控溅射法制备薄膜材料

一、实验目的

（1）熟悉磁控溅射仪的工作原理、构造和应用。

（2）掌握利用磁控溅射制备薄膜的方法。

二、实验设备及材料

JSD-300 磁控溅射仪，铜、玻璃片。

三、实验原理

1. 磁控溅射原理

磁控溅射属于物理气相沉积，是以磁场和电场作用改变电子运动方向，延长电子运动路径，并有效地利用电子的能量，提高工作气体的电离率的沉积方法。电子在电场的作用下飞向基片的过程中与氩原子发生碰撞，电离出大量的氩离子和电子，氩离子在电场的作用下加速轰击阴极靶材，溅射出中性的靶原子（或分子）沉积在基片上成膜。电离出的二次电子受到电场和磁场的交互作用，使电子在靶材附近成螺旋状运动，该运动路径很长，并且被束缚在靠近靶面的高密度等离子体区域内。电子在运动过程中不断地与氩原子发生碰撞电离出大量的氩离子轰击靶材，实现高沉积速率。经过多次碰撞后电子的能量逐渐降低，摆脱磁力线的束缚，远离靶材，最终沉积在基片上。

电子的归宿最终在基片、真空室内壁及靶源阳极处。磁场与电场的交互作用使单个电子轨迹呈三维螺旋状，而不仅仅在靶面做圆周运动。镀膜过程中相关参数（如溅射压强，温度，溅射功率，时间、磁力线分布等）对成膜有很大影响。如果靶材是磁性材料，磁力线被靶材屏蔽难以穿透靶材在表面上方形成磁场，磁控的作用将大大降低。因此，溅射磁性材料时，要求磁控靶的磁场要强一些，同时靶材也要制备的薄一些，以便磁力线能穿过靶材，在靶面上方产生磁控作用。

磁控溅射的特点：溅射压力低，减少了杂质气体的污染，有效提高膜层纯度；工作气体被电离后，在电场加速下可获得较大的能量，溅射效率高，溅射温度低；溅射源做成矩形或柱状源后，可适用于大面积底膜；工作重复性好，成膜速率高，基片温度低，膜的黏附性好。

2. 仪器介绍

仪器的总体结构为真空系统、电气控制、水冷系统、气路单元、安全及报警系统构成，总体结构图如图 1-10 所示。

仪器的外形大致分为三个部分，分别是磁控溅射腔体室，磁控溅射控制面板，辅助装置。磁控溅射腔体室由基片架、真空室、溅射靶构成，结构图分别为图 1-11～图 1-13。在溅射真空室中，靶材在下，基片在上，向上溅射成膜，溅射真空室下盘上装有一支磁控靶，靶材尺寸 $\phi 60mm$，靶内有水冷系统。靶材表面与基片表面间距离为 $40 \sim 80mm$（直溅射），并有调位距离指标。

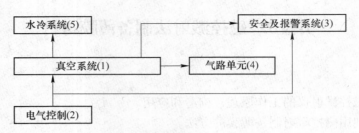

图 1-10　总体结构图

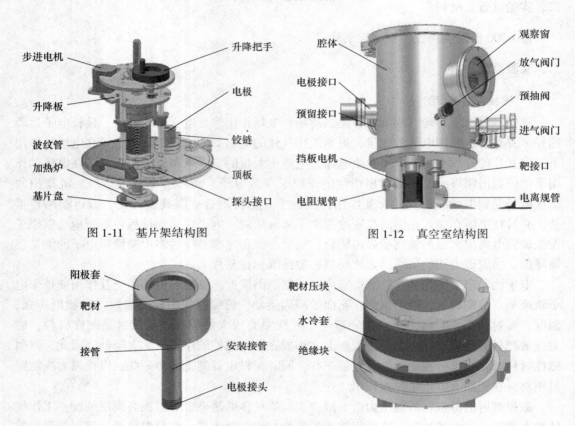

图 1-11　基片架结构图　　　　　　　　　　图 1-12　真空室结构图

图 1-13　溅射靶结构图

更换靶材时，先将阳极套去掉，松开三个内六角螺丝，拿下靶材压块，取下旧的靶材，将新的靶材放到水冷套上，盖上靶材压块（注意靶材应该滑到靶材压块的压槽里），拧上螺丝，盖上阳极套。靶材与阳极套之间用万用表进行测量，确保绝缘。

四、实验方法与步骤

1. 更换靶材

打开溅射室的放气阀，对溅射室放气。待溅射室内压强达到一个大气压后，将顶板及基片架升起。推开顶板，将准备好的铜靶换到靶上，换好后确定靶材与阳极套之间绝缘，降下顶板及基片架，关上放气阀（若先前已安装好靶材，此步省略）。

2. 装基片

在步骤 1 中顶板放下前，将清洗好的基片用压针压到基片托盘上，再将托盘旋到基片架上即可。

3. 打开水冷机电源开关和水泵开关，打开水路上所有的阀门，打开控制柜的总电源开关

4. 预抽真空

打开控制软件界面上的机械泵开关，启动溅射室的机械泵，打开腔体的预抽阀，进行预抽，同时可打开真空计开关，监测腔体的真空度。

5. 抽高真空

机械泵对腔体抽气，压力小于 10Pa 后，按下电磁阀按钮，打开电磁阀，对分子泵泵腔进行预抽，当真空腔体的压力再次低于 10Pa 后，启动分子泵，待泵完全启动后，关闭预抽阀，打开溅射室的插板阀，对溅射室抽高真空。

6. 基片加热

打开加热温控电源，将温度设定到 250℃，调大加热电流，给基片加热，一段时间后，基片温度稳定到 25℃即可。

7. 进气

缓慢打开溅射室的进气阀门，再打开机架前面板上的 MFC1 对应的阀门，此时气路管道与溅射室接通，压强会有所上升，属于正常现象。打开流量显示仪，将 MFC1 的控制按钮打到阀控上，顺时针调节流量调节按钮，将氩气流量设定在 30SCCM 上。

8. 调节溅射压力

本系统的溅射压力在通入气体流量一定时，主要通过与溅射室相连的插板阀来实现，将插板阀的顺时针旋转，减小阀门的开口度，同时观察真空计压力的变化，反复调整阀门开口大小直至压力稳定到 0.8Pa。

9. 启动射频溅射

打开射频电源的开关（按下面板上的橙色按钮），待电源预热一会儿后，按下启动按钮，启动射频电源。顺时针调大输出功率（约 120W），然后反复调节匹配器面板上的电容匹配旋钮，直至靶面起辉。若靶面始终无辉光产生，可先将挡板打开，或是调高压力溅射室内压力，待产生辉光后再把压力调下来。然后调节功率输出旋钮至 150W。

10. 射频溅射

功率调好后，先预溅射一会儿，然后打开一号靶挡板，正对着即可进行射频溅射。

11. 结束射频溅射

射频溅射约 15min 后，将电源面板上的功率调小到零后，按下启动按钮关闭电源的输出，再按下橙色按钮，关闭电源，关闭靶挡板。

12. 停止加热，自转

在电气控制面板上按下步进电机控制器上的开始按钮，停止自转，在加热温控电源面板上，将设定温度降低到室温后，将加热输出电流调小到零后关闭温控电源。

13. 停止进气

先在流量显示仪面板上将流量调小到零，将开关拨到关闭状态，关闭流量显示仪电

源，设备机架前面板上的 MFC1 对应的截止阀，最后关闭溅射室侧壁的进气阀，全开溅射室插板阀，再次对溅射室抽高真空。

14. 停止对溅射室的抽气

关闭插板阀，关闭分子泵，待分子泵完全停止后，关闭电磁阀，关闭机械泵。

15. 取出基片

待基片在真空状态下完全冷却后（最好不要在基片温度还未降下来就对真空室充气，这样会对基片表面的薄膜性能产生影响），对溅射室放气，然后将基片架升起来，取下基片托，拿出基片，最后降下基片架。

16. 停机

取出基片，降下基片架。用机械泵将真空室抽到 10Pa 以下，关闭预抽阀，使设备处于真空状态。关闭总电源，关闭水冷机。

五、注意事项

（1）实验中要注意样品的尺寸要求。

（2）注意调节靶材到基片的距离，距离要适中。

（3）基片一定要利用酒精或者丙酮进行清洗，以除去表面杂质和灰尘。

（4）设备开启时，一定要接通冷却水。

（5）设备应在清洁的室内环境使用。分子泵工作时，要保证冷却水正常循环，管内无堵塞。

（6）分子泵全速运行，插板阀打开时，严禁开启真空室，严禁打开放气阀及预抽阀。

（7）真空室暴露大气应尽可能地短，同时暴露大气时应关紧插板阀，以免分子泵受到污染。

（8）对真空室内零件进行操作（包括更换蒸发材料、基片等）时，应佩戴橡胶手套进行，注意真空室的清洁。

六、实验报告要求

（1）每人一份实验报告，报告应包括实验目的、实验原理、实验设备和材料、实验方法与步骤、实验结果与分析。

（2）分析磁控溅射镀膜的优、缺点。

（3）分析薄膜的形貌。

（4）指出实验过程中存在的问题，并提出相应的改进方法。

七、思考题

（1）磁控溅射镀膜属于物理气相沉积还是化学气相沉积，物理气相沉积的原理是什么？

（2）溅射镀膜与蒸发镀膜的区别是什么，有哪些优势？

实验8　水热合成法制备纳米材料

一、实验目的

（1）了解水热合成法的基本概念及特征。

（2）掌握高温高压下水热合成纳米材料的方法。

（3）熟悉纳米材料的表征。

二、实验设备及材料

量筒，胶头滴管，烧杯，高压反应釜，烘箱，$KMnO_4$，$MnSO_4 \cdot H_2O$。

三、实验原理

水热合成是指在密封系统中，以水为溶剂，在一定的温度和水的自身压力下，使得原始混合物进行反应的一种合成方法。该反应在高温和高压下进行，对化学反应体系有特殊技术要求，如耐高温高压与化学腐蚀的反应釜等。高温高压水热条件提供了一个在常压条件下无法得到的特殊物理化学环境，使物质在反应系统中得到充分溶解，并达到一定的过饱和度，从而形成原子或分子生长基元，进行成核结晶生成粉体或纳米晶。

按水热反应的温度进行分类，水热反应可以分为低温水热法和超临界水热法。低温水热反应温度在 $100 \sim 250℃$ 之间，适于工业或实验室操作，超临界反应是指利用水在超临界状态下的性质和反应物在高温高压水热条件下的特殊性质进行合成反应。在水热条件下，水可以作为一种化学组分起作用并参加反应，同时还可作为压力传递介质。

水热合成法采用的主要装置为高压釜，高压釜为可承高温高压的钢制釜体，一般可承受 $1100℃$ 的温度和 $1GPa$ 的压力，具有可靠的密封系统和防爆装置。由于内部要装酸性或碱性的强腐蚀性溶液，当温度和压力较高时，在釜内要装有耐腐蚀的贵金属内衬，如铂金或黄金内衬，以防矿化剂与釜体材料发生反应。同时可利用在晶体生长过程中釜壁上自然形成的保护层来防止进一步的腐蚀和污染。矿化剂指的是水热法生长晶体时采用的溶剂。

水热合成法制备纳米晶粒过程可分为三个阶段：生长基元与晶核的形成，生长基元在固液生长界面上的吸附与运动，生长基元在界面上的结晶或脱附。

水热法制备粉体优点：产物纯度高，分散性好，粒度易控制。原料便宜、生成成本低。粉体无需煅烧，可直接加工成型，避免在煅烧过程中晶粒的团聚、长大和容易混入杂质等缺点。

本实验采用 $KMnO_4$、$MnSO_4 \cdot H_2O$ 为原料，实验中具体反应如式（1-6）所示：

$$2KMnO_4 + 3MnSO_4 + 2H_2O \longrightarrow 5MnO_2 + K_2SO_4 + 2H_2SO_4 \qquad (1-6)$$

四、实验方法与步骤

（1）称取 $0.002mol$ $KMnO_4$ 溶于 $35mL$ 去离子水中，搅拌 $5min$，记为样品 A。

（2）称取 $0.003mol$ $MnSO_4 \cdot H_2O$ 溶于 $35mL$ 去离子水中，搅拌 $5min$，记为样品 B。

（3）将样品 B 缓慢倒入样品 A 中，搅拌至形成均匀的混合液 C。

（4）将混合液 C 倒入 100mL 反应釜中，放至保温炉中，在 140℃下保温 12h。

（5）待反应釜室温下冷却，缓慢倒出上层液体，将底部粉末分别用去离子水和无水乙醇超声离心清洗 4 次，最后将洗好的粉末样品放置于保温箱中，60℃下干燥 12h，获得棕褐色 MnO_2 粉末。

（6）将干燥的样品进行 XRD 衍射测试。

五、注意事项

（1）反应釜工作时外加热温度不要超过 200℃，加热时逐渐升温，降温时不可突变，以防造成应力而损坏反应釜。

（2）反应结束后要等到釜体自然冷却到室温，才可开启釜盖，切记不要带压拆卸。

（3）水热反应釜的溶液容量不宜超过其本身容量的 70%。

（4）溶液要混合均匀。

（5）最后一次用乙醇清洗，以减少粉末的团聚。

（6）粘接到反应釜内壁中的物料应及时清洗干净，清洗时不要用金属清洗工具。

六、实验报告要求

（1）每人一份实验报告，报告应包括实验目的、实验原理、实验设备和材料、实验方法与步骤、实验结果与分析。

（2）计算反应产率。

（3）将实验得到的产品进行 XRD 实验，并分析。

七、思考题

（1）什么是水热法，其特点是什么？

（2）水热反应的影响因素有哪些？

金属材料热处理实验

实验 1　钢的退火与正火

一、实验目的

（1）熟悉退火与正火的原理和操作方法。

（2）掌握碳钢退火与正火后的组织。

（3）了解工艺条件对碳钢退火和正火组织和性能（硬度）的影响。

二、实验设备及材料

（1）实验设备：实验用箱式电阻加热炉，布氏硬度机，洛氏硬度机，金相显微镜，金相制样设备。

（2）实验材料：45 钢，T8 钢，T12 钢的退火试样（尺寸为 $\phi10mm\times15mm$）；钳子，铁丝等。

三、实验原理

机械零件的一般加工工艺为：毛坯（铸、锻）→预备热处理→机加工→最终热处理。退火与正火工艺主要用于预备热处理，只有当工件性能要求不高时才作为最终热处理。

1. 钢的退火

退火是将钢加热到临界温度以上，保温一定时间，然后缓慢冷却（如炉冷）获得接近平衡组织的工艺。退火的主要目的为，调整钢材硬度，改善切削加工性能，以及消除内应力，细化晶粒，为最终热处理作组织准备。

常用的退火工艺主要有：完全退火、等温退火、球化退火、扩散退火、去应力退火、再结晶退火。

完全退火：完全退火是将钢件加热至 A_{c3} 以上 $30\sim50℃$，经完全奥氏体化后进行缓慢冷却以获得近于平衡组织的热处理工艺。主要用于亚共析钢，目的是细化晶粒、均匀组织、消除内应力、降低硬度和改善钢的切削加工性。

等温退火：等温退火是将钢件加热至 A_{c3} 以上 $30\sim50℃$，经完全奥氏体化后，快冷到略低于 A_{r1} 的温度停留，待珠光体相变完成后出炉空冷。等温退火可缩短工件在炉内停留时间，缩短退火周期，提高生产效率，常采用等温退火替代完全退火。

实际生产中，完全退火工艺与等温退火工艺的加热时间，可根据工件的有效厚度来计算，并需考虑装炉量和装炉方式，加以修正。在装炉量不大的情况下，箱式炉中的加热时间 $\tau(\min)$ 可按下式计算：

$$\tau = K \times D$$

式中　D——工件有效厚度，mm；

　　　K——加热系数，min/mm，对于碳钢 K 为 1.5 ~ 1.8min/mm，合金钢 K 为 1.8 ~ 2.0min/mm。

保温时间：可按每 25mm 厚度保温 1h，或者每 1t 装炉量保温 1h 来计算。

等温退火工艺的等温时间可由钢的 C-曲线查得，不过要比 C-曲线上的时间长些。碳钢一般为 1~2h，合金钢一般为 3~4h。

球化退火：球化退火是使钢中碳化物球化，获得粒状珠光体的一种热处理工艺，主要用于共析钢，过共析钢和合金工具钢。其目的是降低硬度、均匀组织、改善切削加工性，并为淬火作组织准备。

球化退火可以有以下三种方式：

（1）普通球化退火：将高碳钢工件加热到 A_{c1} +（20 ~ 30）℃，保温一定时间后，随炉缓冷至 600℃ 以下，再在空气中冷却下来。如图 2-1 中曲线①所示。

（2）等温球化退火：它是将高碳钢工件钢加热到 A_{c1} +（20 ~ 30）℃，保温一定时间后，再快速冷却到 A_{r1} -（20 ~ 30）℃ 左右，长时间等温后，出炉冷却。如图 2-1 中曲线②所示。

（3）循环球化退火：有的钢采用一次球化退火难以达到球化目的，则可进行循环退火，如图 2-2 所示，即将钢加热到球化温度保温后，冷却到略低于 A_{r1} 的温度，保温后再加热到球化温度，这样重复几次便能得到球化组织。

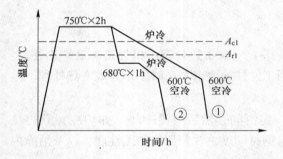

图 2-1　普通球化退火与等温球化退火工艺　　　　图 2-2　循环退火球化退火工艺

实际生产中，球化退火加热工艺：

加热温度：$t = A_{c1}$ +（20 ~ 30）℃，即在 A_{c1} ~ A_{ccm} 之间的两相区内加热，大部分钢的球化退火加热温度都在 740 ~ 870℃ 之间。

加热时间：$\tau = K \times D$，式中 D 是工件有效厚度（mm），K 为加热系数。对于碳素钢 K = 1.5min/mm，合金钢 K = 2min/mm。

等温球化退火的温度和时间要根据硬度要求，利用 C-曲线确定。

扩散退火（又称均匀化退火）：扩散退火是将钢件加热至略低于固相线的温度下长时间保温，然后缓慢冷却以消除化学成分不均匀现象的热处理工艺。其目的是消除铸件在凝固过程中产生的枝晶偏析及区域偏析，使成分和组织均匀化。

实际生产中，扩散退火工艺的加热温度：$t = A_{c3}$ +（150 ~ 250）℃。

钢中合金含量越高，加热温度也要高些，但是一般要低于固相线100℃左右，以防止过烧，铸锭的加热温度可比铸件高100℃左右。其经验数据如下：碳素钢铸件950～1000℃，低合金钢铸件1000～1050℃，高合金钢铸件1050～1100℃，高合金钢铸锭1100～1250℃。一般扩散退火时间都在10～15h左右。时间越长，工件烧损越严重，耗费能量越多，成本也增加。

去应力退火：去应力退火是将钢加热到低于A_{r1}以下某一温度，保温后，缓慢冷却到200℃以下出炉空冷的热处理工艺。其目的是消除材料经变形加工以及铸造、焊接过程引起的残余内应力，此外还可降低硬度，提高尺寸稳定性，防止工件的变形和开裂。去应力退火加热通常采用500～650℃，时间2～4h。

再结晶退火：再结晶退火是把冷变形后的金属加热到再结晶温度以上保持适当的时间，使变形晶粒重新转变为均匀等轴晶粒而消除加工硬化的热处理工艺。钢经冷冲、冷轧或冷拉后会产生加工硬化现象，使钢的强度、硬度升高，塑性、韧性下降，切削加工性能和成型性能变差。经过再结晶退火，消除了加工硬化，钢的机械性能恢复到冷变形前的状态。

2. 钢的正火

正火是将钢加热到临界点（A_{c3}或A_{ccm}）以上30～50℃，保温一定的时间，进行完全奥氏体化，然后在空气中冷却得到珠光体类组织的热处理工艺。

从实质上说，正火是退火的一个特例。两者只是转变的过冷度不同，正火时的过冷度较大，会发生伪共析转变，因此组织中的珠光体量较多，而且片层较细。

正火后的组织，当钢中含碳量为0.6%～1.4%时，在正火组织中不出现先共析相，只存在伪共析的珠光体或索氏体；在含碳量小于0.6%的钢中，正火后还会出现少量铁素体。

正火的主要应用：（1）细化晶粒，消除热加工过程中产生的过热缺陷；（2）改善低碳钢（$w(\mathrm{C}) \leqslant 0.25\%$）的切削加工性能；（3）用于高碳钢，消除网状碳化物，便于球化退火；（4）用于一些受力不大、性能要求不高的中碳钢零件，作为最终的热处理。

实际生产中，正火工艺的加热温度和加热时间如下：

加热温度：低碳钢，$t = A_{c3} + (50 \sim 100)$℃；中碳钢，$t = A_{c3} + (30 \sim 50)$℃；高碳钢，$t = A_{ccm} + (30 \sim 50)$℃；并且钢中含碳量越低，正火温度越高。

加热时间：
$$\tau = K \times D$$

式中　τ——加热时间，min；

　　　D——工件有效厚度，mm；

　　　K——加热时间系数，min/mm；对于碳素钢$K = 1.5\mathrm{min/mm}$，合金钢$K = 2\mathrm{min/mm}$。

四、实验方法与步骤

1. 钢的退火

（1）全班分成几个小组，按组领取实验试样，并打上钢号，以免混淆。

（2）测定试样热处理前的硬度值，并做好记录。

（3）普通退火操作，将45钢试样加热到840～860℃，T8钢、T12钢试样加热到760～

780℃，保温 15min 后，进行炉冷至 500℃后出炉空冷。

（4）等温退火操作，将 45 钢试样加热到 830~850℃，T8 钢、T12 钢试样加热到760~780℃，保温 15min 后分别快速放入 680℃炉中等温停留 30~40min，随后进行空冷处理。

（5）分别测定 45 钢、T8 钢、T12 钢经普通退火和等温退火处理后的硬度，并做好相应的记录。

（6）分别制备热处理前后的金相试样，并在金相显微镜下观察各试样的组织。

2. 钢的正火

（1）按组领取正火实验试样，并打上钢号，以免混淆。

（2）测定试样热处理前的硬度值，并做好记录。

（3）正火操作，将 45 钢试样加热到 830~850℃，T8 钢试样加热到 760~780℃，T12 钢试样加热到 850~870℃，保温 15min 后，进行空冷处理。

（4）分别测定 45 钢、T8 钢、T12 钢经正火处理后的硬度，并做好相应的记录。

（5）分别制备热处理前后的金相试样，并在金相显微镜下观察各试样的组织。

五、注意事项

（1）退火处理时，不要随意触动有关电炉及温度控制器的电源部分，以防触电及损坏设备。

（2）正火操作时，试样要用夹钳夹紧，动作要迅速，夹钳不要夹在测定硬度的表面上，以免影响硬度值。

（3）测定硬度前必须用砂纸将试样表面的氧化皮除去并磨光。对每个试样，应在不同部位测定 3 次硬度，并计算其平均值。

六、实验报告要求

（1）每人一份实验报告，报告应包括实验目的、实验原理、实验设备和材料、实验方法与步骤、实验结果与分析。

（2）严格按照试验步骤进行实验，列出全套硬度数据，绘出（或拍照）各种热处理后的组织图，并根据热处理原理对各种热处理组织的成因进行分析。

（3）分析退火与正火工艺参数对碳钢退火及正火后组织和性能（硬度）的影响，并阐明硬度变化的原因。

（4）指出试验过程中存在的问题，并提出相应的改进方法。

七、思考题

（1）采用何种热处理可以提高亚共析钢中珠光体的含量，从而提高其强度和硬度？

（2）粒状珠光体的形成机理是什么？

（3）退火与正火由于加热和冷却不当会产生哪几种缺陷？

实验 2　钢的淬火与回火

一、实验目的

（1）掌握钢的淬火与回火原理及操作方法。

（2）了解淬火与回火的种类及应用。

（3）了解淬火工艺条件对淬火组织与性能（硬度）的影响。

（4）了解回火的工艺参数对碳钢回火后组织和性能（硬度）的影响。

二、实验设备及材料

（1）实验设备：实验用箱式电阻加热炉，实验用盐浴炉，洛氏硬度机，金相显微镜，金相制样设备。

（2）实验材料：45 钢、T8 钢、T12 钢的退火试样（尺寸为 $\phi 10\text{mm} \times 15\text{mm}$）；冷却剂为水、10 号机油（使用温度约 20℃）；钳子，铁丝等。

三、实验原理

机械零件的一般加工工艺为：毛坯（铸、锻）→预备热处理→机加工→最终热处理。淬火与回火工艺通常用于最终热处理。

淬火是将钢件热到临界点以上，保温一定时间，然后在水或油等冷介质中快速冷却而得到马氏体的热处理工艺。淬火钢的组织主要为马氏体，还有少量残余奥氏体和未溶的碳化物。淬火后必须进行回火，以达到下列目的：（1）采用淬火+低温回火工艺提高工模具等零件的硬度和耐磨性；（2）采用淬火+高温回火工艺提高齿轮、轴类等零件的强韧性；（3）采用淬火+中温回火工艺提高弹簧等的弹性；（4）采用淬火处理永久磁铁提高磁性能。

1. 钢的淬火工艺

淬火工艺主要包括淬火加热温度、保温时间和冷却条件等几方面的问题。工艺参数的确定应遵循一定的原则。

（1）淬火加热温度：对于亚共析钢，$t = A_{c3} + (30 \sim 50)$℃；对于共析钢和过共析钢，$t = A_{c1} + (30 \sim 50)$℃。

对于亚共析钢必须加热到 A_{c3} 以上进行完全淬火。这是因为，亚共析钢在 $A_{c1} \sim A_{c3}$ 之间加热淬火时，由于铁素体分布在强硬的马氏体中间，会严重降低钢的强度和韧性，所以是不允许的。对于过共析钢都必须在 $A_{c1} \sim A_{ccm}$ 之间加热进行不完全淬火，并使淬火组织中保留一定数量的细小弥散的碳化物颗粒，以提高其耐磨性。在生产中，不允许过共析钢加热到 A_{ccm} 以上进行完全淬火。这是因为如果碳化物完全进入奥氏体中，马氏体中将出现过多的残余奥氏体，会造成多方面的害处。而且淬火后会得到粗针马氏体，显微裂纹增多，钢的脆性增大。还会由于淬火应力的变大，增加工件变形开裂的倾向。

（2）淬火加热时间：计算加热时间的方法很多，最常用的是根据工件有效厚度来计算加热时间 $\tau(\min)$，如式（2-1）所示：

$$\tau = K \times D \tag{2-1}$$

其中，D 是工件的有效厚度（mm），具体如图 2-3 所示；K 是加热系数，可按表 2-1 的经验数据选取。

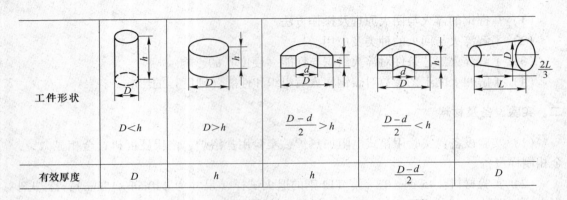

工件形状	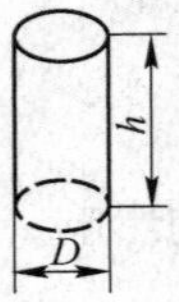 $D<h$	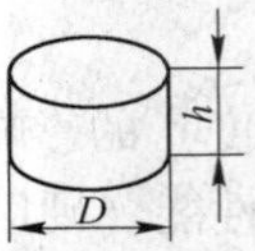 $D>h$	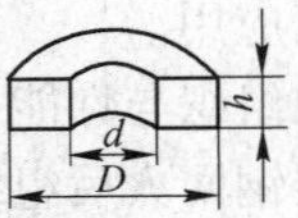 $\frac{D-d}{2}>h$	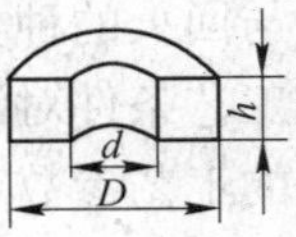 $\frac{D-d}{2}<h$	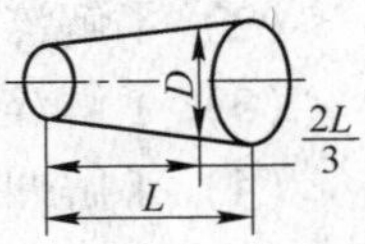
有效厚度	D	h	h	$\frac{D-d}{2}$	D

图 2-3　工件有效厚度确定图

表 2-1　加热时间经验公式

加热设备类型	材料品种	加热时间 τ(min) 经验公式
盐浴炉	碳素结构钢	$t=(0.2\sim0.4)D$
	碳素工具钢与合金结构钢	$t=(0.3\sim0.5)D$
	合金工具钢	$t=(0.5\sim0.7)D$
空气电阻炉	碳素钢	$t=(1\sim1.2)D$
	合金钢	$t=(1.2\sim1.5)D$

（3）淬火冷却介质和方式。淬火工艺中冷却是一关键的工序，为了获得马氏体组织，钢淬火时一般都需采取快冷，使其冷速大于临界冷却速度 V_c，以避免过冷奥氏体发生分解。但并不是冷速越大越好。根据连续冷却 C 曲线，只需要在 C 曲线鼻尖处快冷，而在 M_s 附近尽量缓冷，以达到既获得马氏体组织、又减小内应力、防止淬火变形和开裂的目的。所以，钢在淬火时，最理想的冷却曲线如图 2-4 所示。但现实中很难找到符合理想冷却曲线的冷却介质。实际生产中，正确选择淬火介质的原则是：在保证淬硬的前提下，尽量选择较缓和的淬火介质，以减少淬火变形和开裂。常用淬火冷却介质的冷却能力见表 2-2。

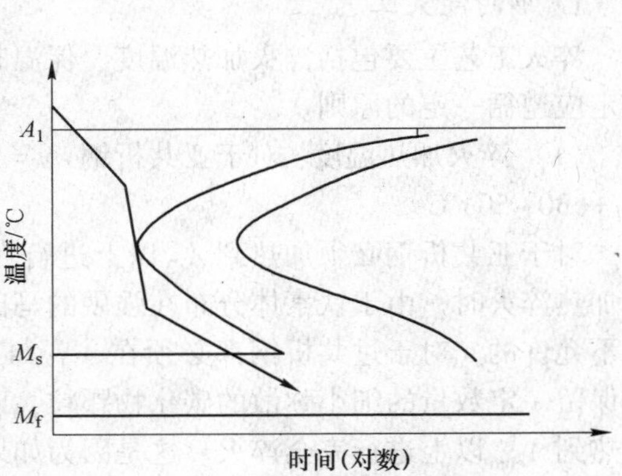

图 2-4　理想淬火冷却曲线示意图

表 2-2　几种常用淬火介质的冷却能力

冷却介质	冷 却 速 度/℃·s⁻¹		冷却介质	冷 却 速 度/℃·s⁻¹	
	650~550℃区间	300~200℃区间		650~550℃区间	300~200℃区间
水（18℃）	600	270	10%NaCl（18℃）	1100	300
水（26℃）	500	270	10%NaOH（18℃）	1200	300
水（50℃）	100	270	10%NaCl（50℃）	800	270
水（74℃）	30	200	10%NaOH（50℃）	750	300
肥皂水（18℃）	30	200	矿物油（18℃）	150	30
10%油水（18℃）	70	200	变压器油（18℃）	120	25

注：表中的百分数为质量分数。

在生产中，为使工件淬火后达到要求的硬度和淬硬层深度，又要防止变形和开裂，除要选择合适的淬火介质外，还必须采取正确的淬火冷却方式，进行正确的淬火操作。

常用的淬火冷却方式有：单液淬火法、双液淬火法、预冷淬火、分级淬火法和等温淬火法，冷却曲线如图 2-5 所示。

单液淬火：工件在一种淬火介质中一直冷却到底。冷却曲线如图 2-5 中 1 所示。如水冷或油冷淬火。

双液淬火：工件先在一种快速冷却介质中冷却，当冷却到 300℃左右时，立即转入另一种缓和的介质中冷却，以降低马氏体区的冷速，从而减小淬火应力，防止变形开裂。冷却曲线如图 2-5 中 2 所示。

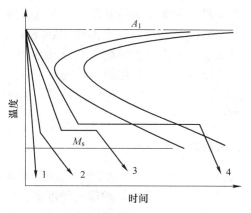

图 2-5　不同淬火方法的冷却曲线

预冷淬火：工件从加热炉中取出，先预冷到一定温度再进行淬火。可以减小工件内外温差，从而减小淬火内应力，防止变形和开裂。

分级淬火：把加热到规定温度的工件放入温度为 M_s 附近的盐浴或碱浴中，停留 3~5min，使其表面与心部的温度均匀后，取出空冷，以获得马氏体组织。冷却曲线如图 2-5 中 3 所示。分级冷却可使工件内外温度较为均匀，同时进行马氏体转变，大大减小淬火应力，防止变形和开裂。

等温淬火：把加热的工件放入温度稍高于 M_s 点的盐浴或碱浴中，保温足够长的时间使其发生下贝氏体转变后出炉空冷，冷却曲线如图 2-5 中 4 所示。等温淬火用于中高碳钢，目的是获得下贝氏体，以提高强度、硬度、韧性和耐磨性。低碳钢一般不采用等温淬火，因为低碳贝氏体不如低碳马氏体的性能好。

2. 钢的回火工艺

回火是将淬火钢加热到低于临界点 A_1 的某一温度，保温一定时间，使淬火组织转变为稳定的回火组织，然后以适当的方式冷却到室温的一种热处理工艺。回火的目的是：
（1）消除钢淬火形成的内应力；（2）提高钢的韧性，降低钢的脆性；（3）稳定淬火组织，消除淬火后的残余奥氏体；（4）通过不同的回火温度，调整达到所要求的力学性能。

淬火碳钢在不同温度范围回火所发生的组织转变可分为以下五个有区别而又互相重叠的阶段：（1）马氏体中 C 原子偏聚阶段（100℃以下）；（2）马氏体分解阶段（100～300℃）；（3）残余奥氏体的分解阶段（200～300℃）；（4）碳化物转变阶段（250～400℃）；（5）碳化物聚集长大及铁素体的回复、再结晶阶段（400℃以上）。

回火分类及温度时间的确定如下：

根据工件性能要求不同，钢的回火可分为以下几种。

（1）低温回火：回火温度 150～250℃，回火时间 2h 以上。回火后得到的是马氏体基体上分布着细片状 ε-碳化物的组织，即回火马氏体组织。低温回火主要用于要求高硬度及耐磨的各种高碳钢和合金钢的工具、模具、量具、轴承以及渗碳淬火件、表面淬火件等。

（2）中温回火：回火温度 350～500℃，回火时间 2h 以上。回火后得到的是铁素体与极细的颗粒状渗碳体组成的组织，即回火屈氏体。中温回火主要用于各种弹簧、弹簧夹头及某些要求强度较高的零件，如刀杆、轴套、夹具附件等。

（3）高温回火：回火温度 500～650℃，回火时间 2h 以上。高温回火后得到在多边形铁素体基体上分布着颗粒状 Fe_3C 的组织，即回火索氏体，具有良好的综合机械性能。淬火后进行高温回火又称为调质处理。调质广泛应用于各种重要的机器结构和交变负荷下的零件，如连杆、螺栓、齿轮及轴类；也可用于精密零件，如丝杠、量具、模具等的预先热处理。

四、实验方法与步骤

（1）全班分成几个小组，按组领取实验试样，并打上钢号，以免混淆。

（2）测定试样热处理前的硬度值，并做好记录。

（3）淬火操作，将 45 钢试样加热到 830～850℃，T8 钢、T12 钢试样加热到 760～780℃，保温 15min 后分别进行水冷、油冷处理。

（4）分别测定 45 钢、T8 钢、T12 钢经淬火处理后的硬度，并做好相应的记录。

（5）分别制备热处理前后的金相试样，并在金相显微镜下观察各试样的组织。

（6）回火操作，将 45 钢、T8 钢、T12 钢的淬火试样进行回火处理，分别加热到 200℃、400℃和 600℃，保温 90min 后，进行空冷或水冷处理。

（7）分别测定 45 钢、T8 钢、T12 钢经淬火及不同温度回火处理后的硬度，并做好相应的记录。

（8）分别制备淬火及不同温度回火后的金相试样，并在金相显微镜下观察各试样的组织。

五、注意事项

（1）采用箱式炉进行淬火加热时，为防止氧化脱碳，炉膛中可适当加入少量木炭和铁屑。

（2）淬火冷却时，试样要用夹钳夹紧，动作要迅速，并要在冷却介质中不断搅动。夹钳不要夹在测定硬度的表面上，以免影响硬度值。

（3）测定硬度前必须用砂纸将试样表面的氧化皮除去并磨光。对每个试样，应在不同部位测定 3 次硬度，并计算其平均值。

六、实验报告

（1）每人一份实验报告，报告应包括实验目的、实验原理、实验设备和材料、实验方法与步骤、实验结果与分析。

（2）严格按照试验步骤进行实验，列出全套硬度数据；绘出或拍出各种热处理后的组织图，并根据热处理原理对各种热处理组织的成因进行分析。

（3）分析含碳量、加热温度、冷却速度等因素对碳钢热处理后组织和性能（硬度）的影响；分析回火工艺参数对碳钢回火后组织和性能（硬度）的影响。

（4）根据所测得硬度数据，画出工艺参数与硬度的关系曲线，并阐明硬度变化的原因。

（5）指出试验过程中存在的问题，并提出相应的改进方法。

七、思考题

（1）工件淬火时为什么会产生变形或开裂，如何预防？

（2）低合金钢与高合金钢的淬火加热温度应如何设定？

（3）为什么高碳钢工件在淬火后必须立即进行回火处理？

实验3　钢的渗碳热处理

一、实验目的

（1）熟悉钢的气体渗碳原理和渗碳工艺。

（2）了解低碳钢渗碳过程中组织和性能的变化。

（3）了解渗碳层深度的测定方法。

二、实验设备及材料

实验用箱式电阻加热炉，实验用井式渗碳炉，洛氏、维氏硬度机，金相显微镜，金相制样设备，渗碳介质（煤油或甲醇），冷却剂（水和 10 号机油），20 钢或 20CrMnTi 钢退火试样（尺寸 $\phi20mm\times25mm$），钳子，铁丝等。

三、实验原理

1. 渗碳原理

渗碳是将低碳钢零件放在渗碳介质中，加热到奥氏体状态并保温，使其表层形成一个富碳层的热处理工艺，其目的是使零件表面层含碳量增加。渗碳零件经淬火和低温回火处理后，表面层具有高的硬度和耐磨性，而心部仍保持高的塑韧性，主要用于受严重磨损和较大冲击载荷的零件。

按照渗碳介质的状态，渗碳方法可分为固体渗碳、液体渗碳和气体渗碳三种。

渗碳原理：渗碳属于化学热处理，其过程也包括分解、吸收和扩散三个阶段。首先，渗碳介质在高温下发生分解，产生活性碳原子。其次，活性碳原子被钢件表面吸收，并溶解到表层奥氏体中，使奥氏体中含碳量增加。最后，表面含碳量增加与心部含碳量出现浓度差，表面碳原子向内部扩散。

工业中使用的气体渗碳方法有两类：一是用吸热式或放热式可控气氛作为载体气，再加入某种碳氢化合物气体（如甲烷、丙烷、天然气等）作为富化气以提高和调节气氛的碳势；二是将含碳有机液体直接滴入渗碳炉，在炉中产生所需的气氛。不论是哪种方法，气氛中的主要组成物都是 CO、O_2、CH_4、H_2、H_2O 等五种，其中 CO 和 CH_4 起增碳作用，其余的 O_2、H_2、H_2O 起脱碳作用。

与渗碳有关的最主要的反应是下列 4 个反应：

$$2CO \Longleftrightarrow [C] + CO_2$$

$$CH_4 \Longleftrightarrow [C] + 2H_2$$

$$CO + H_2 \Longleftrightarrow [C] + H_2O$$

$$CO \Longleftrightarrow [C] + \frac{1}{2}O_2$$

从以上各式可知，当气氛中的 CO 和 CH_4 增加时，平衡将向右移动，分解出的活性碳原子增多，气氛碳势升高；反之，当 CO_2、H_2O 或 O_2 增加时，则分解出的活性碳原子减少，气氛碳势下降。

要使活性碳原子被钢件表面吸收，必须满足以下条件：（1）工件表面应清洁，无外来阻挡，为此工件入炉前务必清理表面；（2）活性碳原子被吸收后，剩下的 CO_2、H_2 或 H_2O 需及时被驱散，否则增碳反应无法继续进行下去，这就要求炉气有良好的循环；（3）控制好分解和吸收两个阶段的速度，使之恰当配合，如供给碳原子的速度（分解速度）大于吸收的速度，工件上便会出现积碳，这会在一定程度上影响吸收速度。

碳原子由表面向心部的扩散是获得一定深度渗层所必需的。扩散的驱动力是表面与心部间的碳浓度梯度。

2. 渗碳工艺

（1）渗碳工艺参数。渗碳钢的碳含量一般在 0.12%～0.25% 之间，所含主要合金元素为 Cr、Mn、Ni、Mo、Ti 等。对于低合金渗碳钢而言，表面最佳碳含量为 0.8%～1.05% 时可能获得最佳性能。渗碳温度一般为（930±10）℃，渗碳时间 3～9h，其深度一般为 0.5～2mm。

（2）渗碳工艺过程。在渗碳前，零件需经过除油、清洗或吹砂，以除去表面油污、锈迹或其他脏物。对需局部渗碳的零件，需在不渗处涂防渗膏或镀铜加以防护。渗碳过程中必须恰当地控制气氛碳势、温度和时间，以保证技术条件所规定的表面碳含量、渗层深度和较平缓的碳浓度梯度。零件渗碳后必须进行热处理，才能有效地发挥渗碳层的作用。常用的热处理有下面三种：

1）直接淬火法：即零件渗碳后，出炉经预冷，再淬火和低温回火的热处理工艺。用于要求具有高的表面硬度，而其他性能不作要求的零件。

2）一次淬火：在渗碳件冷却之后，重新加热到临界温度以上保温后淬火。对于心部组织要求高的合金渗碳钢，一次淬火的加热温度略高于心部的 A_{c3}，使其晶粒细化，并得到低碳马氏体组织；对于受载不大但表面要求高的钢件，淬火温度应选在 A_{c1} 以上，使表层晶粒细化，而心部组织无大的改善，性能略差一些。

3）二次淬火法：对于力学性能要求很高或本质粗晶粒钢，应采用二次淬火。第一次淬火是为了改善心部组织，同时消除表面的网状渗碳体，加热温度为 A_{c3} 以上。第二次淬火是为细化表层组织，获得马氏体和均匀分布的粒状二次渗碳体，加热温度为 A_{c1} 以上。二次淬火工艺复杂，生产效率低，成本高，变形大，所以只用于要求表面耐磨性高和心部韧性高的零件。渗碳后淬火回火工艺如图 2-6 所示。

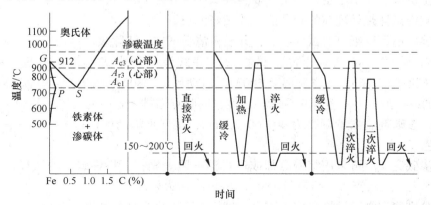

图 2-6　渗碳后淬火回火工艺曲线

3. 渗碳后的组织变化

钢件经渗碳后，从表面到心部形成了一个浓度梯度层，如果缓冷下来，将得到珠光体类型的组织：表层为 P+网状 Fe_3C_{II}；心部为 F+P；中间为过渡区。且铁素体的含量由外向里不断增加。图 2-7 为渗碳后经缓慢冷却后由表面到心部的显微组织变化。

图 2-7　20 钢渗碳后缓冷的显微组织

4. 渗碳层深度的测量

渗碳层深度的测量方法主要有金相法、硬度测量法和化学分析法。

（1）宏观金相法：将试样切断后，将断面磨平抛光，进行腐蚀后，用放大镜进行宏观观察，渗碳层显示为乌黑色，测出乌黑色外层的厚度，作为全渗层深度。该方法简单实用，生产上常用作炉前监控使用。

（2）显微金相法：将渗碳后的试样先进行退火（最好是保护气氛下进行），获得平衡组织，然后制备金相试样，在显微镜下测出过共析区、共析区和亚共析区（到心部边缘）的总厚度，由此得全渗层深度。

（3）硬度法：试样经渗碳淬火后即切取下来，用砂纸磨光，然后垂直于渗碳表面测维氏硬度（载荷 1kg），根据所测得硬度与至表面距离的关系曲线，以硬度大于 550HV（相当于 50HRC）的层深度作为有效渗碳层深度。硬度法测量快捷、结果准确、设备简单，是目前普遍采用的方法。

（4）化学分析法：从试样表面至心部逐层取样后进行化学（或光谱）分析的方法。

四、实验方法与步骤

（1）全班分成几个小组，按组领取实验试样，并打上钢号，以免混淆。

（2）测定试样热处理前的硬度值，并做好记录。

（3）渗碳前用砂纸打磨试样表面，并酒精清洗试样，清除表面锈斑、油污。

（4）渗碳操作，将清理干净的试样放入井式渗碳炉中进行渗碳处理。渗碳温度930℃，渗碳时间 3~6h。渗碳升温至 600℃时启动风扇，800℃时以 20~30 滴/min 速度开始滴入煤油或甲醇，并一直保持到渗碳温度，同时点燃排气管中的尾气。待炉子温度升到渗碳温度，渗碳剂滴入量调整为 40~60 滴/min，尾气火焰高度保持 80mm 左右，火焰颜色呈浅黄色。

（5）渗碳完成后可采用缓慢冷却或进行淬火回火操作，将渗碳后的试样进行直接淬火或一次淬火、二次淬火，再进行 180℃，60min 回火处理。

（6）分别测定缓冷试样或淬火回火后试样由表面到心部的硬度，并做好记录。

（7）制备渗碳热处理后的金相试样，并在金相显微镜下观察渗碳的组织和渗碳层厚度。

五、注意事项

（1）渗碳热处理时应注意操作安全，不要随意触动有关电炉及温度控制器的电源部分，以防触电及损坏设备。

（2）测定硬度前必须用砂纸将试样表面的氧化皮除去并磨光。对每个试样，应在不同部位测定 3 次硬度，并计算其平均值。

六、实验报告要求

（1）每人一份实验报告，报告应包括实验目的、实验原理、实验设备和材料、实验方法与步骤、实验结果与分析。

（2）严格按照试验步骤进行实验，记录所使用的渗碳工艺参数，列出全套硬度数据，绘出或拍下渗碳热处理后的组织图，并根据热处理原理对渗碳组织的成因进行分析。

（3）分析渗碳工艺参数对渗碳层组织和性能（硬度）的影响。

（4）根据所测得硬度数据，得出渗碳热处理后试样由表面到心部的硬度变化曲线，并阐明硬度变化的原因。

（5）指出试验过程中存在的问题，并提出相应的改进方法。

七、思考题

（1）渗碳过程中，应如何选择和控制气氛碳势？

（2）为了缩短渗碳的总时间，应如何调整渗碳工艺参数？

（3）钢件经渗碳热处理后产生的主要缺陷有哪些，如何预防？

实验 4 钢的离子氮化

一、实验目的

（1）熟悉离子氮化的原理和操作方法。

（2）了解离子氮化工艺的应用。

（3）了解离子氮化的工艺参数对氮化层组织和性能的影响。

二、实验设备及材料

实验用离子氮化炉，维氏硬度机，金相显微镜，38CrMoAl 钢试样（尺寸为 $\phi20mm \times 25mm$），汽油或洗涤剂等。

三、实验原理

1. 离子氮化的原理

离子氮化是通过辉光放电的形式加热工件并将 N 原子渗入金属零件表面，以提高其硬度、耐磨性和疲劳强度的一种化学热处理方法。

离子氮化的原理示意图见图 2-8，在真空容器内，通过压力为 $1.3 \times 10^2 \sim 1.3 \times 10^3 Pa$ 的氨气或氮、氢混合气体，以真空容器为阳极，被处理工件为阴极，在阴阳两极之间通以几百伏的直流电压，当电压超过气体点燃电压后，两极间的稀薄气体即电离，形成等离子体，并产生辉光放电，在电场作用下，带负电的电子移向阳极，带正电荷的 N^+、H^+ 离子移向阴极，在阴极位降区被加速，并以 10m/s 的速度轰击阴极（工件）表面，使阴极表面活化，并发生一系列反应。首先，N^+、H^+离子的轰击动能将转变为热能，加热工件；其次，离子轰击打出电子，产生二次

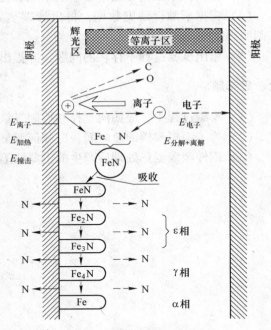

图 2-8 离子氮化原理示意图

电子发射，并使部分 N^+ 得到电子后还原成 N，同时，由于阴极溅射作用，工件表面的 C、O、Fe 等原子被轰击出来。在这个过程中，一部分 N^+ 离子轰击工件表面时，夺取电子还原成 N 原子渗入工件表面，并逐渐向内扩散，同时在工件表面附近被溅射出的 Fe 与此处的 N 结合，形成富 N 的 FeN 沉积在工件表面。由于高温和离子轰击，高价而不稳定的 FeN 向低价转变，分解成含氮较少的 Fe_2N、Fe_3N 和 Fe_4N，同时放出 N 原子。放出的 N 原子一部分又向工件内部扩散，形成氮化层，另一部分 N 返回辉光放电的气体中重新反

应，被溅射的 Fe 原子成为 N 原子的载体，起了促进氮化的作用。

H$^+$离子向工件（阴极）轰击不仅起加热工件的作用，还使工件表面的氧化物被还原，氧向外析出，因而表面的氧化膜被除去，形成洁净光亮的表面。

在整个氮化过程中，作为阴极的工件表面覆盖一层稳定的紫色辉光是由于氮、氢正离子得到电子后还原成原子，或受激原子的电子回到基态时产生光辐射，故称为辉光离子氮化。

与气体氮化相比，离子氮化能大大缩短渗氮时间，工件变形小，力学性能好，渗层厚度和组织易于控制，氮化层脆性小，节约电能和氨消耗。

2. 离子渗氮工艺过程

离子渗氮的工艺过程主要包括渗氮前的预先热处理、工件清洗、装炉、打弧升温、保温、冷却降温及出炉等几个过程。

（1）预先热处理。使渗氮零件心部具有良好的力学性能，消除内应力，减少渗氮变形，为渗氮提供组织准备。结构钢常用的预先热处理工艺是调质处理，调质处理温度至少要比渗氮温度高 10~20℃。

（2）工件的清洗。离子渗氮对工件的清洗要求很高，不仅要将工件表面上的油污、锈斑和其他污物要清洗（除）干净，还要对工件上的小孔、空腔内及结合面进行清洗，若清除不彻底，离子氮化时，将引起持续不断的电弧。常用的清洗剂是汽油和工业清洗剂。

（3）局部防渗。对局部氮化的零件，可在非渗部位用外罩（对凸出面）或塞子（对内凹面或孔）屏蔽，以避免在该处起辉。

（4）合理装炉。零件在装炉时，其间隔必须足够大而均匀，装载过密处会引起温度过高。有时为了保证温度的均匀，还需设辅助阴极或辅助阳极。

（5）抽真空和打弧。零件装炉完毕后即可罩上炉罩，开启真空泵抽真空，待真空度达到要求后，即可通电起辉。零件起辉后有一个打散弧清理阶段。打弧阶段要适时调节气压、电压、电流等参数，防止打弧过度、烧伤零件。

（6）保温。当工件温度达到渗氮温度，且已稳定时，进入保温阶段，应控制好电压、电流和气压等参数。

（7）冷却出炉。氮化保温结束后，关闭阀门，停止抽气和供气，切断辉光电源，使零件在渗氮气氛中随炉冷却，为了保护炉体并增加冷速，停炉后继续通冷却水，工件温度降到 200℃以下方可出炉。

3. 离子渗氮工艺参数

（1）渗氮温度。渗氮温度是重要的工艺参数，温度的高低直接影响渗氮速度、硬度及渗氮层组织。在一定渗氮温度范围内，温度越高，氮原子迁移及扩散的能力越强，渗氮速度越快，渗氮层也就越厚。不同材料渗氮温度有一最佳值，在此温度下，渗氮层硬度最高。对于氮化钢，温度可选为 520~540℃，对其他合金结构钢可在 480~520℃间选择，高合金工具钢一般为 480~540℃，不锈耐热钢为 550~580℃。

（2）渗氮时间。温度决定后，时间则依渗层深度而定。渗氮层与渗氮时间呈抛物线关系。

（3）气体成分。生产上常用的离子渗氮气体主要有氨气（NH_3）、N_2+H_2 及热分解氨。

（4）气压。气体压力影响辉光放电特性，气压高，阴极位降区 dk 小，辉光层薄；气压低，阴极位降区 dk 大，辉光层厚。一般离子渗氮气压在 $100\sim1000Pa$。对有孔、窄槽的工件，要注意调整气压，改变阴极放电长度，避免出现空心阴极效应。

（5）电参数。离子渗氮的电压和电流密度主要取决于渗氮温度的高低及气压等，一般在保温阶段电流密度为 $0.5\sim5mA/cm^2$，电压 $400\sim800V$。

4. 渗氮层厚度

渗氮层包括化合层和扩散层，渗氮层厚度和时间呈抛物线关系。常用金相法和硬度法测量渗氮层厚度。

（1）金相法。将金相试样磨制好，经过试剂（化合层用2%～4%硝酸酒精溶液，扩散层用5%苦味酸酒精溶液）腐蚀后，用金相显微镜放大 100～200 倍测量，从表面测至与基体有明显界限为止，其长度即为渗氮层厚度。

（2）硬度法。用100g 负荷的维氏硬度机从表面至心部垂直打硬度，打到高于基体硬度 30～50HV 处，从表面至此处的距离作为渗氮层厚度。

（3）渗氮层硬度测量。渗氮层的表面硬度用5～10kg 载荷的维氏硬度机测量，渗层厚度不大于 0.2mm 时，负荷不应超过 5kg。化合层的表面硬度用 50～200g 载荷的显微硬度机测量。

四、实验方法与步骤

（1）全班分成几个小组，按组领取实验试样，并打上钢号，以免混淆。

（2）试样清洗。除去工件上的毛刺、锈斑等，然后在汽油或洗涤剂中清洗。

（3）试样装炉。装炉时必须注意，工件与阴极底板之间必须接触良好，并检查阴极引线、热电偶引线及阴极支座等处的绝缘是否良好，不能有短路和间隙过大等现象。

（4）抽真空、调压、起辉。开泵抽真空，真空度达到 0.66×10^2Pa 以上时，稍加氨气，接通电源，当电压到达 400～500V 时，便会在工件表面覆盖一层辉光。在起辉期间出现打弧现象是难免的，这时围绕工件表面将出现闪闪发亮的弧光，打弧时间由几分钟到1～2h 是正常情况，随工件表面清洁程度和装炉量的不同而异。此后辉光便稳定地围绕在工件表面。

（5）升温、保温。升温速度主要取决于工件表面的电流密度、工件体积与产生辉光的表面积之比以及工件的散热条件等。升温速度不宜过快，升温时间一般在 0.5～3h 之间。当工件升到氮化所需温度时开始保温阶段，保温时所需电流密度小于升温时所需电流密度。

（6）冷却。氮化结束后，切断电源，工件在真空条件或通气条件下随炉冷却到200℃左右出炉。

（7）测量氮化层硬度及氮化层厚度。

（8）观察氮化层的组织。

五、注意事项

（1）学生在实验中要有所分工，各负其责。

（2）离子氮化处理时应注意操作安全，不要随意触动有关电炉及温度控制器的电源部分，以防触电及损坏设备。

（3）起辉过程中出现工件打弧是正常现象，可调节电压控制。

（4）取出工件时，应注意先破掉炉内真空，方可吊起炉罩，取出工件。

六、实验报告要求

（1）每人一份实验报告，报告应包括实验目的、实验原理、实验设备和材料、实验方法与步骤、实验结果与分析。

（2）严格按照试验步骤进行实验，记录全套硬度数据，绘出或拍下各种离子氮化后的组织，并对各种离子氮化组织的成因进行分析。

（3）分析离子氮化后组织和性能（硬度）。

（4）指出试验过程中存在的问题，并提出相应的改进方法。

七、思考题

（1）渗氮用钢在成分上有何特点？合金元素对氮化强化有什么影响？

（2）离子氮化过程中是否要控制氮势，如何控制？

（3）达到同样渗层深度，为什么离子氮化所用时间会远低于气体氮化？

实验 5　软磁合金的真空热处理

一、实验目的

（1）掌握软磁合金真空热处理原理和方法。

（2）理解软磁合金组织和性能与真空处理工艺参数的关系。

（3）了解真空热处理炉设备相关操作。

二、实验设备及材料

（1）实验设备：L1120Ⅱ-2 型高温真空炉，软磁测量装置，金相显微镜，洛氏硬度机。

（2）实验材料，1J50 或 1J79 环形试样；腐蚀剂，王水；清洗剂，丙酮。

三、实验原理

1. 软磁合金真空热处理原理

真空热处理是工件在 $10^{-1} \sim 10^{-2}$ Pa 真空介质中进行加热到所需要的温度，然后在不同介质中以不同冷速进行冷却的热处理方法。真空热处理的零件具有无氧化，无脱碳、脱气、脱脂，表面质量好，变形小，综合力学性能高，可靠性好等优点。因此，真空热处理受到国内外广泛的重视和普遍应用。

固态相变是材料热处理的基础，金属在真空条件下的固态相变，只有在外界压力相当高时，才对金属固态相变产生明显影响，而在与大气压只差 0.1MPa 范围内的真空下，固态相变热力学、动力学不产生什么变化。因此，在制订真空热处理工艺规程时，完全可以依据在常压下固态相变的原理，并且可以参考常压下的组织转变数据。真空热处理是在极稀薄的气氛中进行的热处理，真空炉内残存的 H_2O、O_2、CO_2 以及油脂等气体的含量非常少，不足以使被处理的金属材料产生氧化、还原、脱碳、增碳等反应，金属表面的化学成分和原来的表面光亮度可保持不变。真空热处理也具有真空除气（脱气）作用，金属在熔炼时，液态金属要吸收 H_2、O_2、N_2 等气体，当液态金属冷却凝固时，气体无法完全释放出来，而是以原子状态固溶在金属内部。这些气体在金属中的溶解度与其分压的平方根成正比。因此，提高真空度，降低金属周围压力，可以降低气体的分压，从而减少金属中所溶气体，达到除气的目的，使金属的物理性能和力学性能（尤其是塑性和韧性）得到明显改善。此外，在真空状态下加热，工件表面元素会发生蒸发现象并具有表面净化作用，金属的氧化反应是可逆的，即 $2MO \rightleftharpoons 2M + O_2$，反应的过程取决于气氛中氧的分压和金属氧化物的分压的大小。当氧分压大于金属氧化物的分压时，反应向左进行，金属表面产生氧化。反之，如氧化物的分解压大于氧的分压，反应向右进行，其结果是氧化物分解，产生的氧气被放出，留下来的则是金属光洁表面。可以看出，真空热处理具有光亮热处理特点。

软磁合金的原材料主要为棒材、带材和板材等，零件以冷加工的方式切削、冲剪、冲压或卷绕成型。在加工过程中，材料原有的晶粒组织将被破坏，使得材料的导磁性能下降，同时加工过程中产生的加工应力将导致零件尺寸的不稳定。所以由软磁合金制作的零件，加工成型后必须进行退火，使材料重新获得有规则的等轴晶粒组织，并降低材料中的杂质含量，恢复和提高材料的磁性性能，同时消除加工应力，稳定零件尺寸。软磁合金零件的退火根据材料成分和使用要求不同，可采用高温退火和中温退火。对于铁镍基软磁合金通常进行 1050~1150℃ 高温退火，有时为进一步提高导磁性能，还要采用磁场退火。

2. 软磁合金真空热处理设备的结构

软磁合金真空热处理设备为真空热处理炉，本实验采用 L1120Ⅱ-2 型高温真空炉，外形见图 2-9。它是由加热炉、炉体升降机构、水冷系统、真空系统、变压器加磁放大器和电气控制部分组成。

图 2-9 L1120Ⅱ-2 型高温真空炉外形图

加热炉，由加热器、隔热屏和钟罩组成。

水冷系统，采用水对钟罩、顶盖、底板、加热器电极、分子泵进行冷却。

真空系统，由钟罩，工作台面，分子泵，直联泵，插板阀，真空电磁阀和复合真空计组成。

钟罩升降系统，由电动机、减速机、丝杆螺母和导向杆等组成。每个工位的升降限位由机械限位开关实现，在控制柜和主机上都安装控制升降开关。

电气控制部分由温度控制系统、操作控制系统、报警保护系统几部分组成。

温度控制系统由温度控制仪、可控硅控制器、变压器、面板控制器等部件组成。温度控制系统可实现以下的功能：可将温度工艺曲线编程输入到温度控制仪，以后操作时针对不同的工艺调用不同的工艺曲线即可。可通过触摸屏控制升温、保温、降温的全过程。温度控制系统可以采用自动方式使用温度控制仪完成控温操作。

操作控制系统由可编程序控制器（PLC），模拟量输入和输出单元，信号传感器，柜内控制器件，面板控制器件等器件组成。通过操作控制系统可完成钟罩的升降以及真空系统操作。电气控制与真空采用触摸屏加 PLC 系统，在触摸屏上可显示泵和阀门的工作状态，当控制方式处于手动运行方式时，可通过操作控柜面板上的按钮进行泵和阀门的开关操作；当控制方式处于自动运行方式时，泵和阀门是按照程序设定自动运行的。

报警保护系统，当设备工作异常时发出声、光报警信号并执行相应的保护程序。

四、实验方法及步骤

1. 热处理工序

热处理工序为：丙酮清洗→烘干→装炉→通冷却水→抽真空→编制控温曲线→通电升温→保温→冷却→出炉。热处理具体工艺参数如图 2-10 所示。

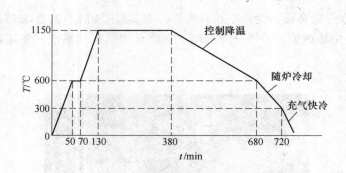

图 2-10　热处理工艺曲线

2. 真空退火及设备操作步骤

（1）装件。按"钟罩上升"按钮，将钟罩升起，将要加热处理的工件装在工件盘上，按"钟罩下降"按钮，将钟罩下降到位。并打开所有冷却水阀门。

（2）真空操作。关闭充气阀和放气阀。按下"高阀开"按钮打开高真空阀门，按下"机械泵"和"截止阀"按钮，开始抽真空。当真空优于分子泵启动真空时，按下"分子泵"按钮，按钮指示灯变为绿色，分子泵启动。

（3）设置温度曲线参数。在触摸屏仪上选择曲线号，设置该曲线的曲线参数，编制控温曲线。

（4）启动自动程序。按"自动"按钮，设备将按照温度控制仪内预先编制的温度曲线参数自动运行，进行加热、保温和降温自动控制。

（5）充气和停机。当温度降到充气温度时，关高阀，延时 10s 关分子泵。10min 后，分子泵完全停稳，自动关预阀、关直联泵，同时自动开充气阀充氮气。当温度降到停炉温度时，关充气阀，自动运行结束，自动切换到手动状态。

（6）取件。关闭气阀，当温度低于开炉温度并且炉内压力高于 1kPa 时可进行钟罩上升操作。按"钟罩上升"按钮，将钟罩上升，取出工件。

3. 真空退火前后试件组织与性能检测

对真空热处理前后的软磁合金试样分别进行组织观察、硬度和磁性能测量。

五、注意事项

（1）在装件升起钟罩时，注意检查炉内是否处于大气状态并且上升到位开关是否处于自由状态。

（2）严格按照设备操作规程执行操作。

六、实验报告要求

（1）每人一份实验报告，报告应包括实验目的、实验原理、实验设备和材料、实验方法与步骤、实验结果与分析。

（2）严格按照试验步骤，注意记录试验数据，分析试验结果，记录热处理的工艺参数、真空度、试样热处理前后的组织、硬度和磁性能变化等数据，分析热处理对软磁材料性能的影响规律。

（3）指出试验过程中存在的问题，并提出相应的改进方法。

七、思考题

（1）真空热处理与一般热处理相比有哪些特点？

（2）软磁合金为什么要进行真空热处理或氢气保护热处理？

（3）真空退火时工件表面光亮度受哪些因素影响？

实验 6   软磁合金的氢气热处理

一、实验目的

(1) 掌握软磁合金的氢气热处理基本原理和方法。
(2) 理解软磁合金组织和性能与氢气处理工艺参数的关系。
(3) 了解氢气热处理炉设备相关操作。

二、实验材料及材料

(1) 实验设备 L2112 II -5 型双位立式氢气炉，软磁测量装置，金相显微镜，洛氏硬度机。
(2) 实验材料，1J50 环形试样；腐蚀剂，王水；清洗剂，丙酮。

三、实验原理

1. 软磁合金氢气热处理原理

软磁合金属于精密合金，是应用最广的一类磁性材料。软磁合金的特征是在磁化或去磁时仅需要很小的磁场，即其磁滞回线较窄，矫顽力较小。软磁合金的使用必须满足其磁性能的要求，例如对于在恒稳磁场中使用的磁性材料应具有高性能的饱和磁感应强度及最大的磁导率，而在交变电流应用的软磁材料则应有高的电阻系数，即低的磁滞损耗。软磁合金的磁特性除了决定于合金的化学成分还取决于合金的组织结构。通过热处理可以使合金磁导率、矫顽力、磁滞损耗，并可使合金的磁滞伸缩系数有序化转变，使磁晶各向异性常数值发生变化。

软磁合金的热处理工艺主要有高温退火。对于冷变形后的软磁合金进行高温退火的目的是：消除内应力，获得均匀的组织，提高磁性能。为防止合金的氧化并去除杂质，软磁合金应采用气体保护或真空进行退火。尤其是铁镍系软磁合金的磁性能对合金中含有的微量杂质很敏感，C、N_2、N、S 等都是有害的非磁性物质，它们夹杂在材料中形成化合物存在于晶界，阻碍晶粒长大，不利于磁性能的稳定和提高。因此需要采用还原性气体氢气保护退火或真空处理改善软磁合金的组织与磁性能。在软磁合金氢气保护热处理过程中，高温下氢气与金属表面的杂质会发生如下的化学反应，并有效去除杂质净化合金，使工件表面洁净光亮。

$$C + 2H_2 \longrightarrow CH_4$$
$$O_2 + 2H_2 \longrightarrow 2H_2O$$
$$N_2 + 3H_2 \longrightarrow 2NH_3$$
$$S + H_2 \longrightarrow H_2S$$
$$Fe_3C + 2H_2 \longrightarrow 3Fe + CH_4$$
$$FeO + H_2 \longrightarrow Fe + H_2O$$
$$MnO + H_2 \longrightarrow Mn + H_2O$$

2. 软磁合金氢气热处理设备的结构

软磁合金氢气热处理炉有卧式和立式两种结构。本实验采用 L2112 II -5 型双位立式氢气炉，它是由加热炉、升降机构、水冷系统、气路系统、变压器和电气控制部分组成。

加热炉：结构从内到外由加热器、隔热屏和钟罩组成。

液压升降机构：专供钟罩升降之用，由电动机、齿轮油泵、溢流阀、电磁阀、油缸及油箱组成。

水冷系统：用水对钟罩、底板、顶板、电极进行冷却。

气路系统：为炉内输送氮气或氢气的管路系统。

电气控制部分：由温控仪、加热电源、报警几部分组成。

四、实验方法及步骤

1. 热处理工序

热处理工序：丙酮清洗→烘干→装炉→通冷却水→通 N_2 洗炉→通 H_2 →通电升温→保温→冷却→出炉。热处理具体工艺参数如图 2-11 所示。

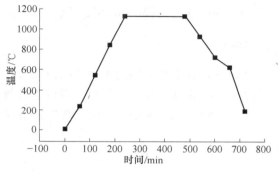

图 2-11　氢气热处理工艺曲线

2. 氢气退火及设备操作步骤

（1）装件。松开压轮，按"钟罩升"按钮，将钟罩升起，将要加热处理的工件装在工件盘上，按"钟罩降"按钮，将钟罩降下并压紧压轮。打开所有水阀门。

（2）试氢。打开氮气阀充氮气。充氮气约 15min 后，转充氢气。充氢 15min 后，用一个玻璃试瓶套在火头喷嘴上装满氢气，然后用手按住瓶口（瓶口向下）取下用明火试燃。若发出"噗"的声音，说明氢气较纯。若发出"啾"的声音，说明氢气不纯，必须再充、再试。当炉内氢气达到足够的纯度后，可将烧氢火头点燃进行烧氢。

（3）充氮和充氢。采用手动模式进行充氮和充氢操作。具体过程：打开左炉的氮气阀，按下充氮按钮，按钮指示灯亮，调整氮气流量至规定值，充氮一定时间后可进行充氢操作。只需按下充氢按钮即可，此时按钮指示灯亮，同时充氮操作停止。

（4）控温操作。将选择开关拨至自动位置，在充氢 10min 后操作员检察氢气纯度，符合点火条件可进行点火操作。观察火焰正常后按下左炉控温允许，操作温控仪进入运行状态，将按照预先编制的工艺曲线进行自动控温。

（5）降温。试件达到保温时间后，需充氢气或氮气使炉内降温。待炉温降至 50～60℃时，停止充气。

（6）取样。取件松开压紧手轮，按"钟罩升"按钮，将炉子上升，取出试件，将钟罩降下并压紧手轮。

3. 氢气退火前后试件组织与性能检测

对氢气热处理前后 1J50 合金的试样分别进行组织观察、硬度和磁性能测量。

五、注意事项

（1）氢气退火炉应严格按照设备操作步骤进行，最好由实验教师操作。

（2）实验中应确保炉膛内氢气达到足够的纯度，因此，试氢和烧氢过程非常重要。

六、实验报告要求

（1）每人一份实验报告，报告应包括实验目的、实验原理、实验设备和材料、实验方法与步骤、实验结果与分析。

（2）严格按照试验步骤，注意记录试验数据，分析试验结果，记录热处理的工艺参数，所用 H_2、N_2 的流量、压力，试样热处理前后的组织、硬度和磁性能变化等数据，分析热处理对软磁材料性能的影响规律。

（3）指出试验过程中存在的问题，并提出相应的改进方法。

七、思考题

（1）软磁合金热处理的主要缺陷有哪些？

（2）为什么软磁合金氢气热处理可以有效净化合金？

（3）影响软磁合金磁性能的主要因素有哪些？

实验7 钢的淬透性测定

一、实验目的

（1）掌握末端淬火法测定钢的淬透性的原理与方法。

（2）理解淬透性意义及影响因素。

（3）了解淬透性曲线的应用。

二、实验设备及材料

箱式电阻炉，末端淬火设备，洛氏硬度机，游标卡尺，砂轮机，45 钢或 40Cr 钢标准端淬试样（ϕ25mm×100mm）。

三、实验原理

1. 淬透性、淬硬性和淬硬层深度

对钢件进行淬火希望获得马氏体组织，但一定尺寸和化学成分的钢件在某种介质中淬火能否得到全部马氏体则取决于钢的淬透性。淬透性是钢的重要工艺性能，也是选材和制定热处理工艺的重要依据之一。钢的淬透性是指钢在淬火时能够获得马氏体组织的能力，即钢件被淬透的能力。它是钢材固有的属性，取决于钢的淬火临界冷速的大小。需要注意的是，淬透性与工件的淬硬层深度虽然有关，但两者不是一回事。淬透性小的工件其淬硬层深度不一定浅，淬透性大的工件其淬硬层深度也不一定厚。淬硬层深度除取决于钢的淬透性外，还受淬火介质和工件尺寸等外部因素的影响。另外，淬硬性与淬透性的含义是不同的，淬硬性是指在钢的正常淬火条件下，所能够达到的最高硬度。淬硬性主要与钢中的碳含量有关，确切地说，它取决于淬火加热时固溶于奥氏体中的碳含量。淬硬性高的钢，其淬透性不一定高，而淬硬性低的钢，其淬透性也不一定低。实际应用时，应注意淬透性、淬硬性和淬硬层深度等相关概念的区别。

理论上，淬硬层是指获得全马氏体组织的深度，但是用测量硬度方法来确定这一深度比较困难。因为工件淬火后得到马氏体+少量索氏体时，在硬度上无明显变化，而只有当马氏体的量下降到 50% 时，硬度才会发生剧烈变化。因此，实际应用时，将淬硬层深度规定为从表面至半马氏体组织区（50%马氏体+50%索氏体）的距离。

2. 影响淬透性的因素

钢的淬透性取决于临界冷却速度 v_C，v_C 越小，淬透性越高。而 v_C 取决于 C 曲线的位置，C 曲线越靠右，v_C 越小。因此，凡是影响 C 曲线的因素都是影响淬透性的因素。主要包括：钢的化学成分、奥氏体化条件、奥氏体形变等因素。

3. 淬透性的测定及其表示方法

（1）淬透性的测定方法。测定淬透性的方法有《末端淬火试验法》（GB/T 225—2006）和《临界淬火直径法》（GB/T 227—1991）。

末端淬火试验法的测量原理是，用尺寸为 ϕ25mm×100mm 的标准端淬试样，经奥氏体化后，迅速放入末端淬火试验机的试样架孔中，立即对试样末端喷水冷却（见图2-12）。

冷却后，在试样长度方向磨一深度为 0.2~0.5mm 的窄条平面，并且在该平面上沿轴线方向每隔 1.5mm 测量一次洛氏硬度（HRC），从而获得硬度与距水冷端距离的关系曲线，即淬透性曲线（见图 2-13）。根据淬透性曲线可以对不同钢种的淬透性大小进行比较，推算出钢的临界淬火直径，确定钢件截面上的硬度分布情况等。

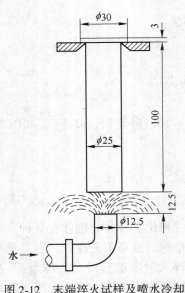

图 2-12　末端淬火试样及喷水冷却

（单位：mm）

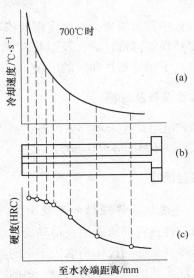

图 2-13　末端淬火法的原理示意图

（a）试样长度方向上冷却速度的变化；

（b）试样上测硬度的部位；（c）淬透性曲线

　　临界淬火直径法的测量原理，通常采用不同直径的圆棒试样在某介质淬火后，沿试样截面测量硬度的分布，找出其中心部位刚好达到半马氏体区硬度的试样直径，即为钢在该淬火介质中淬火时的临界淬火直径。临界淬火直径是钢在某种淬火介质中能够完全淬透的最大直径。

　　（2）淬透性表示方法。末端淬火试验法测量的淬透性是采用 $J \dfrac{HRC}{d}$ 表示。其中，J 表示末端淬透性，d 表示半马氏体区到水冷端的距离，HRC 为半马氏体区的硬度。

　　临界淬火直径法测量的淬透性采用临界淬火直径 D_c 来表示钢的淬透性。

四、实验方法与步骤

　　（1）试样加热，在箱式加热炉中进行。奥氏体化温度 45 钢 840℃，40Cr 钢 860℃，保温时间不低于 30min。并进行氧化脱碳保护。

　　（2）末端淬火，在末端淬火设备上进行。实施淬火前，应调整好端淬设备，水柱自由高度为（65±5）mm，试样端面至喷水口距离为 12.5mm。试样从炉内取出后应迅速放入试样支架孔中，进行喷水冷却。

　　（3）测量硬度，将淬火冷却后的试样，在试样长度方向磨一深度为 0.2~0.5mm 的窄条平面，硬度测量时，选用 V 形试样台，沿轴线方向每隔 1.5mm 测量一次硬度，当硬度值下降变化不大时，可每隔 3mm 测一次硬度，测至水冷端 30~40mm 时，可结束测量。

（4）绘制淬透性曲线，根据所测定的硬度与末端距离关系，画出实验钢的淬透性曲线。

（5）利用所测定的淬透性曲线确定 45 钢和 40Cr 钢的临界淬火直径。

（6）利用所测定的淬透性曲线确定 ϕ30mm 的 45 钢和 40Cr 钢截面上的硬度分布曲线。

五、注意事项

（1）采用箱式炉进行淬火加热时，为防止氧化脱碳，炉膛中可适当加入少量木炭和铁屑。

（2）端淬后试样在长度方向磨出的窄条平面，一定要平整，有条件可采用机械方法加工。

六、实验报告要求

（1）每人一份实验报告，报告应包括实验目的、实验原理、实验设备和材料、实验方法与步骤、实验结果与分析。

（2）严格按照试验步骤进行实验，记录测量硬度（HRC）与末端距离数据，绘制 45 钢和 40Cr 钢的淬透性曲线。

（3）确定 45 钢和 40Cr 钢的临界淬火直径。

（4）利用所测定的淬透性曲线确定 ϕ30mm 的 45 钢和 40Cr 钢截面上的硬度分布曲线。

（5）指出试验过程中存在的问题，并提出相应的改进方法。

七、思考题

（1）钢的淬透性在选材和制订热处理工艺方面有什么重要意义？

（2）淬透性曲线有哪些实际应用？

（3）实际选择材料时，是否要求淬透性越高越好？

实验 8 钢的连续冷却转变 C 曲线测定

一、实验目的

（1）掌握膨胀法测量钢的连续冷却转变 C 曲线的原理与方法。

（2）理解钢的连续冷却转变 C 曲线的概念及其应用。

（3）了解连续冷却转变 C 曲线的影响因素。

二、实验设备及材料

淬火膨胀仪 DIL 805A，超声波清洗器，吹风机，干燥箱，45 钢及 40Cr 膨胀试样（尺寸：ϕ4mm×10mm），酒精或丙酮。

三、实验原理

钢的过冷奥氏体连续冷却转变图（C 曲线）是反映在不同连续冷却条件下，过冷奥氏体的冷却速度与转变温度、转变时间、转变产物的类型以及转变量之间关系的图解。该曲线反映了在连续冷却条件下过冷奥氏体的转变规律，是分析转变产物的组织与性能的依据，也是制定热处理工艺的重要参考资料。

测定钢的过冷奥氏体连续冷却转变图的方法有金相硬度法、端淬法、膨胀法、磁性法等，其中以膨胀法最为方便快捷。

膨胀法的测量原理是利用快速膨胀仪进行测量。将 ϕ4mm 试样进行奥氏体化后，以不同冷却速度冷却（可由计算机程序控制），得到不同速度条件下的膨胀曲线，在膨胀曲线上找出转变开始点（转变量为 1%）、转变终了点（转变量为 99%）所对应的温度和时间（见图 2-14），并标记在温度-时间半对数坐标系中，连接相同意义的点，就可得到了过冷奥氏体连续冷却转变图（见图 2-15）。

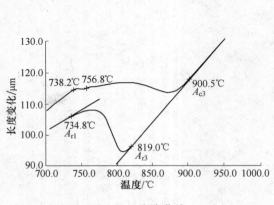

图 2-14 膨胀曲线

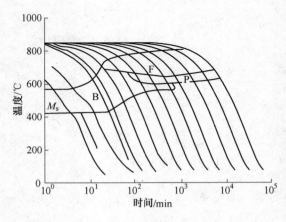

图 2-15 连续冷却转变图

过冷奥氏体连续冷却过程中，依据冷却速度和转变温度的不同，可以转变为铁素体、珠光体、上贝氏体、下贝氏体和马氏体组织，不同组织的膨胀系数是不相同的，膨胀系数由大到小的顺序是奥氏体→铁素体→珠光体→上贝氏体→下贝氏体→马氏体，而奥氏体与其冷却转变组织的比容差由高到低为马氏体→下贝氏体→上贝氏体→珠光体→铁素体。因此，当过冷奥氏体转变为不同组织产物时，所引起的膨胀量是不同的。利用这个特性可以在奥氏体连续冷却过程中，膨胀曲线出现拐点的位置找出不同组织的相变点（见图 2-14）。测量膨胀曲线可使用淬火膨胀仪。DIL 805A 是一台高度自动化的淬火膨胀仪，可以在极端的可控的升温以及冷却条件下测试试样尺寸的变化。试样通过感应加热到一定的温度，然后以设定的线性或指数的速率进行冷却。所测得的长度的变化表示发生在连续冷却过程或者等温条件下的相变。

四、实验方法与步骤

1. 试样制备

用酒精或丙酮在超声波清洗器中清洗 5min，用冷风吹干，放入干燥箱进行 30℃×2h 恒温干燥后，待用。

2. 设定实验方案

设定实验所需的加热温度、加热速度、保温时间、冷却速度等实验参数。

3. 检查仪器

检查仪器电源、气体和冷却水连接以及样品室真空情况。

4. 操作 DIL 805A 膨胀仪

（1）启动主机，打开气瓶和循环冷却器，确认气体和冷却水流量在规定范围内，启动电脑主机。

（2）通过释放气体打破样品室真空，打开样品室，选择合适的测量系统（石英或者刚玉），放入测量系统样品架以及 alpha 测量头并固定；安装顶杆和对冲顶杆；将点焊后的样品，放入顶杆和对冲顶杆之间，连接热电偶，将样品移入感应线圈内，关闭样品室。

（3）打开软件，设计实验程序（升温速率、最高温度、保温时间、冷却速率等参数），启动实验。

（4）实验结束后，断开热电偶连接，将样品取出，将对冲顶杆和顶杆分别取出。取出 alpha 测量头和测量系统样品架，抽真空以保护样品室。

（5）关闭主机，关闭循环冷却器和气体，关闭电源。

5. 测量膨胀曲线，绘制 CCT 曲线

根据软件绘制的膨胀量-温度曲线，找出不同冷却速度下的相变开始点和结束点，即可绘制 CCT 曲线。

五、注意事项

（1）点焊试样连接热电偶时，注意温度测量端（红线）和长度测量端（黑线）顺序。

（2）夹持试样后，将样品移入感应线圈内时，应注意检查试样是否放置在感应线圈的中部。

六、实验报告要求

（1）每人一份实验报告，报告应包括实验目的、实验原理、实验设备和材料、实验方法与步骤、实验结果与分析。

（2）说明淬火膨胀仪 DIL 805A 的操作过程。严格按照试验步骤进行实验，根据实验曲线确定不同冷却速度下过冷奥氏体转变的开始温度与终了温度。

（3）在温度-时间对数坐标系中绘制实验钢的过冷奥氏体转变 C 曲线。

（4）分析影响过冷奥氏体转变 C 曲线的各种因素。

（5）指出试验过程中存在的问题，并提出相应的改进方法。

七、思考题

（1）连续冷却转变 C 曲线在探索和制定热处理工艺方面有什么指导意义？

（2）为什么共析钢和过共析钢在连续冷却转变时通常不发生贝氏体转变？

（3）同种钢的连续冷却转变 C 曲线与等温转变 C 曲线有什么不同？

实验9 材料热处理后组织性能分析

一、实验目的

（1）了解热处理加热、保温和冷却条件对材料热处理后组织性能的影响。
（2）了解不同冷却条件下典型热处理组织的形成过程。
（3）熟悉几种典型热处理组织的形态及特征。

二、实验设备及材料

（1）实验设备：实验用箱式电阻加热炉，实验用盐浴炉，布氏、洛氏硬度机，金相显微镜。
（2）实验材料为45钢试样（尺寸为$\phi 10mm \times 15mm$）；冷却剂为水、10号机油（使用温度约20℃），钳子，铁丝等，金相试样一套。要求观察的样品如表2-3所列。

表2-3 要求观察的样品

序号	材料	热处理工艺	侵蚀剂	显微组织
1	T10	球化退火	4%硝酸酒精	F+粒状 Fe_3C
2	45	正火	4%硝酸酒精	F+S
3	T10	1100℃淬火+200℃回火	4%硝酸酒精	$M_{回}$（粗片状）+A_R
4	20Cr	淬火	4%硝酸酒精	M（板条状）
5	40Cr	860℃淬火+200℃回火	4%硝酸酒精	$M_{回}$+A_R
6	40Cr	860℃淬火+400℃回火	4%硝酸酒精	$T_{回}$
7	40Cr	860℃淬火+600℃回火	4%硝酸酒精	$S_{回}$
8	60Si2Mn	等温淬火	4%硝酸酒精	B
9	45	860℃淬火（油冷）	4%硝酸酒精	T+M

三、实验原理

1. 热处理加热与冷却方式

金属热处理是将固态金属通过加热、保温和冷却过程，改变组织结构，获得所需性能的一种工艺。热处理能获得这样的效果是因为金属在温度改变时，其组织和结构会发生变化，即存在固态相变。加热是热处理的第一道工序，通过在临界点以上加热和保温，获得均匀的奥氏体组织。然而，大多数零构件都在室温下工作，钢的性能最终取决于奥氏体冷却转变后的组织。因此，钢从奥氏体状态的冷却过程才是热处理的关键工序。在热处理生产中，钢在奥氏体化后通常有两种冷却方式：一种是等温冷却方式，如图2-16曲线1所示，将奥氏体状态的钢迅速冷却到临界点以下某一温度保温，让其发生恒温转变过程，然后再冷却下来；另一种是连续冷却方式，如图2-16曲线2所示，钢从奥氏体状态一直连续冷却到室温。

随着冷却条件的不同，奥氏体可以在A_1以下不同的温度发生转变。由于这不是一个平衡过程，所发生的转变就不能完全依据 Fe-Fe₃C 相图来判定和分析。而是需要采用过冷奥氏体转变图进行分析。过冷奥氏体转变图是用来表示在不同冷却条件下过冷奥氏体转变过程的起止时间和各种类型组织转变所处的温度范围的一种图形。如果转变在等温下进行，则有过冷奥氏体等温转变图（等温转变 C 曲线）如图 2-17 所示；如果转变在连续冷却过程中进行，则有过冷奥氏体连续冷却转变图（连续转变 C 曲线）如图 2-18 所示。

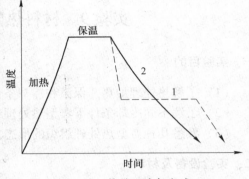

图 2-16　热处理冷却方式

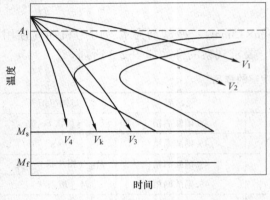

图 2-17　共析钢的 TTT 曲线

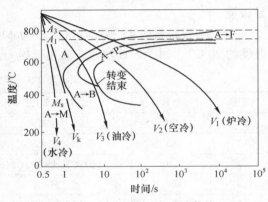

图 2-18　亚共析钢的 CCT 曲线

2. 不同冷却条件下钢材所得到的典型热处理组织

（1）珠光体（P）是铁素体与渗碳体的机械混合物。形成温度 $A_1 \sim 650℃$，片层较厚（$0.6 \sim 0.7\mu m$），500 倍光学显微镜下可辨别，如图 2-19 所示。

（2）索氏体（S）是铁素体与渗碳体的机械混合物。其形成温度 $650 \sim 600℃$，片层比珠光体更细密（$0.2 \sim 0.4\mu m$），在 $800 \sim 1000$ 倍光学显微镜下可辨别，如图 2-20 所示。

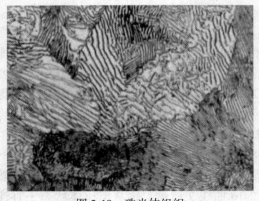

图 2-19　珠光体组织

图 2-20　索氏体组织

（3）屈氏体（T）也是铁素体与渗碳体的机械混合物，形成温度 $600 \sim 550℃$，片层比索氏体还细密（小于 $0.2\mu m$），在光学显微镜下无法分辨，只能看到如墨菊状的黑色形态。只有在电子显微镜下才能分辨其中的片层结构，如图 2-21 所示。

（4）粒状珠光体（$P_粒$）：Fe_3C 以粒状分布于 F 基体上形成的混合组织。采用球化处理工艺可以得到粒状珠光体组织，如图 2-22 所示。

图 2-21　屈氏体组织

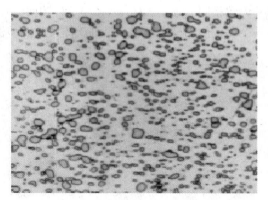

图 2-22　粒状珠光体组织

（5）贝氏体（B）为奥氏体的中温转变产物，它也是铁素体与渗碳体的两相混合物。在金相形态上，主要有三种形态：

1）上贝氏体（$B_上$）：在贝氏体相变区较高温度范围内形成，是由成束平行排列的条状铁素体和条间断续分布的渗碳体所组成的非层状组织。在光学显微镜下为成束的铁素体条向奥氏体晶内伸展，具有羽毛状特征（见图 2-23）。在电子显微镜下铁素体以几度到十几度的小位向差相互平行，渗碳体则沿条的长轴方向排列成行。

2）下贝氏体（$B_下$）：在贝氏体相变区较低温度范围内形成，是片状铁素体内部沉淀有碳化物的两相混合物组织。典型的下贝氏体组织在光学显微镜下呈暗黑色针状或片状，而且各个片之间都有一定的交角（见图 2-24）。在电子显微镜下可以见到，在片状铁素体基体中分布有很细的碳化物片，它们大致与铁素体片的长轴成 $55\sim60℃$ 的角度。

图 2-23　上贝氏体组织

图 2-24　下贝氏体组织

3）粒状贝氏体（$B_粒$）：在低、中碳合金钢中连续冷却时容易出现。它的形成温度范围大致在上贝氏体转变温度区的上部，由铁素体和它所包围的小岛状组织所组成岛的形态多样，呈粒状或条状，很不规则。岛状相在刚形成时为富碳奥氏体，随后的转变可以有三种情况：分解为铁素体和碳化物；发生马氏体转变；仍然保持为富碳的奥氏体，如图 2-25 所示。

（6）马氏体（M）是碳在 α-Fe 中的过饱和固溶体。马氏体的形态按碳含量主要分两种，即板条状、片状或针状。

1）板条状马氏体（M$_板$）是在低碳钢或低碳合金钢淬火时形成。其组织形态为：由尺寸大致相同的细马氏体条平行排列，组成马氏体束或马氏体区，各束或区之间位向差较大，一个奥氏体晶粒内可有几个马氏体束或区。板条状马氏体的韧性较好，如图 2-26 所示。

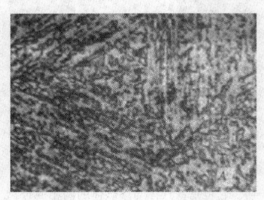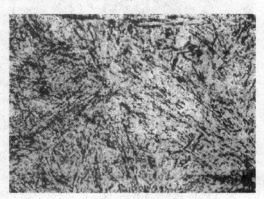

图 2-25　粒状贝氏体组织　　　　　　　　　　图 2-26　板条马氏体组织

2）片状马氏体（M$_片$）是含碳量较高的钢淬火后得到的组织。在光学显微镜下，呈针状或竹叶状，片与片之间成一定角度。最先形成的马氏体较粗大，往往横穿整个奥氏体晶粒，将其分割，使以后形成的马氏体片的大小受到限制。因此，马氏体片的大小不一，并在片间存在残余奥氏体。片状马氏体的硬度较高，韧性较差，如图 2-27 所示。

（7）残余奥氏体（A$_r$）是中高碳钢在淬火时没有发生转变而被保留到室温的那部分奥氏体。它不易受硝酸酒精溶液的侵蚀，在光学显微镜下呈白亮色，分布在马氏体之间，无固定形态。未经回火时，残余奥氏体与马氏体很难区分，都呈白亮色；只有马氏体回火变暗后残余奥氏体才能被辨认。

（8）回火马氏体（M$_回$）是马氏体经低温回火（150~250℃）所得到的组织，它仍具有原马氏体形态的特征。针状马氏体由于有极细的碳化物析出，容易受侵蚀，在显微镜下为黑针状。回火马氏体具有高的强度和硬度，而韧性和塑性较淬火马氏体有明显改善，如图 2-28 所示。

（9）回火屈氏体（T$_回$）是马氏体经中温回火（350~500℃）所得到的组织，它是铁素体与粒状渗碳体组成的极细混合物。铁素体基体基本上保持原马氏体的形态（条状或片状），渗碳体呈极细颗粒状弥散分布在铁素体基体上，用光学显微镜极难分辨，只有在电镜下才可观察到。回火屈氏体有较好的强度，最佳的弹性，韧性也较好（见图 2-29）。

（10）回火索氏体（S$_回$）。马氏体经高温回火（500~650℃）所得到的组织，它的金相特征是，铁素体基体上分布着粒状渗碳体。此时铁素体已经再结晶，呈等轴状晶粒。回火索氏体具有强度、韧性和塑性较好的优良综合力学性能（见图 2-30）。

回火屈氏体和回火索氏体是淬火马氏体的回火产物，它的渗碳体呈粒状，且均匀分布在铁素体基体上。而屈氏体和索氏体是奥氏体过冷时直接形成的，它的渗碳体呈片状。所以，回火组织同直接冷却组织相比，在相同的硬度下具有较好的塑性及韧性。

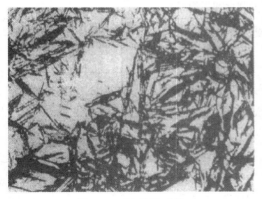

图 2-27　片状马氏体

图 2-28　回火马氏体+残余奥氏体

图 2-29　回火屈氏体

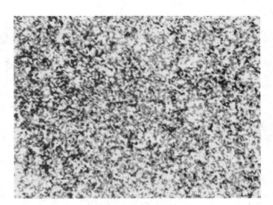

图 2-30　回火索氏体

四、实验方法与步骤

（1）全班分成几个小组，按组领取实验试样，并打上钢号，以免混淆。

（2）按表 2-4 所列热处理工艺条件进行钢的各种热处理操作。

（3）测定热处理后的全部试样的硬度（炉冷、空冷试样测 HBS，水冷、油冷及回火试样测 HRC）并分别填入表 2-4 中。

（4）将 HRC 查表换算成 HBS，以便进行比较。

（5）观察表 2-3 所列样品的显微组织。

（6）制备 45 钢各种热处理后的金相试样，并观察各试样的组织。

五、注意事项

（1）淬火冷却时，试样要用夹钳夹紧，动作要迅速，并要在冷却介质中不断搅动。夹钳不要夹在测定硬度的表面上，以免影响硬度值。

（2）测定硬度前必须用砂纸将试样表面的氧化皮除去并磨光。对每个试样，应在不同部位测定 3 次硬度，并计算其平均值。

（3）热处理时应注意操作安全。

表 2-4　热处理后的硬度和组织

热处理工艺			硬度值 HRC				换算为 HBS	预计组织
加热温度/℃	冷却方式	回火温度/℃	1	2	3	平均		
860	炉冷							
	空冷							
	油冷							
	水冷							
	水冷	200						
	水冷	350						
	水冷	600						
	300℃等温 40min							
	400℃等温 40min							

六、实验报告要求

（1）每人一份实验报告，报告应包括实验目的、实验原理、实验设备和材料、实验方法与步骤、实验结果与分析。

（2）严格按照试验步骤进行实验，填写表 2-4 中的数据，画出所观察样品显微组织示意图，并说明材料、处理工艺、组织名称、侵蚀剂、放大倍数。

（3）根据数据画出回火温度和硬度关系曲线，并说明硬度变化的原因。

（4）比较直接冷却得到的 M、T、S 和淬火、回火得到的 $M_回$、$T_回$、$S_回$ 组织形态和性能上的差异。

（5）指出试验过程中存在的问题，并提出相应的改进方法。

七、思考题

（1）珠光体片层间距、珠光体团直径、珠光体中铁素体亚晶粒尺寸对片状珠光体强度和塑性有何影响？

（2）为什么板条马氏体比片状马氏体具有更高的塑性和韧性？

（3）钢中粒状贝氏体是如何形成的？岛状相的组成和形态对其性能有何影响？

实验 10　材料选用与热处理工艺设计

一、实验目的

（1）掌握材料选用的基本原则和方法，学会根据零件的性能要求选择材料。

（2）了解零件选材后制定热处理工艺的基本思路和方法。

（3）理解材料选用与热处理工艺的关系。

二、实验设备及材料

（1）实验设备：实验用箱式电阻加热炉，实验用盐浴炉，布氏、洛氏硬度机，金相显微镜，淬火水槽、油槽，钳子，铁丝。

（2）实验材料：45 钢、40Cr 钢、65 钢、T8 钢、T12 钢等试样，其他见表 2-5。

表 2-5　部分零件及性能要求

序号	零件名称	硬　　度	选　　材
1	压铸模	45~55HRC	
2	锤锻模	33~38HRC	
3	丝锥、板牙	59~64HRC	
4	弹簧	45~50HRC	
5	汽车齿轮	齿面 58~62HRC， 心部 33~48HRC	
6	汽车半轴	37~44 HRC	
7	轴承套圈	60~65HRC	
8	游标卡尺	60~65HRC	
9	冷作模具	58~60 HRC	

三、实验原理

1. 材料选用的原则

机械零件的材料选用是一项十分重要的工作。选材是否恰当，特别是一台机器中关键零件的选材是否恰当，将直接影响到产品的使用性能、使用寿命及制造成本。要做到合理选用材料，就必须全面分析零件的工作条件、受力性质和大小，以及失效形式，然后综合各种因素，提出能满足零件工作条件的性能要求，再选择合适的材料并进行相应的热处理以满足性能要求。

选用工程材料的基本原则是：不仅要充分考虑材料的使用性能能够适应机械零件的工作条件要求、使机器零件经久耐用，同时还要兼顾材料的加工工艺性能、经济性与可持续发展性，以便提高零件的生产率、降低成本、减少能耗、减少乃至避免环境污染等。

（1）使用性原则：按照零件的设计使用功能来选材。首先根据零件的工作环境条件确定其服役性能要求，并分析零件的受力状态及主要失效形式不断加以改善；按照零件的机械性能要求来选择合适材料，应具体考虑零件的结构尺寸、加工条件、技术要求标准等因素。

（2）工艺性原则：零件加工的工艺性能范畴包括铸造性能、焊接性能、压力加工性能、切削加工性、表面处理及热处理工艺性等。可根据材料性能要求合理选择加工方法，制定出切实可行的最优工艺路线。

（3）经济性原则：应综合考虑零件材料对产品功能与成本的影响，以求达到最佳的技术经济效益。

钢的热处理工艺性主要包括淬透性、淬硬性、回火脆性、过热敏感性、氧化脱碳及变形开裂倾向等，以上性能均与材料的化学成分和组织有关，是材料选用及工艺制定的重要依据。

2. 材料选用的一般方法

材料的选择是一个比较复杂的决策问题。它需要设计者熟悉零件的工作条件和失效形式，掌握有关的工程材料的理论及应用知识、机械加工工艺知识以及较丰富的生产实际经验。通过具体分析，进行必要的试验和选材方案对比，最后确定合理的选材方案。一般，根据零件的工作条件，找出其最主要的性能要求，以此作为选材的主要依据。

零件材料的合理选择通常按照以下步骤进行：

（1）对零件的工作条件进行周密的分析，找出主要的失效方式，从而恰当地提出主要性能指标。一般地，主要考虑力学性能，特殊情况还应考虑物理、化学性能。

（2）调查研究同类零件的用材情况，并从其使用性能、原材料供应和加工等方面分析选材是否合理，以此作为选材的参考。

（3）根据力学计算，确定零件应具有的主要力学性能指标，正确选择材料。这时要综合考虑所选材料应满足失效抗力指标和工艺性的要求，同时还需考虑所选材料在保证实现先进工艺和现代生产组织方面的可能性。

（4）决定热处理方法或其他强化方法，并提出所选材料在供应状态下的技术要求。

（5）审核所选材料的经济性，包括材料费、加工费、使用寿命等。

（6）关键零件投产前应对所选材料进行试验，可通过实验室试验、台架试验和工艺性能试验等，最终确定合理的选材方案。

（7）最后，在中、小型生产的基础上，接受生产考验。以检验选材方案的合理性。

四、实验方法与步骤

（1）全班分成几个小组，每个小组根据表 2-5 所列出的零部件，选择一个产品（零件）。

（2）根据所选定的产品（零件），分析该产品的工作条件及失效形式，提出应当具有的性能要求。

（3）根据材料选用的原则和方法，选择能够满足性能要求的合适的材料。

（4）制定该产品的加工工艺路线，制定正确合理的热处理工艺（加热温度、保温时间、冷却方式等），并对热处理工艺进行必要的分析。

（5）根据实验室的现有设备条件（箱式电阻炉、井式渗碳炉、离子氮化炉和硬度机等），在和指导教师讨论后，对所确定的热处理工艺方案实施热处理操作。

（6）检测各零件经不同热处理后的组织与性能（硬度）值是否达到设计要求。

五、注意事项

（1）开启炉门或装取试样时炉子要断电，装取试样后炉门要及时关好，并立即通电。

（2）试样加热时，应尽量靠近热电偶端点附近，以保证热电偶测出的温度接近试样温度。

（3）淬火冷却时，将试样迅速入油或入水，并不停地移动试样，且不要露出液面。

（4）测硬度前要将试样的氧化皮磨掉。

六、实验报告要求

（1）每人一份实验报告，报告应包括实验目的、实验原理、实验设备和材料、实验方法与步骤、实验结果与分析。

（2）写出材料选择和热处理工艺制定的依据。

（3）分析所选零件的工作条件，提出力学性能要求，选择材料成分及组织，制定零件的制造工艺流程，分析工艺中所用热处理的种类和作用，说明制定热处理工艺参数的理由。

（4）对所制定的热处理工艺进行实验，验证所选的零件所用材料经热处理后能否满足性能要求。

（5）指出试验过程中存在的问题，并提出相应的改进方法。

七、思考题

（1）机械零件制造过程中常采用锻造制备零件毛坯，分析锻造工艺对其后的热处理质量有何影响？

（2）机械零件结构设计与热处理工艺性有何关系？

实验 11 高频感应表面淬火

一、实验目的

（1）掌握感应加热表面淬火的原理与方法。
（2）理解集肤效应产生与电流透入深度及表面淬硬层深度的关系。
（3）了解表面淬硬层深度的测定方法。

二、实验设备及材料

（1）实验设备：高频感应加热电源，感应线圈及淬火冷却装置，洛氏硬度计，金相显微镜，金相制样设备。
（2）实验材料：45 钢或 40Cr 钢试样（$\phi(10\sim20)\,\text{mm}\times100\text{mm}$）。

三、实验原理

钢的表面热处理是使零件表面获得高的硬度和耐磨性，而心部仍保持原来良好的韧性和塑性的一类热处理方法。与化学热处理不同的是，它不改变零件表面的化学成分。而是依靠使零件表层迅速加热到临界点以上（心部温度仍处于临界点以下），并随之淬冷来达到强化表面的目的。感应加热表面热处理是目前应用最广、发展最快的一种表面热处理方法。

1. 感应加热的原理

感应加热表面淬火是利用电磁感应原理，如图 2-31 所示，工件放入感应线圈内，当线圈通以交流电时，在感应线圈内部和周围同时产生与电流频率相同的交变磁场，受电流交变磁场的作用，在工件表面产生密度很高的感应电流（涡流），涡流主要分布于工件表面，工件内部几乎没有电流通过（集肤效应），并使工件表面一定厚度被迅速加热至奥氏体状态，随后快速冷却获得表层马氏体组织。

2. 集肤效应与电流透入深度

涡流强度 I_v 与感应电动势 ε 及工件涡流回路的电阻 R 和感抗 X_L 有关，见式（2-2）。

$$I_v = \frac{\varepsilon}{\sqrt{R^2 + X_L^2}} \tag{2-2}$$

离表面 x 处的涡流强度 I_{vx} 见式（2-3）。

$$I_{vx} = I_{v0} \cdot e^{-\frac{x}{\omega}} \tag{2-3}$$

式中 I_{v0}——表面最大的涡流强度；

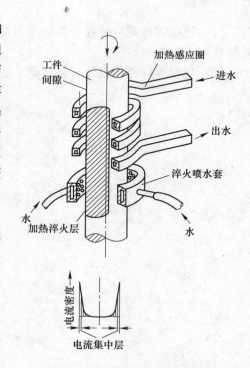

图 2-31 感应加热表面淬火原理

x——到工件表面的距离；

ω——与工件材料物理性质有关的系数。

可见，当 $x=0$ 时，$I_{vx}=I_{v_0}$，即工件表面处涡流强度最大；当 $x>0$ 时，$I_{vx}<I_{v_0}$，且 x 越大，I_{vx} 越小，说明越往工件内部，涡流强度减小，并且呈指数规律衰减；当 $x=\omega$ 时，见式（2-4），即涡流强度降低到表面最大涡流强度的 36.8%。

$$I_{vx} = I_{v0} \cdot \frac{1}{e} = 0.368 I_{v0} \tag{2-4}$$

工程上规定，涡流强度从表面向内层降低到表面最大涡流强度的 36.8%，即 $\frac{1}{e}$ 时，由该处到表面的距离称为电流透入深度，用 δ 表示。

电流透入深度 δ 与材料电阻率 ρ 及磁导率 μ 及电流频率 f 的关系见式（2-5）。

$$\delta = 50300 \sqrt{\frac{\rho}{\mu f}} \tag{2-5}$$

可以看出，电流透入深度 δ 随工件材料电阻率 ρ 增加而增加，随工件材料的磁导率 μ 及电流频率 f 的增加而减少。

电流透入深度直接影响到实际表面淬火时获得的淬火层深度，电流透入深度越大，工件加热层越厚；电流透入深度越小，工件加热层越薄。可以用电流透入深度估算淬火层深度。

在实际生产中，感应加热电流透入深度 δ（或淬硬层深度）可用电流频率 f 进行估算，将 800～900℃ 钢的电阻率 ρ 和磁导率 μ 代入上式，得到 800℃ 时电流透入深度 δ_{800}(mm)，见式（2-6）。

$$\delta_{800} = \frac{500}{\sqrt{f}} \tag{2-6}$$

根据不同的电流频率，感应加热分为：高频感应加热（$f=80\sim1000$kHz，$\delta=0.5\sim2$mm），中频感应加热（$f=250\sim8000$Hz，$\delta=3\sim6$mm）和工频感应加热（$f=50$Hz，$\delta=10\sim15$mm）。

工件经感应加热淬火后的金相组织与加热温度沿截面分布有关，一般可分为淬硬层、过渡层及心部组织三部分。可采用金相法、硬度法或酸蚀法测定淬硬层深度。

3. 高频感应表面淬火工艺

高频感应加热时，需控制其加热温度、加热速度和淬硬层深度。而这三个热参数又需通过控制设备的电参数（电流频率、单位表面功率）和加热时间来保证。

电流频率决定了电流透入深度，而电流透入深度和加热时间又决定了淬硬层深度。单位表面功率决定了加热速度，也会影响到加热温度；加热时间在很大程度上决定了加热温度。感应加热速度很快，测温比较困难，通常采用控制加热时间的办法来间接地控制加热温度。

四、实验方法与步骤

（1）全班分成若干小组，每组领取一个试样，设计工艺参数。

（2）接通高频感应加热设备电源，接通冷却水，按预先设计的工艺参数设置相关参数。

（3）将试样放入感应线圈中进行加热，加热完毕后喷水冷却。

（4）测定淬火后试样的硬度。测定表面和心部硬度值，以及从表面开始沿径向每隔一定距离测量硬度，做好相应记录，绘制试样截面上硬度分布曲线。

（5）将试样制样后，用金相显微镜观察所设参数条件下的金相组织并测定试样的硬化层深度。

五、注意事项

（1）试样放入感应线圈及完成淬火后取出时，应注意不要碰伤线圈。

（2）感应淬火操作时，应控制好加热时间，及时喷水冷却。

（3）测定硬度时，淬火试样要先用砂纸打磨表面，去除氧化皮。

六、实验报告要求

（1）每人一份实验报告，报告应包括实验目的、实验原理、实验设备和材料、实验方法与步骤、实验结果与分析。

（2）严格按照试验步骤进行实验，列出全套硬度数据，绘制实验钢截面上硬度分布曲线，分析硬度变化的原因。

（3）说明淬火后试样表面到心部的组织变化，分析组织变化的原因。

（4）比较硬度法与金相法测量淬硬层的实验结果，分析产生原因。

（5）指出试验过程中存在的问题，并提出相应的改进方法。

七、思考题

（1）高频感应加热表面淬火与普通淬火的相变过程有什么不同？

（2）为什么经高频感应淬火后的表面硬度要比普通淬火后表面硬度高？

（3）如何确定轴类零件感应淬火时的淬硬层深度？

实验 12　材料的磁场热处理

一、实验目的

（1）掌握磁性材料磁场热处理原理。

（2）理解磁性材料组织和性能与磁场热处理工艺参数的关系。

（3）掌握材料磁场热处理的操作步骤。

二、实验设备及材料

（1）实验设备：低温电阻炉，等温电阻炉，充磁机，振动样品强磁计。

（2）实验材料，铝镍钴磁性材料；腐蚀剂，王水；清洗剂，丙酮。

三、实验原理

磁场热处理是指在材料在热处理过程中施加一个磁场，保温一定时间后冷却，或以一定的速度在磁场中冷却的热处理过程。

磁场热处理的主要目的是使材料中感生出磁各向异性，提高材料的磁性能，从而使材料可以具有某些特定的应用。材料的易磁化方向主要由材料的磁晶各向异性来决定。当材料在低于居里温度情况下进行磁场热处理时，热处理温度足够使原子运动，材料中的一些原子对相对于磁场方向取向。当热处理温度降低后，原子的扩散被抑制，原来的方向有序原子对被冻结，这样就可以使材料获得在外磁场方向上的易轴。

磁场热处理既适用于软磁材料，也适用于永磁材料。软磁材料经过磁场热处理后，可提高磁导率，减小矫顽力。对于永磁材料可提高剩磁和矫顽力。对于双相纳米晶复合材料，可使软、硬磁相间的交换耦合作用加强。磁场还可以使晶粒沿着外加磁场方向择优取向生长，形成织构等。

本实验所用的磁场热处理设备主要有加热装置、外加磁场装置、冷却水系统和直流电源控制柜及温度控制柜构成，外形图如图 2-32 所示。加热装置为等温电阻炉，电热元件为镍铬电阻丝，电流通过电阻体时，由于电流的热效应而产生热量来加热材料，采用热电

图 2-32　磁场热处理装置外形图

偶测量温度，热电偶与控制柜中的数字温度表相连，可随时检测加热温度。外加磁场装置由变压器、电磁铁、指针电流表电压表等组成，通过调节变压器的输出电压，可以控制电磁铁线圈的电流，从而改变外加磁场的大小。冷却水系统主要用于冷却电磁铁，因为电磁铁在产生磁场过程中会产生热量。

四、实验方法与步骤

（1）用准备好的铝镍钴样品装入不锈钢小盒中，送入低温箱形电阻炉中预热，预热温度 $600\sim650℃$，保温时间不小于 $20\sim30min$。

（2）将低温预热好的产品随同盛装的不锈钢盒一起迅速送入等温炉内。

（3）打开水循环系统。

（4）打开等温电阻炉，当精密温度控制器偏差指示为 $-5℃$ 时打开外加磁场装置，将整流器输出电流调至 $50\sim60A$，此时磁场强度为 $240kA/m$ 左右，当温度达到 $800℃$ 时开始计算等温时间，保温时间为 $30min$ 左右。

（5）当保温时间足够后，立即关掉磁场，关掉等温电阻炉，取出产品缓冷。

（6）关掉水循环系统。

（7）对磁场热处理前后的铝镍钴试样分别进行组织观察和磁性能测量。

五、注意事项

（1）热处理中加磁场之前一定要先打开水循环系统，热处理结束时应先关掉磁场，再关掉水循环系统。

（2）装取热处理材料时，一定要切断电源以防触电，并且要戴上手套以防烫伤。

六、实验报告要求

（1）每人一份实验报告，报告应包括实验目的、实验原理、实验设备和材料、实验方法与步骤、实验结果与分析。

（2）分析磁场热处理对铝镍钴材料性能和组织的影响。

（3）指出试验过程中存在的问题，并提出相应的改进方法。

七、思考题

（1）磁场热处理改善磁性材料磁性能的机理是什么？

（2）磁场热处理中影响材料性能的因素有哪些？

3 金属材料组织与结构实验

实验1 金相试样的制备

一、实验目的

（1）了解金相试样的制备过程及金相显微组织的显示方法。

（2）掌握钢铁金相试样的制备过程及方法。

二、实验设备及材料

金相显微镜，砂轮机，抛光机，吹风机，试样，不同型号的砂纸，抛光粉悬浮液，酒精，3%~4%硝酸酒精溶液，棉花，镊子。

三、实验原理

金相显微试样的制备包括：取样、镶嵌、磨制、抛光、浸蚀等五个步骤。

1. 取样

取样是进行金相显微分析中很重要的一个步骤，显微试样的选取应根据研究的目的，取其具有代表性的部位。例如：在检验分析失效零件的损坏原因时（废品分析），除了在损坏部位取样外，还需要在距离破坏处较远的部位截取试样，以便比较；在研究铸件组织时，由于偏析现象的存在，必须从表面层到中心，同时取样进行观察；对于轧制和锻造材料则应截取横向（垂直于轧制方向）及纵向（平行于轧制方向）的金相试样，以便于分析比较表面层缺陷及非金属夹杂物的分布情况；对于一般经热处理后的零件，由于金相组织比较均匀，试样截取可在任一截面进行。试样的尺寸通常采用直径为 $\phi 12\sim15\text{mm}$，高度（或边长）为 $12\sim15\text{mm}$ 圆柱或方形试样。

试样的截取方法视材料的性质不同而异，软的金属可用手锯或锯床切割；对硬而脆的材料（如白口铸铁），则可用锤击打；对极硬的材料（如淬火钢），则可采用砂轮切片机或脉冲加工等切割。但是不论采用哪种方法，在切取过程中均不宜使试样温度太过升高，以免引起金属组织的变化，影响分析结果。

2. 镶嵌

对于尺寸过于细小，如丝、片、带、管等形状不规则，以及有特殊需要（观察表层组织）的试样可以进行镶嵌，镶嵌方法很多，如低熔点合金的镶嵌、塑料镶嵌、环氧树脂镶嵌、夹具夹持法等。

目前一般多采用塑料镶嵌。用塑料镶嵌试样所用塑料有热固性、热塑性两类。前者为胶木粉或电木粉，不透明，有多种颜色（一般是黑色的），这种塑料比较硬，但抗酸、碱等腐蚀性能比较差。后者为半透明或透明，抗酸、碱等腐蚀性能好，但较软。这两种塑料镶嵌试样时，均须放入镶片机上的镶嵌压膜内加热，其加热温度对热固性塑料为 110 ~ 150℃；对热塑性塑料为 140 ~ 160℃，并同时加压，保持一定时间后，去除压力将镶嵌试样从压模中顶出。这种镶嵌方法速度快，但须加热加压，可能使某些金相组织发生变化。如淬火马氏体组织被回火等。当试样需要观察几个面时，不能进行镶嵌。此外，还可以用环氧树脂加凝固剂来镶嵌试样。其配方为：环氧树脂 100g，邻苯二甲酸二丁酯 20g，乙二胺 20g。但需停留 7 ~ 8h 后方可使用。如图 3-1 所示。

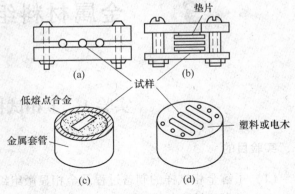

图 3-1　镶嵌试样示意图

（a）夹具夹持；（b）夹具配垫片夹持；

（c）低熔点合金镶嵌；（d）塑料或电木镶嵌

3. 磨制

试样的磨制一般分为粗磨与细磨。目的是为了获得平整光洁的表面，为抛光做准备。

（1）粗磨（磨平）。试样在磨制前，先用砂轮磨平或用锉刀（有色金属材料）锉平。磨制时，应使试样的磨面与砂轮侧面保持平行，缓缓地与砂轮接触，并均匀地对试样加适当的压力。在磨制过程中，试样应沿砂轮径向往返缓慢移动，避免在一处磨而使砂轮出现凹槽导致试样不平。

试样磨面一般要倒角，并将其磨面棱角去掉（须保留棱角的，如渗碳层检验用的除外），以免细磨及抛光时撕破砂纸或刮破抛光布料，甚至造成试样从抛光机上飞出伤人。当试样表面平整后，粗磨就告完成，然后将试样用水冲洗擦干。

（2）细磨。粗磨后的试样仍保留有较粗较深的磨痕，为抛光做准备，须要进行细磨。细磨是将经粗磨后的试样，在由粗到细的砂纸上进行磨光。

细磨分为手工磨和机械磨两种。手工磨是将砂纸放在玻璃板上，把试样先从较粗的砂纸开始磨，磨制方向应和砂轮的磨痕方向垂直，直至原磨痕消除为止。当前一道砂纸的磨痕全部被磨掉后，才能更换下一道较细的砂纸。更换砂纸时，须将试样清理干净，避免将砂粒带到砂纸上，使试样划出较深滑痕。每次更换砂纸后试样的磨制方向也应做相应改变（一般转 90°），如此依次进行下去，直到磨面达到抛光前的粗糙度。

机械细磨是在预磨机上进行，把砂纸紧固在转盘上，试样在其上磨制。机械磨制速度快，效率高，但要注意安全。

4. 抛光

试样的抛光是最后一道磨制工序。其目的是去掉试样表面上的磨痕，达到光亮而无磨痕的镜面。

试样的抛光一般分为机械抛光、电解抛光和化学抛光。

（1）机械抛光。机械抛光是在专用抛光机上进行的。抛光机的主要结构是由电动机和抛光盘组成，转速为 300 ~ 500r/min。抛光盘上铺以细帆布、呢、绒等抛光织物。抛光时在抛光盘上不断滴注抛光液，抛光液通常采用 Al_2O_3 或 Cr_2O_3 等细粉末（粒度约为 0.3~1μm）在水中的悬浮液或采用由极细金刚石粉制成的膏状抛光剂等。

机械抛光就是靠极细的抛光粉与磨面产生相对磨削和滚压作用来消除磨痕。操作时将试样磨面均匀地压在旋转的抛光盘上（可先轻后重）并沿盘的边缘到中心不断作径向往复移动，抛光时间一般约 3~5min，抛光后的试样表面应看不出任何磨痕而呈光亮的镜面。需要指出的是抛光时间不宜过长，压力不可过大，否则将会产生变形层而导致组织分析得出错误的结论。

抛光结束后用水冲洗试样并用棉花擦干或吹风机吹干，若只需观察金属中的各种夹杂物或铸铁中的石墨形状时，则可将试样直接置于金相显微镜下观察。

（2）电解抛光。电解抛光是靠电化学的作用在试样表面形成一层"薄膜层"而获得光滑平整的磨面，其优点在于它只产生纯化学的溶解作用而无机械力的影响，因此可避免机械抛光时引起表面层金属的变形或流动，从而能够较正确地显示出金相组织的真实性。这种抛光法对于有色金属及其他硬度低、塑性大的金属效果较好，如铝合金、高锰钢、奥氏体不锈钢等。电解抛光装置如图 3-2 所示。

电解抛光时把磨光的试样浸入电解液中，接通试样（阳极）与阴极之间的电源（通常用直流电源），阴极可采用不锈钢片，

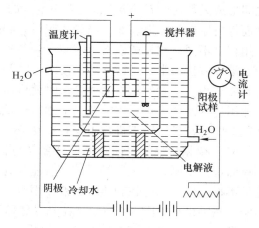

图 3-2　电解抛光装置示意图

并与试样抛光面保持一定的距离（约 25~300mm），当电流密度足够时，试样磨面即产生选择性溶解，此时，靠近阳极的电解液在试样的表面上形成一层厚度不一的薄膜，由于薄膜本身具有较大电阻，并与其厚度成正比，如果试样表面高低不平则凸出部分电流密度最大，由此金属被迅速地溶入电解液中，凸出部分趋平坦，最后形成平整光滑的表面。

电解抛光的效果取决于电流密度、温度及抛光时间参数的选择是否恰当，参数多由试验确定，电解抛光时间可由数秒至 5~10min。抛光完毕后将试样自电解液中取出，切断电源并迅速投入水中冲洗。

（3）化学抛光。化学抛光的实质与电解液抛光类似，也是一个表层溶解过程，但它纯粹是靠化学药剂对于不均匀表面所产生的选择性溶解而获得光亮的抛光面。

化学抛光操作简便，不需要专用设备，成本低，有不产生表面扰乱等优点，它的缺点是抛光液易失效，夹杂物易蚀掉，抛光面平整度质量差，只能在低倍数下做常规检验工作。化学抛光兼有化学浸蚀作用，可以立即在金相显微镜下观察。实践证明，软金属利用化学抛光要比机械抛光和电解抛光效果好。

5. 浸蚀

经抛光后的试样磨面，如果直接放在显微镜下观察时，所能看到的只是一片亮光，除某些夹杂物或石墨外，无法辨别各种组织的组成物及其形态特征。因此，必须使用浸蚀剂对试样表面进行"浸蚀"，才能清楚地显示出显微组织。

最常用的金相组织显示方法是化学浸蚀法。化学浸蚀法的主要原理就是利用浸蚀剂对试样表面进行化学溶解作用或电化学作用（即微电池原理）来显示金属的组织，它们的浸蚀方式则取决于组织中组成相的性质和数量。

对于纯金属和单相合金来说浸蚀仍是一个纯化学溶解过程，由于金属及合金的晶界上原子排列混乱，并具有较高的能量，因此晶界处较为容易被浸蚀而呈现凹沟，同时由于每个晶粒原子排列的位向不同，所以各自的溶解速度各不一样，致使被浸蚀的深浅程度也有区别，在垂直光线照射下将显示出明暗不同的晶粒。

对于两相以上的合金组织来说，浸蚀则主要是一个电化学腐蚀过程，由于各组成相的成分不同，各自具有不同的电极电位，当试样浸入具有电解液作用的浸蚀剂中，就在两相之间形成无数对"微电池"，具有正电位的一相成为阴极，在正常电化学作用下不会受浸蚀而保持原有的光滑表面。当光线照射到凹凸不平的试样表面时，由于各处对光线的反射作用程度不同，在显微镜下就能观察到各种不同的组织及组成相。

浸蚀方法通常是将试样磨面浸入浸蚀剂中，也可用棉花沾上浸蚀剂擦试样表面，浸蚀时间要适当，一般使试样磨面发灰时就可停止。如果浸蚀不足，可重复浸蚀，浸蚀完毕后立即用清水冲洗，然后用棉花沾上酒精擦拭磨面并吹干。至此，金相试样的制备工作全部结束，即可在显微镜下进行组织观察和分析研究。

（1）单相合金的浸蚀。单相合金（包括纯金属）的组织是由不同晶粒组成的。各个晶粒的位向不同，存在着晶界。一般晶界处的电极电位和晶粒内的不同，而且具有较大的化学不稳定性。因此在和化学试剂作用时，溶解得比较快，不同位向的晶粒，溶解程度也不同。浸蚀结果如图 3-3 所示，在晶界处凹下去，光线不能被完全反射进入目镜，呈现黑色。晶粒内也因表面倾斜程度不同有深浅不同。

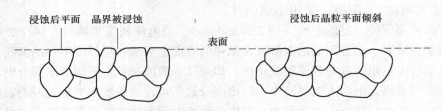

图 3-3　单相合金晶界、晶粒显示

（2）两相合金的浸蚀。两相合金的浸蚀是由于化学成分不同、结构不同，因而电化学性质不同、电极电位也不同的相组成了微电池，具有较高负电位的相成为阳极，溶解得快，逐渐凹下去；具有较高正电位的相则成为阴极，一般不易溶解，基本上保持原有平面，作为阳极的相如果表面凹下去使其不平滑，则在显微镜下呈现暗黑色，如图 3-4 所示。

图 3-4　两相合金浸蚀后各相的显示

四、实验方法与步骤

（1）领取待磨制试样。

（2）用砂轮打磨试样，获得平整磨制平面。

（3）用不同粒度的金相砂纸按从粗到细的顺序磨制试样。

（4）机械抛光至表面光亮，获得光亮镜面，并用水和无水乙醇清洗试样表面。

（5）用浸蚀剂（4%的硝酸酒精）浸蚀试样表面，并用吹风机冷风吹干。

（6）用金相显微镜观察试样，评价试样制备质量。

五、注意事项

（1）每次更换砂纸时，试样应旋转一定角度。

（2）抛光时，注意试样在抛光盘上的位置应根据抛光盘转动方向放在不同位置进行抛光。

（3）抛光时，注意防止试样飞出伤人。

（4）试样浸蚀前一定要清洗干净。

（5）配置浸蚀剂时注意安全。

（6）试样浸蚀后应清洗吹干。

六、实验报告要求

（1）每人一份实验报告，报告应包括实验目的、实验原理、实验设备和材料、实验方法与步骤、实验结果与分析。

（2）简述金相组织分析原理。

（3）绘制试样浸蚀前后的显微组织。

（4）总结实验中存在的问题。

七、思考题

（1）金相试样截取方法通常有哪几种，选用不同截取方法的原则是什么？

（2）金相试样有几种抛光方法，它们各有什么特点？

（3）金相试样的显示有几种，各是什么原理？怎样判断试样腐蚀的深浅程度？

实验 2　金相显微镜的构造与使用

一、实验目的

（1）了解光学金相显微镜的原理及构造。

（2）掌握光学金相显微镜的使用方法。

二、实验设备及材料

光学金相显微镜，金相试样。

三、实验原理

1. 光学金相显微镜的基本原理

光学显微镜是由两个透镜组成，对着金相试样的透镜称为物镜，对着眼睛的透镜称为目镜。借助于物镜与目镜的两次放大，就能使物体放大到很高倍数。其光学原理如图 3-5 所示。

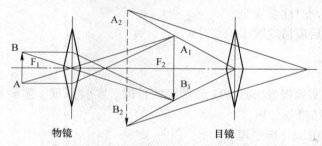

图 3-5　光学金相显微镜光学原理图

当所观察的物体 AB 置于物镜前焦点 F_1 外少许时，物体的反射光线穿过物镜经折射后，就得到一个放大了的倒立实像 A_1B_1，若 A_1B_1 处于目镜的前焦距以内，在经过目镜放大后，人眼在目镜上观察时，在 250mm 明视距离处（正常人眼看物体时，最适宜的距离大约在 250mm 左右，这时人眼可以很好的区分物体的细微部分而不易疲劳，这个距离被称为"明视距离"），看到一个经再次放大的倒立虚像 A_2B_2。所以，观察到的像是经物镜和目镜两次放大的结果。

以上利用几何光学原理对显微镜的成像过程进行了分析。但是实际上金相显微镜所观察到的显微组织，往往几何尺寸很小，小至可与光波的波长相比较，根据光的电磁波理论，此时不能再近似地把光线看成是直线传播，而要考虑衍射的影响。另一方面，显微镜中的光线总是部分相干的。因此，显微镜的成像过程是一个比较复杂的衍射相干过程。事实上，由于衍射等因素的影响，显微镜的分辨能力和放大能力都受到一定限制。目前金相显微镜可观察的最小尺寸一般是 0.2μm 左右，有效放大倍数最大约为 1000 倍。

2. 光学金相显微镜的放大倍数

由图 3-5 可以看出，物镜对物体起着放大作用，而目镜则是放大由物镜所得到的物像。

光学显微镜的优劣，主要取决于以下几点：

显微镜的放大倍数由式（3-1）来确定：

$$M = M_物 \cdot M_目 = L/f_物 \cdot D/f_目 \tag{3-1}$$

式中　M——显微镜的放大倍数；

　　　$M_物$——物镜的放大倍数；

　　　$M_目$——目镜的放大倍数；

　　　$f_物$——物镜焦距；

　　　$f_目$——目镜焦距；

　　　L——显微镜的镜筒长度（即目镜与物镜的距离）；

　　　D——明视距离（250mm）。

由上式可知，光学显微镜总的放大倍数就是物镜和目镜放大倍数的乘积。

$F_物$、$F_目$越短或 L 越长，则显微镜的放大倍数越大，其主要放大倍数一般是通过物镜来保证。

放大倍数的符号用"×"表示，例如物镜的放大倍数为 250×，目镜的放大倍数为 10×，则显微镜的放大倍数为 250×（其中 250＝25×10）。放大倍数均分别标注在物镜与目镜的镜筒上。

由式（3-1）可知，显微镜的放大率与光学镜筒长度成正比，与物镜、目镜的焦距成反比。由于物镜的放大率是在一定的光学镜筒长度下得出的，因而同一物镜在不同的光学镜筒长度下其放大率是不同的。有的显微镜由于设计镜筒较短，在计算总放大率时，需要乘以一个系数。光学镜筒长度在实际应用中很不方便，通常均使用机械镜筒长度，即物镜的支承面与目镜支承面之间的距离。显微镜的机械镜筒长度分为有限和任意两种。有限机械镜筒长度各国标准不同，一般在 160～190mm 之间，我国规定为 160mm。物镜外壳上通常标有 160/0 或 160/—等，斜线前数字表示机械镜筒长度，斜线后的"0"或"—"表示金相显微镜不用盖玻璃片；对于透射显微镜，此处的数字表示盖玻璃片的厚度。任意机械镜筒长度用 ∞/0 或 ∞/—表示，这种物镜可以在任何镜筒长度下使用，而不会影响成像质量。

3. 光学金相显微镜的鉴别率

光学显微镜的鉴别率是指它能清晰地分辨物体上两点间最小距离 d 的能力。在普通光线下，人眼在明视距离处能分辨两点间最小距离为 0.15～0.30mm，即人眼的鉴别率 d 为 0.15～0.30mm。显然，d 值越小，鉴别率就越高。鉴别率是显微镜的一个重要的性能指标，它可由式（3-2）求得：

$$d = \lambda/(2N \cdot A) \tag{3-2}$$

式中　d——物镜能分辨出的物体相邻两点间的最小距离（即鉴别率）；

　　　λ——入射光线的波长；

　　$N \cdot A$——物镜的数值孔径，表示物镜的聚光能力。

由上式可知，光学显微镜鉴别能力取决于使用光线的波长和物镜的数值孔径，与目镜无关，光线的波长可以通过滤色片来选择。λ 值越小时，鉴别率 d 值就越小，即物镜的鉴别能力越高，在显微镜中就能看到更细微的部分。同样情况，当数值孔径越大时，d 值也就越小。数值孔径表示物镜的聚光能力，数值孔径大的物镜的聚光能力强，能吸收更多的光线，从而提高鉴别能力。数值孔径可用式（3-3）求得：

$$N \cdot A = n \cdot \sin\phi \tag{3-3}$$

式中　n——物镜与试样间介质的折射率；

　　　ϕ——物镜孔径半角。

由式（3-3）可知，当 n 与 ϕ 值越大时，则数值孔径值就越大，物镜的鉴别能力也就越高。常用的增大数值孔径的方法如图 3-6 所示。

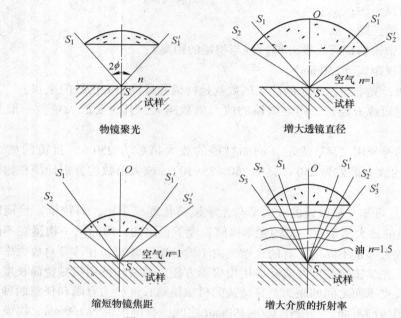

图 3-6　常用的增大数值孔径的方法

由于 ϕ 值总是小于 90°，而一般物镜与试样间的介质是空气，光线在空气中的折射率 $n=1$，其数值孔径总是小于 1，这类物镜被称为"干系物镜"。当物镜与物体之间充满松柏油介质（$n=1.52$）时，其数值孔径值最高可达 1.4 左右，这就是光学显微镜在高倍观测时使用的"油浸系物镜"（又称为油镜头）。

显微镜是提供人们观察物体细节的一种仪器，在保证鉴别能力的前提下，将物体放大一定的倍数使其达到人眼所能分辨。因此放大倍数与人眼鉴别能力是相关的。正常人眼的鉴别能力在明视距离 250mm 远处为 0.15~0.30mm 间。设人眼鉴别能力为 e，则根据前述公式可导出：

$$M = \frac{e}{d} = \frac{e}{\lambda/(2N \cdot A)} = \frac{2eN \cdot A}{\lambda} \tag{3-4}$$

当 λ 选平均波长为 0.00055mm 时，e 为 0.15mm 时，最小放大倍数（M_1）为：

$$M_1 = \frac{0.3 \times N \cdot A}{\lambda} \approx 500N \cdot A \tag{3-5}$$

当 λ 选平均波长为 0.00055mm 时，e 为 0.30mm 时，最大放大倍数（M_2）为：

$$M_2 = \frac{0.6 \times N \cdot A}{\lambda} \approx 1000N \cdot A \tag{3-6}$$

M 最小和 M 最大之间的范围称为"有效放大倍数"（M_3）为：

$$M_3 = 500 \sim 1000 N \cdot A \tag{3-7}$$

在选择物镜和目镜配合时，如果放大倍数不足 $500N \cdot A$，则表示选用不当，即孔径为 $N \cdot A$ 的物镜所能区分的细节，因目镜选用较低而不能被人眼识别；反之如超过 $1000N \cdot A$，叫做"虚伪放大"，在这种情况下，并不能看到在有效放大倍数内所不能分辨的细节。

4. 透镜成像的质量与像差

单片透镜在成像过程中，由于几何光学条件的限制，以及其他因素的影响，常使映像变得模糊不清或发生变形迹象，这种缺陷称为像差。像差的产生降低了光学仪器的精确性。

像差一般分为两大类：一类是单色光成像时的像差，简称为单色像差，包括球面像差、彗形像差、像散和像域弯曲；另一类是多色光成像时的像差，称为色像差，这是由于介质对不同波长的光的折射率不同而引起的。对显微成像影响最大的有三种像差，即球面像差、色像差和像域弯曲。

（1）球面像差。来自光轴某点的单色光通过透镜时，由于通过光轴附近的光线的折射角小，透镜边缘的光线的折射角大，因而会形成前后分布的许多聚焦点，成一弥散的光斑。这种现象称为球面像差。

（2）色像差。当来自一点的白色光通过透镜后，由于各单色光的波长不同，折射率不一样，使光线折射后不能交于一点。其中紫色光线的波长最短，折射率最大，在离透射镜最近处成像；红色光线的波长最长，其折射率最小，在离透射镜最远处成像。

（3）像域弯曲。垂直于光轴的直立的物体经过透镜后会形成一弯曲的像面，这称为像域弯曲。

5. 光学金相显微镜的构造

光学金相显微镜的种类和结构类型很多，最常见的有台式、立式和卧式三大类。光学金相显微镜通常由光学系统、照明系统和机械系统三大部分组成，有的显微镜还附有摄影装置。现以国产的 XJP-6A 型倒置光学金相显微镜（见图3-7）为例加以说明。

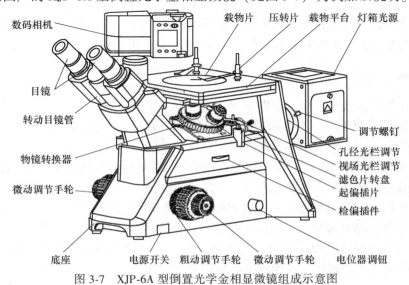

图 3-7　XJP-6A 型倒置光学金相显微镜组成示意图

其主要组成为：

（1）物镜。配置 10×、20×、40×干系物镜和 100×油浸系物镜。

（2）目镜。配置 5×、10×、16×目镜。

（3）载物台。三层机械载物台尺寸 180mm×167mm，纵、横移动范围：40mm×50mm。

（4）滤色片组。为内置转盘滤色片组，标配绿色、蓝色、灰色滤色片及磨砂玻璃。

（5）光源。6V/30W 卤钨灯，G4 灯座，亮度可调。

（6）转换器。内定位四孔转换器。

（7）转轴双目组。45°倾斜，瞳距调节范围为 50~75mm，视度调节±5 屈光度。

（8）粗微动调焦。同轴调焦粗微动。

（9）电源。输入：85~265V，50/60Hz。

（10）光栏。

四、实验方法与步骤

光学金相显微镜是一种精密的光学仪器，必须细心谨慎使用。初次操作显微镜之前，应首先熟悉其构造特点及主要部件的相互位置和作用，然后按照显微镜的使用规程进行操作。先熟悉其构造特点及主要部件的相互位置和作用，然后按照显微镜的使用规程进行操作。

在使用 XJP-6A 型光学金相显微镜时，应按下列步骤进行：

（1）根据放大倍数选用所需的物镜和目镜，分别安装在物镜和目镜筒内，并使转换器转至固定位置（由定位器定位）。

（2）转动载物台，使物镜位于载物台中心孔的中央，然后把金相试样的观察面朝下倒置在载物台上。

（3）将显微镜的电源插头插在变压器上，通过低压（6~8V）变压器接通电源。

（4）转动粗调手轮，使载物台渐渐上升以调节焦距，当视场亮度增强时再改用微调手轮进行调节，直至物像调整到最清晰程度为止。

（5）适当调节孔径光栏和视场光栏，以获得最佳质量的物像。

（6）如果使用油浸系物镜，则可在物镜的前透镜上滴一点松柏油，也可以将松柏油直接滴在试样的表面上。油镜头用完后应立即用棉花沾取二甲苯溶液擦净，再用镜头纸擦干。

五、注意事项

在使用光学显微镜时，应注意以下事项：

（1）金相试样要干净，不得残留有酒精和浸蚀液，以免腐蚀显微镜的镜头，更不能用手指去触摸镜头。若镜头中落有灰尘时，可以用镜头纸擦拭。

（2）照明灯泡（6~8V）插头，切勿直接插在 220V 的电源插座上，应当插在变压器上，否则灯泡会立即烧坏，观察结束时要立即关闭电源。

（3）操作时必须特别细心，不得有粗暴和剧烈的动作，光学系统不允许自行拆卸。

（4）在更换物镜或调焦时，要防止物镜受碰撞损坏。

（5）在旋转粗调或微调手轮时，动作要缓慢，当碰到某种障碍时应立即停下来，进行检查，不得用力强行转动，否则将会损坏机件。

（6）更换灯泡时避免烫伤。

六、实验报告要求

（1）每人一份实验报告，报告应包括实验目的、实验原理、实验设备和材料、实验方法与步骤、实验结果与分析。

（2）简述物镜标记的含义。

（3）简述提高金相显微镜鉴别率的方法。

（4）简述金相显微镜的操作要点及注意事项。

七、思考题

（1）金相显微镜的鉴别率是什么，可通过哪些方法来提高显微镜的鉴别率？

（2）降低球面像差和色像差的方法有哪些？

实验3　铁碳合金平衡组织的观察

一、实验目的

（1）识别和研究铁碳合金（碳钢和白口铸铁）在平衡状态下显微组织。

（2）分析含碳量对铁碳合金显微组织的影响，加深理解成分、组织与性能之间的相互关系。

二、实验设备及材料

金相显微镜，碳钢和白口铸铁平衡组织试样。

三、实验原理

铁碳合金是人们最常使用的金属材料，研究铁碳合金的显微组织是研究钢铁材料的基础。铁碳合金平衡状态的组织是指合金在极为缓慢的冷却条件下（如退火状态）所得到的组织，其相变过程均按 $Fe-Fe_3C$ 相图（见图 3-8）进行。亦即可以根据该相图来分析铁碳合金的显微组织。

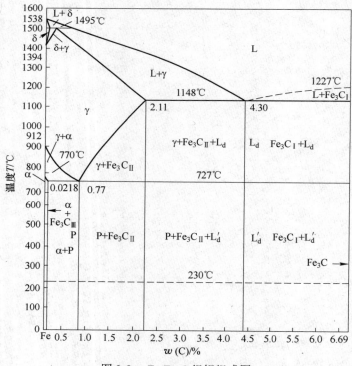

图 3-8　$Fe-Fe_3C$ 组织组成图

如图 3-8 所示，所有碳钢和白口铸铁在室温的组织均由铁素体（F）和渗碳体（Fe_3C）这两个基本相所组成。只是因含碳量不同，铁素体和渗碳体的相对数量、析出条件以及分布情况各有所不同，因而呈不同的组织形态。

碳钢和白口铸铁在金相显微镜下具有下面几种基本组织：

（1）铁素体（F）

碳在 α-Fe 中的固溶体。铁素体为体心立方晶格。具有磁性及良好的塑性，硬度较低（50~80HBS）。

（2）渗碳体（Fe_3C）

铁与碳形成的一种具有复杂晶格的间隙化合物，其含碳量为 6.69%，硬度为 800HBW。当用 3%~4%硝酸酒精溶液浸蚀后，渗碳体呈亮白色，若用苦味酸钠溶液侵蚀，则渗碳体呈黑色而铁素体仍为亮白色。按铁碳合金成分和形成条件不同，渗碳体呈现不同的形态：一次渗碳体（初生相）直接由液体中析出，在白口铸铁中呈粗大的条片状（记为 Fe_3C_I）；二次渗碳体（次生相）从奥氏体中析出，成网络状沿奥氏体晶界分布（记为 Fe_3C_{II}）；在 727℃以下，由铁素体中析出的渗碳体为三次渗碳体（记为 Fe_3C_{III}）。经球化退火，渗碳体呈颗粒状。

（3）珠光体（P）

共析转变得到的铁素体和渗碳体的机械混合物。根据形成条件不同，有两种不同的组织形态：

1）片状珠光体。它是由铁素体与渗碳体交替形成的层片状组织。硬度为 190~230HBS。经硝酸酒精溶液浸蚀后，在不同放大倍数的显微镜下，可以看到具有不同特征的层片状组织。在高倍放大时，能清楚看到珠光体中铁素体和细条渗碳体。当放大倍数较低时，由于显微镜的鉴别能力小于渗碳体片厚度，这时就只能看到一条黑线。当组织较细而放大倍数更低时，珠光体片层就不能分辨，而呈黑色。

2）球状珠光体。球状珠光体组织的特征是在亮白色的铁素体基体上，均匀分布着白色的渗碳体颗粒，其边界呈暗黑色。硬度为 160~190HBS。

（4）莱氏体（L_d'）

室温时是珠光体，二次渗碳体和共晶渗碳体所组成的机械混合物。它是由含碳量为 4.3%的共晶白口铸铁在 1148℃共晶反应所形成的共晶体（奥氏体和共晶渗碳体），其中奥氏体在继续冷却时析出二次渗碳体，当冷却到 727℃时奥氏体转变为珠光体。因此莱氏体的显微组织特征是在亮白色的渗碳体基底上分布着暗黑色斑点及细条状的珠光体。

根据铁碳相图，在平衡状态下，铁碳合金分为工业纯铁、钢（包括亚共析钢、共析钢、过共析钢）、白口铸铁（包括亚共晶白口铸铁、共晶白口铸铁、过共晶白口铸铁）三大类，每一种铁碳合金都具有不同的组织。

1. 工业纯铁

含碳量低于 0.02%的铁碳合金通常称为工业纯铁，由铁素体和三次渗碳体组成。亮白色基体是铁素体的不规则等轴晶粒，晶界上存在少量三次渗碳体，呈现出白色不连续网状，由于量少，有时看不出，如图 3-9 所示。

2. 碳钢

（1）亚共析钢。亚共析钢的含碳量在 0.02%~0.77%范围内，组织由铁素体和珠光体所组成。随着含碳量的增加，铁素体的数量逐渐减少，而珠光体的数量则相应的增多。亚共析钢显微组织中，亮白色为铁素体，暗黑色为珠光体，如图 3-10 所示。通过直接在显微镜下观察珠光体和铁素体各自所占面积百分数，可近似地计算出钢的含碳量。例如：在显微镜下观察到有 50%的面积为珠光体，50%的面积为铁素体，则此钢含碳量为 $w(C)=$ 0.4%（$w(C)=(50\%\times0.77)/100+(50\%\times0.0218)/100=0.4\%$），即相当于 40 钢。

（2）共析钢。含碳量为 0.77%的碳钢称为共析钢。由单一珠光体组成，如图 3-11 所示。

（3）过共析钢。含碳量超过 0.77%的碳钢称为过共析钢，它在室温下的组织由珠光体和二次渗碳体组成。钢中含碳量越多，二次渗碳体数量就越多。含碳量为 1.2%的过共析钢显微组织。组织中存在片状珠光体和网状二次渗碳体，经浸蚀后珠光体呈暗黑色，而二次渗碳体则呈白色网状，如图 3-12 所示。

若要根据显微组织来区分过共析钢的网状二次渗碳体和亚共析钢的网状铁素体，可采用苦味酸钠溶液来浸蚀。这样，二次渗碳体就被染色呈黑色网状，而铁素体和珠光体仍保留白色。

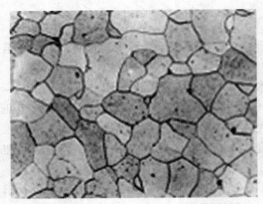

图 3-9　工业纯铁金相显微组织

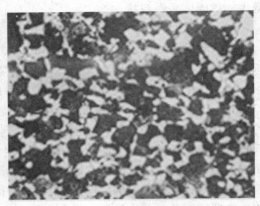

图 3-10　亚共析钢金相显微组织

图 3-11　共析钢金相显微组织

图 3-12　过共析钢金相显微组织

3. 白口铸铁

（1）亚共晶白口铸铁。含碳量低于 4.3%的白口铸铁称为亚共晶白口铸铁。在室温下亚共晶白口铸铁的组织为珠光体、二次渗碳体和莱氏体，用硝酸酒精溶液浸蚀后，在显微镜下呈现黑色枝晶状的珠光体和斑点状莱氏体，如图 3-13 所示。

（2）共晶白口铸铁。共晶白口铸铁的含碳量为 4.3%，它在室温下的组织由单一的共晶莱氏体组成。经浸蚀后，在显微镜下，珠光体呈暗黑色细条及斑点状，共晶渗碳体呈亮白色，如图3-14所示。

（3）过共晶白口铸铁 含碳量高于4.3%的白口铸铁称为过共晶白口铸铁，在室温时的组织由一次渗碳体和莱氏体组成。用硝酸酒精溶液浸蚀后，在显微镜下可观察到暗色斑点状的莱氏体基体上分布着亮白色的粗大条片状的一次渗碳体，如图3-15所示。

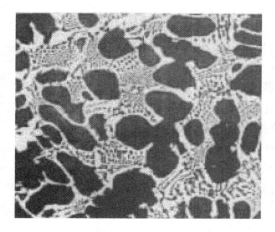

图3-13 亚共晶白口铸铁金相显微组织

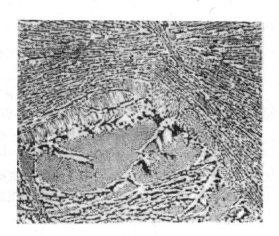

图3-14 共晶白口铸铁金相显微组织

图3-15 过共晶白口铸铁金相显微组织

四、实验方法与步骤

（1）实验前学生应复习讲课中的有关内容和阅读实验指导书，为实验做好理论方面的准备；

（2）打开金相显微镜电源，根据铁碳合金平衡组织特点选用合适的放大倍数。

（3）将试样观察面朝下置于金相显微镜上。

（4）转动显微镜粗调旋钮，待能看见组织后转动微调旋钮，使组织清晰。

（5）观察组织。

五、注意事项

（1）显微镜操作时，先用肉眼观察，把物镜尽量靠近试样，再逐步远离试样进行焦距调节，避免物镜和试样接触，损伤物镜。

（2）试样不观察时，观察面向上放置，避免试样表面划伤。

六、实验报告要求

（1）每人一份实验报告，报告应包括实验目的、实验原理、实验设备和材料、实验内容与步骤、实验结果与分析。

（2）画出所观察显微组织示意图，并注明材料名称、含碳量、浸蚀剂和放大倍数，显微组织画在直径为 30~50mm 的圆内，并将组成物名称以箭头引出标明。

（3）根据所观察的显微组织近似确定一种亚共析钢的含碳量。

$$w(\text{C}) = (P \times 0.77)/100 + (F \times 0.0218)/100$$

式中，P 和 F 分别为珠光体和铁素体所占面积（%）。

（4）分析和讨论含碳量对铁碳合金的组织和性能的影响。

（5）实验后的感想与体会。

七、思考题

（1）在 Fe-Fe$_3$C 系合金中有哪几个基本相，其结构、性能特点如何？

（2）试说明铁碳合金平衡组织中各类渗碳体的形成条件、存在形式及显微组织的特点。

（3）铁素体与奥氏体有什么区别？

实验 4　钢的宏观组织与缺陷分析

一、实验目的

（1）掌握钢的宏观分析的原理及方法。

（2）了解金属铸件、锻件、焊接件的宏观组织特征。

二、实验设备及材料

放大镜，碳钢，盐酸。

三、实验原理

钢的宏观检验，一般也常称为低倍检验，它是用肉眼，或者借助于 10 倍以下的放大镜，对金属的表面、纵断面、横断面、断口上的各种宏观组织和缺陷进行检查的一种方法。它包括酸浸检验、断口检验、塔形发纹检验和硫印试验等，其中酸浸检验应用较普遍。

由于宏观检验方法简单、直观，不需要特殊设备，所以是目前钢铁厂用来控制钢的质量的最普遍、最常用的方法之一。

钢中的宏观缺陷种类很多，主要有疏松、偏析、白点、缩孔、裂纹、非金属夹杂、气泡及各种不正常断口。这些缺陷大多是在钢锭的浇注、结晶和热加工过程中形成的。宏观检验就是通过不同的方法，使这些缺陷暴露、显现，进一步进行鉴别、评定。

宏观检验的方法有多种，各种方法都有着它们各自的特点、各自适用的范围，如酸浸试验对疏松、偏析、流线、裂纹等最合宜；断口试验最容易发现白点、过热、过烧；塔形发纹检验，一般用于有特殊用途的材料或高级优质材料上，用来检测它们在各个部位上的发纹多少和分布；硫印试验是用来测定钢锭或钢材上硫的分布的，同时也可以间接地对其他元素的分布概况和趋势进行推测。

1. 酸浸检验

酸浸检验：钢的宏观缺陷大多数是在钢的浇注、结晶过程中形成的。钢锭在浇注过程中，将一些非冶炼产物，如耐火材料、外来金属、熔渣带入锭内；在冷凝结晶过程中，由于结晶条件的不同和选择结晶的结果，造成了钢中的不均匀性和某些缺陷，这种不均匀和缺陷在酸浸剂的作用下，反应的快慢各不相同；因此在酸浸试样上出现各种孔洞、条痕和区域变色等明显的浸蚀特征，使得许多缺陷，如疏松、偏析、气泡、裂纹、白点、夹杂物等一一被显现出来。

从钢锭纵剖面上，可以看出三个不同的结晶区域和一些较明显存在的宏观缺陷区域，如图 3-16 所示。

（1）急冷层—细小等轴晶区。钢水注入钢锭模后，炽热的钢液与温度很低的模壁接触，使这一部分钢液受到强烈的冷却，温度急剧下降，在很大过冷度的情况下结晶异常迅速，临界晶核尺寸很小，成核速度大大超过晶粒的成长速度，因此在钢锭的外围，形成了一层很薄的细小等轴晶。但这一过程十分短暂，随着锭模的温度上升，随着锭模膨胀和钢锭的收缩, 在模壁和钢锭之间出现了空隙, 使散热条件变坏。至此, 细小等轴晶停止生成, 急冷层就停止增厚了。

(2) 柱状晶区。如上所述, 随着模壁和钢锭之间间隙的出现, 散热条件变差, 细小等轴晶停止出现。此时, 结晶速度变慢, 晶体开始沿着散热方向相反的方向成长 (即从模壁向中心方向成长), 形成了柱状晶区。在柱状晶定向成长过程中, 不断把一些夹杂、气体、低熔点组元推向液相, 推向中心, 因此在柱状晶核液相的分界面上, 出现了一个富集着大量夹杂、气体、低熔点组元的偏析区域, 其区域形状随界面的形状而异, 实质也就是随着锭模的形状而异。这就是后面讲到的方框形偏析产生的原因。

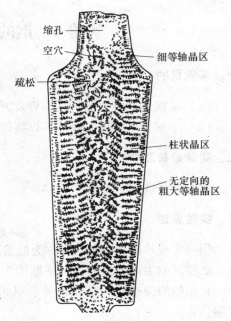

图 3-16　钢锭结构纵剖图

(标注: 缩孔、空穴、疏松、细等轴晶区、柱状晶区、无定向的粗大等轴晶区)

(3) 等轴晶区。随着钢液结晶的进一步发展, 钢液温度逐渐下降。锭模和整个浇注场地的温度不断升高, 使散热速度越来越慢, 柱状晶的生长速度也逐渐减慢, 最后完全停止生长。此时, 中心部位的钢液温度均匀地降到熔点以下, 钢液中间同时成核并长大。由于过冷度很小, 晶核的出现数量较少, 而四周温度又基本趋于一致, 故晶核向四周均匀长大, 形成了比急冷层中的细等轴晶大得多的粗大等轴晶区。

从结晶区域来讲, 就是以上三个。另外, 在钢锭中还会出现一些必然要出现的缺陷区域。

(4) 缩孔区。镇静钢锭模中的钢水, 其结晶凝固的进程, 总的讲来是沿着从外向内, 从下向上这一方向进行的, 最后凝固部分 (钢锭的上部, 即靠近冒口的部分), 由于钢液冷凝收缩后得不到足够的钢液的补充, 以致形成大的、集中的收缩孔洞, 这就是缩孔。缩孔区域是不可避免、必然出现的。人们只能通过各种途径 (例如采用发热冒口, 采取补缩工艺) 使缩孔区域尽量缩小, 尽量集中。在以后的轧制过程中, 务求切除干净, 使其不在成品钢材中出现。

(5) 空穴区。也是由于冷凝过程中钢液得不到补足而形成的。它是在小区域内得不到补足的结果, 因而形成的空穴较小。它一般出现在钢锭上部的缩孔下面, 最后在钢材中出现的就是缩孔残余 (缩残)。

(6) 疏松区。疏松区是微区域内最后冷凝部分。从整个钢锭来看, 最后冷凝部分是在上部、接近冒口处, 以致最后形成集中的孔洞和空穴; 但从局部和微区来看, 冷凝时, 在树枝晶的一、二、三次轴间存在少量的尚未凝固的钢液, 这些微量的钢液冷凝收缩时, 由于整个锭内钢液很黏稠, 加上各次晶轴的阻碍, 无法再得到钢液补充, 同时由于选择结晶的结果, 致使最后形成富集着气体、夹杂、偏析组元的一些组织不是很致密的孔隙, 这就是疏松。从某种意义上来讲, 疏松就是一些显微缩孔, 其形成机理与缩孔是类似的, 只是在对钢材性能的影响上, 不能类比和等同, 量的差异导致质的变化。缩孔是不允许存在的缺陷，必须切除干净；疏松是允许出现的现象，只要将级别控制在一定范围内，则对钢的质量和性能无太大的影响。

2. 热酸浸试验设备

热酸浸试验所需的设备比较简单，主要包括四个组成部分：酸洗槽（用作盛酸和浸蚀试样的容器）、加热设备（用来加热酸浸液和试样）、抽风设备、吹风设备（用于吹过酸浸试样表面的水分）。

酸浸试样取样应具有代表性。如缩孔、疏松、气泡、偏析等缺陷，易出现于钢锭上部、冒口下方；二次缩孔、孔穴则出现在缩孔下方，离冒口有一定距离的地方；在上大下小的钢锭底部，也易出现黑斑、硅酸盐夹杂和气泡。一般来讲，钢锭中接近冒口的部位缺陷很多，中间部位次之，尾部最少。

酸浸试样截取样坯的方法、手段较多，如手工锯、砂轮切割、热锯、烧割、剪切等。但在制备试样过程中，温度不能过高、速度不能过快，同时酸浸试样的检验面必须进行精加工，使之达到一定的表面粗糙度。

（1）浸蚀温度的控制。浸蚀温度对酸浸结果有着很大影响。温度过高，浸蚀激烈，试样受蚀严重，而且使整个试验面普遍地受到强腐蚀，包括缺陷部分和正常基体部分，而不是像温度适中时那样，仅仅缺陷部分受蚀较重，基体部分较轻，因而缺陷显现层次分明。由于温度太高而造成的过腐蚀将降低甚至失去鉴别判断能力，使检验无法进行。另外，温度过高，浸蚀液挥发也激烈，操作条件恶化。温度过低，反应太慢，使浸蚀时间延长，对浸蚀后的清晰度也有影响。一般加热温度以控制在 65~80℃ 为好，其上下限根据钢种不同、试样大小、酸的新旧等因素而适当地选择确定。

（2）浸蚀时间的控制。加热时间没有严格的规定，主要因钢种不同而异。通常碳素结构钢采用 15~20min，其他钢种 15~40min 不等。另外，加热时间也与试样的大小、酸液的新旧、温度的高低等因素有关。

（3）热酸浸试验的操作。将车光磨光的试样表面，用四氯化碳等有机溶剂清除油污，擦洗干净。然后按不同种类的钢种，并按尺寸大小排列，先后放入盛有浸蚀液的酸槽内，利用蒸气或电加热的方法进行加热，一般加热到 65~80℃ 进行保温浸蚀，直到宏观组织能够清晰显现为止。取出试样，在 70~80℃ 的流动热水下用毛刷刷洗试样，将表面腐蚀产物完全刷掉。当腐蚀产物刷净后，立即用热风吹干，即可进行检查和评级。

如果试样刷洗干净后，发现受蚀程度不足，组织尚未清晰显现，可以而且应该再放至酸浸槽中继续浸蚀，直到受蚀程度合适为止。反之，如果取出后，发现试样已腐蚀过度，这时必须将试样表面重新加工，加工时至少将浸蚀过度的检验面去掉 1mm 以上，然后重新进行浸蚀。

3. 金属材料中常见的宏观组织和缺陷

根据《钢的低倍组织及缺陷酸蚀检验法》（GB/T 226—2015），《结构钢低倍组织缺陷评级图》（GB/T 1979—2001），金属材料中常见的组织和缺陷有：

（1）一般疏松。一般疏松在横向酸洗试片上呈暗黑色和小孔隙，孔隙呈不规则多边形，底部呈尖狭凹坑，严重时有连接或海绵状的趋势。一般疏松可以出现在酸洗面的各个部位，通常在偏析区、偏析斑点内出现较多（见图3-17）。

（2）中心疏松。在横向酸洗试片上，中心疏松出现在轴心部位的组织不致密，呈暗黑色海绵状小点和孔隙。与一般疏松的分布部位不同，表现特征也不完全一样，它是以钢锭冷凝收缩时得不到补充而形成的孔隙为主的疏松（见图 3-18）。

图 3-17　一般疏松　　　　　　　　　　　　图 3-18　中心疏松

（3）方框形偏析（见图 3-19）。在横向试片上，偏析呈组织不致密的、易腐蚀的暗黑色闭合方框，框上经常伴随有暗黑色的斑点，方框经常出现在钢材横截面半径的 1/2 处，其形状与钢锭模的形状和钢坯热加工时的变形程度有关。

方框形偏析主要是一种区域偏析，框中出现较多的不规则疏松孔洞，整个方框略呈凹陷，这是由于该处富集较多的硫、磷、碳等低熔点组成物和杂质，酸浸后溶蚀而造成的。

（4）点状偏析。点状偏析也是偏析的一种，表现为在横向试片上出现分散的一个个斑点。斑点一般较大，颜色较深，呈圆形、椭圆形或瓜子形，点略微凹陷，斑点与基体主要是色泽上有差异。但有时在点的旁边会伴有微小裂纹，它实质是轧制过程中未焊合的气泡。斑点分布在截面的各个部位。若在横截面上呈一般分布，则称一般点状偏析（见图 3-20）；分布在横截面边缘的，称为边缘点状偏析；在纵截面上，点状偏析是沿轧制方向延伸的暗色条带。

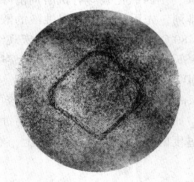 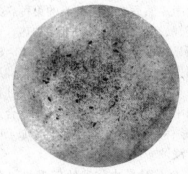

图 3-19　方框形偏析　　　　　　　　　　　图 3-20　点状偏析

（5）残余缩孔（见图 3-21）。缩孔形成的原因已如前述。其表现特征是：在横向试片的轴心部位，呈不规则的空洞或裂缝，空洞、裂缝中往往残留着外来夹杂物，周围疏松严重，夹杂也较多，残余缩孔严重时，甚至可以贯穿整个试片的正反面。呈裂缝状的缩孔与锻造裂缝的区别，主要看裂缝旁是否伴有夹杂和严重疏松，缩孔周围一般总有许多夹杂和疏松的。

由于残余缩孔的周围，聚集着大量夹杂和气体，对钢材的质量和性能有很大的影响，因此属不允许存在缺陷。一旦发现，必须加大切头率，然后重新取样，甚至残余缩孔切尽为止。

（6）外来非金属夹杂（见图 3-22）。在冶炼和浇注过程中，由物理化学反应而生成的细小非金属夹杂，因颗粒十分细小弥散，宏观检验时是不易发现的。此处所指外来非金属夹杂，主要是指耐火材料、炉渣及其他非金属夹杂物，它们是炼钢时生成的炉渣、剥落到钢液中的炉衬和浇注系统中的耐火材料等，在钢锭凝固时没有来得及浮出，最后被凝结于钢锭中形成的。

夹杂对金属的影响很大，它破坏了金属的连续性，在热加工过程中易造成裂纹，若出现在制成的零件中则成为隐患，极易引起疲劳断裂或造成其他重大事故。故根据国家标准，属不允许存在缺陷。

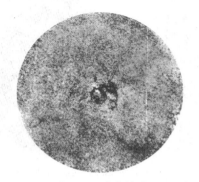 

图 3-21　残余缩孔　　　　　　　　　图 3-22　外来非金属夹杂

（7）翻皮（见图 3-23）。翻皮是浇注操作不当而引起的。在下注法的浇注过程中，钢液上升速度控制不当、失稳，使钢锭模内上升的钢流冲破钢液表面半凝固的膜，将它卷入钢液里并最后凝固在钢锭中。因为浇注时钢液表面氧化层和覆膜中，聚集着大量炉渣、夹杂，故翻皮处夹杂也特别严重。

翻皮的形态特征是：在横向试片上出现颜色和周围不同的、灰白色或暗黑色的、聚集着大量夹杂的不规则条带。有时条带上可以出现肉眼可见的炉渣或耐火材料夹杂。翻皮可以在钢锭的任何部位出现，也可以任何形状和大小存在。

由于翻皮破坏了钢材的连续性，又由于翻皮中集聚着大量夹杂，使钢材局部严重污染、材质大大下降，故属不允许存在缺陷。

（8）白点（见图 3-24）。白点在横向试片上表现为锯齿状的裂缝，这些裂缝一般呈辐射状分布，或呈不规则分布。白点在淬火或调质状态的纵向端口上，呈圆形或椭圆形银色粗晶斑点，故称之为白点。白点一般集中在钢坯和锻件的内部。而在距表皮 20~30mm 的表层，很少被发现。通常在 Cr、Ni、Mn 的合金钢中最易出现此缺陷。碳素结构钢中也时有出现。而奥氏体、铁素体、莱氏体钢中，均不出现白点。

（9）轴心晶间裂纹（见图 3-25）。轴心晶间裂纹的特征是在横向试片的轴心部位呈蛛网状或放射状的细小裂纹，裂纹沿枝状组织各主、枝干间发展。仔细观察，小裂纹由许多细小的孔洞排列组成。显微观察，该裂纹处有较多氧化物夹杂。一般该种缺陷发生在枝晶组织严重的镍、铬钢打锻件和大尺寸钢坯中。

图 3-23　翻皮

图 3-24　白点

轴心晶间裂纹产生的原因，与钢锭冷凝时收缩应力有关。钢锭中心部位富集有较多的气体、夹杂。晶界是比较脆弱的，在钢锭冷凝的后期，边缘部位由于收缩而对中心产生很大的拉应力，使中心部位沿着脆弱的晶界形成裂纹。

轴心晶间裂纹破坏了金属的连续性，对钢材的质量有严重的影响，属不允许存在的缺陷。

四、实验方法与步骤

（1）取样，在试样上所测部位选取有代表性的区域。

（2）加工，包括切割、切削加工出观察的端面。

图 3-25　轴心晶间裂纹

（3）腐蚀，在 $V_{盐酸}:V_{水}=1:1$（体积比）混合溶液中进行腐蚀，注意保持通风良好。

（4）清洗，对腐蚀后的试样在清水中进行清洗，并进行吹干。

（5）宏观观察，用不大于 10 倍的放大镜进行观察分析。

五、注意事项

（1）检验面必须向上，酸液面应高于试样面 10mm 左右。如果检验面垂直放置，在两块试片检验面间和槽壁与检验面间要保持适当的间距，以 10mm 左右为好。

（2）放置、取出、洗刷样品时，千万不要让橡皮手套触及检验面，否则极易留下难以去除的痕迹。

（3）洗刷干净后吹干待评的样品检验面，应保持干净和干燥，勿用手去触及。

（4）如果发现表面有污痕，应放回酸槽略加浸蚀再刷。

（5）注意通风，防止吸入腐蚀性气体。

（6）避免烫伤。

六、实验报告要求

（1）每人一份实验报告，报告应包括实验目的、实验原理、实验设备和材料、实验方法与步骤、实验结果与分析。

（2）简述宏观分析方法。

（3）简述钢的宏观缺陷。

七、思考题

（1）宏观分析方法有几种？

（2）断口分析适用于哪些材料，包括哪些分析内容？

（3）钢的宏观组织缺陷有哪些？

实验 5　非金属夹杂物鉴别

一、实验目的

（1）了解钢中常见的各种非金属夹杂物。

（2）熟悉钢中非金属夹杂物形貌、特性。

（3）掌握使用 TIGER 3000 金相图像分析系统鉴定钢中非金属夹杂物及评级。

二、实验设备及材料

奥林巴斯 GX71 金相显微镜，TIGER 3000 金相图像分析系统，金相试样。

三、实验原理

1. 非金属夹杂物的产生

钢中非金属夹杂物根源可分两大类，即外来非金属夹杂物和内生非金属夹杂物。外来非金属夹杂物是钢冶炼、浇注过程中炉渣及耐火材料浸蚀剥落后进入钢液而形成的，内生非金属夹杂物主要是冶炼、浇注过程中物理化学反应的生成物，如脱氧产物等等。常见的内在非金属夹杂物有以下几种：（1）氧化物，常见的为 Al_2O_3；（2）硫化物，如 FeS、MnS、MnS·FeS 等；（3）硅酸盐，如硅酸亚铁（$2FeO·SiO_2$）、硅酸亚锰（$2MnO·SiO_2$）、铁锰硅酸盐（$mFeO·MnO·SiO_2$）等；（4）氮化物，如 TiN、ZrN 等；点状不变形夹杂物等。

夹杂物的形态在很大程度上取决于钢材压缩变形程度，因此，只有在经过相似程度变形的试样坯制备的截面上才可能进行测量结果的比较。

用于测量夹杂物含量试样的抛光面面积应约为 $200mm^2$（$20mm×10mm$），并平行于钢材纵轴，位于钢材外表面到中心的中间位置。

取样方法应在产品标准或专门协议中规定。对于板材，检验面应近似位于其宽度的四分之一处。如果产品标准没有规定，取样方法如下：

直径或边长大于 40mm 的钢棒或钢坯，检验面为钢材外表面到中心的中间位置的部分径向截面（见图 3-26）；直径或边长大于 25mm、小于或等于 40mm 的钢棒或钢坯，检验面为通过直径的截面的一半（由试样中心到边缘）（见图 3-27）；直径或边长小于或等于

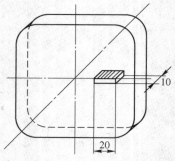

图 3-26　直径或边长大于 40mm
的钢棒或钢坯的取样

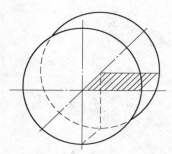

图 3-27　直径或边长为 25～40mm
钢棒或钢坯的取样

25mm 的钢棒，检验面为通过直径的整个截面，其长度应保证得到约 200mm² 的检验面积（见图 3-28）；厚度小于或等于 25mm 的钢板，检验面位于宽度 1/4 处的全厚度截面（见图 3-29）；厚度大于 25mm、小于或等于 50mm 的钢板，检验面为位于宽度的 1/4 和从钢板表面到中心的位置，检验面为钢板厚度的 1/2 截面（见图 3-30）。

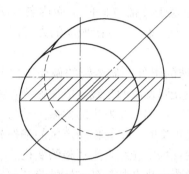

图 3-28　直径或边长小于 25mm 钢棒的取样

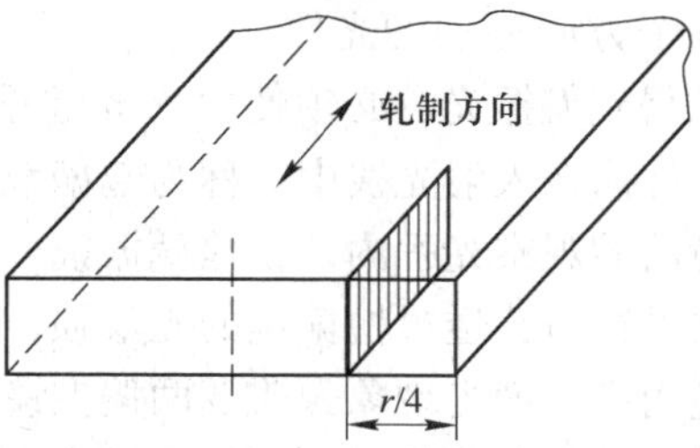

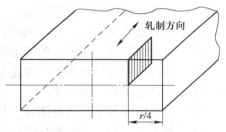

图 3-29　厚度不大于 25mm 钢板的取样

2. 非金属夹杂物评级原理

将所观察的视场与本标准图谱进行对比，并分别对每类夹杂物进行评级。这些评级图片相当于 100 倍下纵向抛光平面上面积为 0.50mm² 的正方形视场。

根据夹杂物的形态和分布，标准图谱分为 A，B，C，D 和 DS 五大类。

这五大类夹杂物代表最常观察到的夹杂物的类型和形态：

图 3-30　厚度为 25～50mm 钢板的取样

A 类（硫化物类）：具有高的延展性，有较宽范围形态比（长度/宽度）的单个灰色夹杂物，一般端部呈圆角；

B 类（氧化铝类）：大多数没有变形，带角的，形态比小，黑色或带蓝色的颗粒，沿轧制方向排成一行（至少有 3 个颗粒）；

C 类（硅酸盐类）：具有高的延展性，有较宽范围形态比，单个呈黑色或深灰色夹杂物，一般端部呈锐角；

D 类（球状氧化物类）：不变形，带角或圆形的，形态比小，黑色或带蓝色的，无规则分布的颗粒；

DS 类（单颗粒球状类）：圆形或近似圆形，直径大于 $13\mu m$ 的单颗粒夹杂物。

3. 金相法检验夹杂物的原理方法

利用金相法检验夹杂物时常采用下列三种不同的照明。

（1）明场照明。明场照明时通过目镜观察的视场是明场。可以通过观察夹杂物的形状、分布、大小、数量等项目来识别夹杂物的类型。通常鉴定夹杂物时，首先按照要求取样，并制备优质金相试样，然后进行低倍观察以获得衬度鲜明的象，并依据纵横两个简明截面的观察结果，区分夹杂物是属于分散分布或成群分布等形态，低倍观察后再进行高倍观察，研究夹杂物的大小、形状、色泽等。

（2）暗场照明。暗场照明时通过目镜观察的现场基本上是黑暗的，仅在磨痕、坑洞、夹杂物等表面不平处，因光线漫反射有一部分可以进入物镜成像，所以可以看到一些明亮的象映衬在黑暗的视场内。在暗场下因为没有金属表面反射光的混淆和遮盖，我们可以辨别夹杂物的透明度以及透明夹杂物的固有色彩。

（3）偏振光照明。从物理学知道，自然光是在垂直于传播方向的平面内各个方向的振动都相等的光，而偏振光则是仅在垂直于传播方向的平面一个方向振动的光或以不等振幅在各个方向振动的光。

欲得到偏振光，必须使自然光起偏，为此需要特殊的附件。显微镜的偏光附件共有两件，一件插在入射光线中，称为起偏镜，它的作用是使光源发出的光线变成偏振光；一件放在目镜前的观察光程内，称检偏振镜，用来检查偏振光。当偏振光发出的偏振光轴与检偏镜的光轴平行时，透过检偏镜的光最强，当两个光轴垂直正交时，由起偏镜产生的偏振光不过检偏镜而产生消光现象，改变两偏振镜的交角，就会使视场中光线发生明暗的变化。

采用偏振光照明时，可以辨明夹杂物的透明度与色彩、夹杂物的各向同性与各向异性。

四、实验方法与步骤

（1）制备金相试样（无需腐蚀）。
（2）打开金相显微镜，开启电脑，启动 TIGER 3000 金相图像分析系统软件。
（3）启动软件后，在弹出的对话框中选择"视频采样"及"级别评定"。
（4）在弹出的对话框中选定评定标准。
（5）选择物镜放大倍数 10 倍，试样置于显微镜上。
（6）在电脑屏幕上调清楚图像并找到需要评定的夹杂物。
（7）点击"采样"，在弹出的菜单中选择"图像处理"。
（8）在弹出的对话框中选择"二值化处理"、"灰度处理"，调整到合适。
（9）点击"自动评级"，完成评级。

五、注意事项

（1）评定非金属夹杂物时试样不要腐蚀。
（2）注意区分硫化物夹杂和硅酸盐夹杂，不要混淆。
（3）试样必须干净，否则一些脏东西会被误认为是夹杂物。

六、实验报告要求

（1）每人一份实验报告，报告应包括实验目的、实验原理、实验设备和材料、实验方法与步骤、实验结果与分析。
（2）对观察到的非金属夹杂物进行评级分析。
（3）指出试验过程中存在的问题，并提出相应的改进方法。

七、思考题

（1）观察钢中非金属夹杂物时，如何取样？
（2）非金属夹杂物如何进行评级？

实验6　结　晶　实　验

一、实验目的

学会由 $Pb(NO_3)_2$ 溶液的结晶过程，印证金属结晶的一般情况。

二、实验设备及材料

生物显微镜，酒精灯（或家用电炉），烧杯，饱和 $Pb(NO_3)_2$ 溶液，玻璃片，石棉网，玻璃棒。

三、实验原理

大多数金属材料在生产过程都会经历熔炼过程，熔炼后的金属在冷却过程中会发生结晶转变，结晶过程的控制将影响结晶后的组织与性能。因此，有必要研究金属的结晶过程及结晶后的组织。

从宏观上看，金属结晶过程都经历了晶核的形成和晶核的长大两个过程。晶核的形成与金属本性以及冷却条件有关，通常分为均匀形核和非均匀形核，实际生产中大多是非均匀形核。当液态金属过冷至理论结晶温度以下的实际结晶温度时，晶核并未立即长出，而是经一定时间后才开始出现第一批晶核。结晶开始前的这段停留时间称为孕育期。随着时间的推移，已形成的晶核不断长大，与此同时，液态金属中又产生第二批晶核。依次类推，原有的晶核不断长大，同时又不断产生新的第三批、第四批晶核……就这样液态金属中不断形核，不断长大，使液态金属越来越少，直到各个晶体相互接触，液态金属耗尽，结晶过程便告结束。由一个晶核长成的晶体，就是一个晶粒。由于各个晶核是随机形成的，其位向各不相同，所以各晶粒的位向也不相同，这样就形成一块多晶体金属。如果在结晶过程中只有一个晶核形成并长大，那么就形成一块单晶体金属。

晶核的生长过程与液固界面前沿的温度梯度以及液固界面的结构有关。如果是粗糙界面，晶核会以垂直长大的方式生长，如果是光滑界面，则会横向生长（台阶生长）。当液固界面前沿为正温度梯度时，晶粒是平面状生长，负温度梯度时则以树枝状方式长大，得到树枝晶。

金属结晶后的组织通常称为铸态组织，典型的铸态组织由三个区域组成：表面细晶区、柱状晶区、中心等轴晶区。每个晶区有不同的性能特点。

由于多数金属有较高的熔点，且金属不透明，很难直接观察结晶过程中金属内部的变化。因此，在实验室常用盐类的过饱和溶液来模拟金属的结晶的过程。

在玻璃片上滴上一滴接近饱和的硝酸铅溶液，就可以放在生物显微镜下观察它的结晶过程。随着液体的蒸发，溶液逐渐变浓而达到饱和，由于液滴边缘处最薄，因此蒸发得最快，结晶过程将从边缘开始向内扩展。

结晶的第一阶段是在液滴的最外层形成一层细小的等轴晶体，这是由于液滴外层较薄，蒸发很快，在短时间内生成大量晶核之故。

结晶的第二阶段是形成较为粗大的柱状晶体，其成长的方向是伸向液滴的中心，这是由于此时液滴的蒸发已比较慢，而且液滴的饱和顺序也是由外向里的。最外层的细小等轴晶只有少数的位向有利于向中心生长，因此形成了比较粗大的、带有方向性的柱状晶。

结晶的第三阶段是在液滴的中心部分形成不同方向的等轴枝晶。这是由于液滴的中心此时也变得较薄，蒸发也较快，同时溶液的补给也不足，因此可以看到明显的枝晶组织。

由以上叙述可以看出，盐液滴由于蒸发而进行的结晶过程及所得的结晶组织与铸锭的结晶过程与组织很相似。

四、实验方法与步骤

（1）取 50mL 小烧杯一只，加水适量，倒入过量 $Pb(NO_3)_2$，搅拌使其尽量溶解。

（2）将烧杯置于一电炉加热，使未溶的 $Pb(NO_3)_2$ 继续溶解。

（3）取一载玻片，用玻璃棒将热的 $Pb(NO_3)_2$ 溶液滴在玻片上（液滴不宜太小太厚），将玻璃片放在生物显微镜的样品台上，使物镜对准液体边缘，然后旋动粗调螺丝。调节焦距，而后再转动微调螺丝，使成像清晰，并移动样品，由边缘逐步向里观察结晶。

（4）由于溶液的边缘蒸发较快，故边缘处溶液首先达到饱和；结晶即由此处开始，又由于该处过饱和度甚大，产生大量核心，因而得到等轴结晶区（相当于钢锭的第一带）。

（5）由于第一带向内过饱和度较小，产生核心数量小，但其长大速度甚大，因而生长柱状晶带，且其方向垂直于液滴边缘（相当于钢锭第二带）。

（6）最后溶液中心蒸发，产生方向混乱的、粗大的树枝状晶体（因这时已无足够的 $Pb(NO_3)_2$ 充填，故不能得到完整的晶粒）。

五、注意事项

（1）在调整显微镜过程中，不可使用物镜触及 $Pb(NO_3)_2$ 溶液或其晶体，因此在观察溶液结晶时，应先以粗调螺丝将物镜移到接近试样表面的位置，但切勿与试样接触；然后以粗调节螺丝缓慢地将物镜上移，到呈现出像时，再用细调节螺丝调节到清晰可见时为止。

（2）为了使结晶速度大些，可以将滴有溶液的玻璃片置于电炉上（或酒精灯上）加热片刻（约 1min 左右），烘烤时间不可太久，不得将溶液烘干，或者将玻璃片加热后再滴 $Pb(NO_3)_2$ 溶液。

（3）避免烫伤。

六、实验报告要求

（1）每人一份实验报告，报告应包括实验目的、实验原理、实验设备和材料、实验方法与步骤、实验结果与分析。

（2）绘出一滴 $Pb(NO_3)_2$ 结晶后的组织图，并注明结晶物质名称及放大倍数。组织图画在直径为 30mm 左右的圆内，并将各结晶带的名称以箭头引出标明。

（3）指出试验过程中存在的问题，并提出相应的改进方法。

七、思考题

（1）铸锭三带形成的原因是什么？

（2）如何使铸锭组织有利于形成细小的等轴晶粒？

（3）在结晶过程中晶粒为什么呈树枝状长大，杂质对结晶过程有何影响？

实验 7   X 射线物相定性分析

一、实验目的

（1）了解 X 射线物相分析原理。

（2）掌握 X 射线衍射仪的基本操作方法。

（3）掌握 X 射线物相分析过程。

二、实验设备及材料

DX-2700 型 X 射线衍射仪，试样，带分析软件的电脑。

三、实验原理

X 射线照射晶体，电子受迫振动产生相干散射；同一原子内各电子散射波相互干涉形成原子散射波。由于晶体内各原子呈周期排列，因而各原子散射波间也存在固定的相位关系而产生干涉作用，在某些方向上发生相干干涉，即形成衍射波。X 射线通过晶体时产生的衍射现象是大量原子散射线干涉的结果。因此衍射实质上是散射波发生干涉的结果。

如图 3-31 所示，当 X 射线以 θ 角照射到原子面上，并以 β 角散射时，相距为 a 的两原子散射 X 射线的光程差为：

$$\delta = a(\cos\theta - \cos\beta) \tag{3-8}$$

当光程差为波长整数倍（$n\lambda$）时，在 β 角方向散射线干涉加强。假定原子面上所有的原子散射线同位相，即光程差 $\delta = 0$，可得 $\theta = \beta$。也就是说，当入射角与散射角相等时，一层原子面上所有散射波干涉将会加强。与可见光的反射定律类似，X 射线从一层原子面呈镜面反射的方向，就是散射线干涉加强的方向。因此，常将这种散射称为晶面反射。

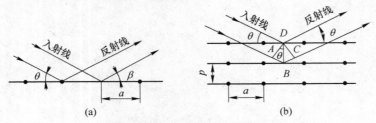

图 3-31 布拉格定律的推证

（a）一个原子面的反射；（b）多层原子面的反射

X 射线有强的穿透能力，在 X 射线作用下，晶体的散射线来自若干层原子面，除同一层原子面的散射线互相干涉外，各原子面的散射线之间还要相互干涉，如图 3-31（b）所示。现在只讨论两相邻原子面的散射波的干涉，过 D 点分别向入射线和反射线作垂线，则两束线光程差为 $\delta = AB + BC = 2d\sin\theta$（$d$ 为晶面间距）。当光程差为波长整数倍时，相邻原子面散射波干涉加强，即干涉条件为：

$$2d\sin\theta = n\lambda \tag{3-9}$$

利用 X 射线衍射仪，将获得形如图 3-32 所示的衍射花样：

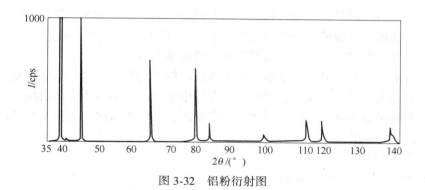

图 3-32 铝粉衍射图

描述一个衍射花样，可以用衍射峰的个数、衍射峰的位置和衍射峰的强度来描述。

由衍射原理知，物质的 X 射线衍射花样与物质内部晶体结构有关。每种结晶物质都有其特定的结构参数（晶体结构类型、晶胞大小、晶胞中原子、离子或分子的位置与数目等），因此，没有两种结晶物质会有完全相同的衍射花样。所以，根据某一待测样品的衍射花样，可以知道物质的化学成分及结晶状态。当试样为混合物时，其衍射花样为各组成相衍射花样的叠加。显然，如果事先对每种物质都测定一组面间距 d 值和相应的衍射强度（相对强度），并制成卡片，那么，在测定多相混合物的物相时，只需对待测试样测定的一组 d 值和对应的相对强度与卡片的一组 d 值和相对强度比较，一旦其中的部分线条的 d 和 $I/I1$ 与卡片记载数据完全吻合，则多相混合物就有卡片记载的物相。同理，可以对多相混合物的其余相逐一进行鉴定。

四、实验方法与步骤

（1）制备试样。

（2）开启冷却水。

（3）接通衍射仪高压。

（4）开启电脑，启动 X 射线衍射仪软件。

（5）设置测定参数（扫描方式、起始角度、扫描速度）。

（6）放入试样（粉末试样用玻璃片），开始测试，获得衍射花样。

（7）物相分析：

1）人工检索：

①从衍射花样上测量计算出各衍射线对应的面间距及相对强度。通过电脑自动采集数据并处理，可自动输出对应各衍射峰的 d、I 数值表。

②若已知被测样品的主要化学成分时，利用字母索引查找卡片，在包括主元素的各物质中找出三强线符合的卡片号，取出卡片，核对全部衍射线，一旦符合，便可定性。

③在试样组成元素未知的情况下，利用数字索引进行定性分析。从前反射区（$2\theta <$ 90°）中选取强度最大的三根衍射线，并使其 d 值按强度递减的次序排列，又将其余线条之值按强度递减顺序排列于三强线之后。

④从 Hanawalt 索引中找到对应的 $d1$（最强线的面间距）组。按次强线的面间距 $d2$ 找到接近的几行。在同一组中，各行系按 $d2$ 递减顺序安排，此点十分重要。检查这几行数

据其 $d1$ 是否与实验值很接近。得到肯定之后再依次查对第三强线，第四、第五直至第八强线，并从中找出最可能的物相及其卡片号。从档案中抽出卡片，将实验所得 d 及 $I/I1$ 与卡片上的数据详细对照，如果对应得很好，物相鉴定即告完成。

⑤如果待测样数列中第三个 d 值在索引各行均找不到对应，说明该衍射花样的最强线与次强线可能不属于同一物相，必须从待测花样中选取下一根线作为次强线，并重复④的检索程序。当找出第一物相之后，可将其线条剔出，并将残留线条的强度归一化，再按程序③~④检索其他物相。

2）计算机检索：

①启动 JADE 软件，读入数据。

②选择物相类型，输入试样可能存在的元素。

③检索。

④确定物相。

五、注意事项

（1）测衍射花样时，注意电磁辐射。

（2）开启衍射仪前，先开冷却水。

（3）试样要打磨清洗干净。

（4）试样不能有残余应力，以免衍射峰漂移，导致无法分析。

六、实验报告要求

（1）每人一份实验报告，报告应包括实验目的、实验原理、实验设备和材料、实验方法与步骤、实验结果与分析。

（2）标定衍射峰所属物相。

（3）简述物相鉴定的依据和 PDF 卡片所包含的内容。

（4）指出试验过程中存在的问题，并提出相应的改进方法。

七、思考题

（1）X 射线物相分析的基本原理？

（2）X 射线物相分析与 X 射线成分分析有何区别？

实验 8　X 射线物相定量分析

一、实验目的

（1）了解 X 射线物相定量分析原理。

（2）掌握 X 射线物相定量分析方法。

二、实验设备及材料

DX-2700 型 X 射线衍射仪，待分析样品。

三、实验原理

如果不仅要求鉴别物相种类，而且要求测定各物相相对含量，就必须进行定量分析。物相定量分析的依据是：各相衍射线的强度，随该相含量的增加而提高。由于试样对 X 射线的吸收，使得"强度"并不正比于"含量"，而须加以修正。定量分析常用的方法有外标法、内标法和 K 值法。

1. 外标法

本法是将所测物相的纯相物质单独标定，通过测量混合物样品中欲测相（j 相）某根衍射线条的强度并与纯 j 相同一线条强度对比，即可定出 j 相在混合样品中的相对含量。

若混合物中所含 n 个相，其线吸收系数 μ 及密度 ρ 均相等（同素异构物质就属于这一情况），根据式（3-10），某相的衍射强度 I_j 将正比于其质量分数 ω_j。

$$I_j = C\omega_j \tag{3-10}$$

式中　C——新的比例系数。

如果试样为纯 j 相，则 $\omega_j = 1$，此时 j 相用以测量的某根衍射线的强度将变为 $(I_j)_0$，因此有：

$$\frac{I_j}{(I_j)_0} = \frac{C\omega_j}{C} = \omega_j \tag{3-11}$$

式（3-11）表明，混合样中 j 相与纯 j 相同一根线条强度之比，等于 j 相的质量分数。按照这一关系可进行定量分析。

此法比较简易，但准确度较差。

2. 内标法

若待测样品中含有多个物相，各相的质量吸收系数又不同，则定量分析常采用内标法。该法将一种标准物掺入待测样中作为内标，并事先绘制定标曲线。本法是一种最一般、最基本的方法，但手续较繁琐，在实际使用中常使用该法的简化方法。内标法仅限于粉末样品。

要测定 j 相在混合物中的含量，须掺入标准物质 S 组成复合样品，j 相某根衍射线的强度为：

$$I_j = \frac{AC_j f_j'}{\mu} \tag{3-12}$$

式中，f'_j 为 j 相在复合样品（掺入 S 相后）中的体积分数。

若要求取 j 相的质量分数，尚需要考虑 j 相的密度：

$$I_j = \frac{AC_j\omega'_j}{\rho_j\mu} \tag{3-13}$$

式中，ρ_j 为 j 相的密度；ω'_j 为 j 相在复合样品中的质量分数。

标准相 S 的衍射强度亦可按同理求出：

$$I_S = \frac{AC_S\omega'_S}{\rho_S\mu} \tag{3-14}$$

式中，ω'_S 为标准相 S 在复合样品中的质量分数。

式（3-13）除以式（3-14）得：

$$\frac{I_j}{I_S} = \frac{C_j\rho_j\omega'_j}{C_S\rho_S\omega'_S} \tag{3-15}$$

j 相在原混合样（未掺入 S 相）中的质量分数为 ω_j，S 相占原混合样的质量分数为 ω_S，它们与 ω'_j 和 ω'_S 的关系分别为：

$$\omega_j = \frac{\omega'_j}{1 - \omega'_S}, \quad \omega_S = \frac{\omega'_S}{1 - \omega'_j}$$

以此关系代入式（3-16），得：

$$\frac{I_j}{I_S} = \frac{C_j\rho_j\omega_j}{C_S\rho_S\omega_S} \tag{3-16}$$

对于 S 相含量恒定，j 相含量不同的一系列复合样，C_j、ρ_j、C_S、ρ_S、ω_S 皆为定值，式（3-17）可写成：

$$\frac{I_j}{I_S} = K\omega_j \tag{3-17}$$

式（3-17）为内标法的基本方程，I_j/I_S 与 ω_j 呈线性关系，直线必过原点。$K = C_j\rho_j/(C_S\omega_S\rho_S)$ 为直线的斜率。

I_j 及 I_S 可通过实验测定，如直线斜率 K 已知，则 ω_j 可求。

内标法的直线斜率 K，用实验方法求得。为此，要配制一系列样品，测定并绘制定标曲线。即配制一系列样品，其中包含质量分数不同的欲测相以及恒定质量分数的标准相，进行衍射分析，把试样中 j 相的某根衍射线强度 I_j 与掺入试样中含量已知的 S 相的某根衍射强度 I_S 相比 I_j/I_S，作 I_j/I_S–ω_j 曲线。应用时，将同样质量分数的标准物掺入待测样中组成复合样，并测量该样品的 I_j/I_S，通过定标曲线即可求得 ω_j。图 3-33 的定标曲线用于测定工业粉尘中的石英含量。制作曲线时系采用 20% 萤石粉末作为标准物质。

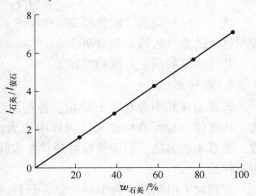

图 3-33　用于测定工业粉尘中的石英含量的定标曲线

在应用内标曲线测定未知样品 j 相含量时，加入样品之内标物质种类及含量、j 相与 S 相衍射线条的选取等条件都要与所用定标曲线的制作条件相同。制作定标曲线比较麻烦，且通用性不强。内标法特别适用于物相种类比较固定且经常性的样品分析。

3. K 值法

内标法是传统的定量分析方法，但存在较严重的缺点。首先是绘制定标曲线时需配制多个复合样品，工作量大，且有时纯样很难提取。其次是要求加入样品中的标准物数量恒定，所绘制的定标曲线又随实验条件而变化。为克服这些缺点，目前有许多简化方法，其中使用较普遍的是 K 值法，又称基体清洗法，是 1974 年提出的。

K 值法实际上也是内标法的一种，是从内标法发展而来的。它与传统的内标法相比，不用绘制定标曲线，因而免去了许多繁复的实验，使分析手续大为简化。K 值法的原理也是比较简单的，所用公式是内标法的公式演化来的。根据内标法公式（3-17），K 值法将该式改为：

$$K_S^j = \frac{C_j \rho_j}{C_S \rho_S} \tag{3-18}$$

$$\frac{I_j}{I_S} = K_S^j \frac{\omega_j}{\omega_S} \tag{3-19}$$

式（3-19）是 K 值法的基本方程。K_S^j 称为 j 相对 S 相的 K 值。K_S^j 值仅与两相及用以测试的晶面和波长有关，而与标准相的加入量无关。若 j 相和 S 相衍射线条选定，则 K_S^j 为常数。它可以通过计算得到，但通常是用实验方法求得。K_S^j 值的实验测定：配制等量的 j 相和 S 相混合物，此时 $\omega_j / \omega_S = 1$，所以 $K_S^j = I_j / I_S$，即测量的 I_j / I_S 就是 K_S^j。应用时，往待测样中加入已知量的 S 相，测量 I_j / I_S，已知 K_S^j，通过式（3-19）求得 ω_j。应用时注意，待测相与内标物质种类及衍射线条的选取等条件应与 K 值测定时相同。

K 值法尚可进一步简化，这就是参比强度法。该法采用刚玉为通用参比物质。已有众多常用物相的 K 值载于粉末衍射卡片或索引上。故不必通过计算或测试获得 K 值。某物质的 K 值即参比强度等于该物质与 $\alpha\text{-Al}_2\text{O}_3$ 等质量混合物样的 X 射线图谱中两相最强线的强度比。

当待测样中只有两个相时，做定量分析不必加入标准物质，因为这时存在以下关系：

$$\omega_1 + \omega_2 = 1$$
$$I_1 / I_2 = K_2^1 \omega_1 / \omega_2$$

于是：

$$\omega_1 = \frac{1}{1 + K_2^1 I_2 / I_1} \tag{3-20}$$

四、实验方法与步骤

（1）制备试样。
（2）开启冷却水。
（3）接通衍射仪高压。
（4）开启电脑，启动 X 射线衍射仪软件。

（5）设置测定参数（扫描方式、起始角度、扫描速度）。

（6）放入试样（粉末试样用玻璃片），开始测试，获得衍射花样。

（7）将衍射花样导入 JADE 分析软件。

（8）进行物相鉴定（建议限定元素时选择"可能有"，Search Foucs on 一栏选择 minor phase）鉴定出所有可能存在的物质，分别记为 A、B、C。

（9）在物相鉴定界面中记录最有可能存在物相的 RIR 值（K 值）。

（10）退出物相鉴定界面，进行一次图谱平滑，使用手动寻峰标记每一个峰的位置。

（11）查找 PDF 卡片，找出可能物相的 PDF 卡片。在主界面下部选择主要存在的物质。

（12）单击标题栏的"View"到"report & file"到"peak ID"，找出 I% 为 100 时的 Intensity 的值，记为 I_A（Intensity）值。

（13）对杂峰进行一次单峰检索，然后同前再次点出 peak ID report 报告。在杂峰中找出 I% 为 100（有时 I 不到 100，则选择 I% 较大的那个）的 Intensity 的值，记为 I_B（Intensity）值。

（14）使用公式（3-21），即可计算出 A、B 物质的质量分数。

$$w_A = \frac{I_A}{I_A + \dfrac{I_B}{K_A^B}} \tag{3-21}$$

其中 $\qquad K_B^A = \dfrac{K_A}{K_B}$

五、注意事项

（1）测衍射花样时，注意电磁辐射！

（3）开启衍射仪前，先开冷却水。

（3）试样要打磨清洗干净。

六、实验报告要求

（1）每人一份实验报告，报告应包括实验目的、实验原理、实验设备和材料、实验方法与步骤、实验结果与分析。

（2）获取混合物相的衍射花样并分析其含量。

（3）分析衍射强度的影响因数。

（4）指出试验过程中存在的问题，并提出相应的改进方法。

七、思考题

（1）定量分析的依据是什么？

（2）定量分析的步骤是什么？

实验9　X射线测量点阵常数

一、实验目的

（1）了解 X 射线测定点阵常数的原理。

（2）掌握 X 射线测定点阵常数的方法。

二、实验设备及材料

X 射线衍射仪，待分析试样。

三、实验原理

点阵常数是晶体物质的基本结构参数，它随化学成分和外界条件（温度和压力等）的变化而变化。点阵常数的测定在研究固态相变（如过饱和固体的分解）、确定固溶体类型、测定固溶体的溶解度曲线、观察热膨胀系数、测定晶体中杂质含量、确定化合物的化学计量比等方面都得到了应用。由于点阵常数随各种条件变化而变化的数量级很小（约为 $10^{-5}\,\mathrm{nm}$），因而通过个各种途径以求测得点阵常数的精确值就十分重要。

点阵常数通过 X 射线衍射的位置（θ）的测量而获得的。以立方晶体系为例（下同），测定 θ 后，点阵常数 a 可按式（3-22）计算：

$$a = d\sqrt{H^2 + K^2 + L^2} = \frac{\lambda\sqrt{H^2 + K^2 + L^2}}{2\sin\theta} \tag{3-22}$$

式中波长是可以精确测定的，有效数字甚至可达 7 位，对于一般的测定工作，可以认为没有误差；H、K、L 是整数，不存在误差。因此，点阵常数 a 的精确度主要取决于 $\sin\theta$ 的精度。θ 角的测定精度 $\Delta\theta$ 一定时，$\mathrm{Sin}\theta$ 的变化与 θ 的所在范围有很大关系，如图 3-34 所示。可以看出当 θ 接近 90°时，$\sin\theta$ 变化最为缓慢。假如在各种 θ 角度下 $\Delta\theta$ 相同，则在高 θ 角时所得的 $\sin\theta$ 值将比在低角时的精确得多。当 $\Delta\theta$ 一定时，采用高 θ 角的衍射线测量，面间距误差 $\Delta d/d$（对立方系物质也即点阵常数误差 $\Delta a/a$）将要减小；当 θ 趋近 90°时，误差将趋近于 0。因此，应选择接近 90°的线条进行测量。

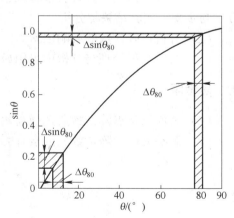

图 3-34　$\sin\theta$ 随 θ 的变化关系

但实际能利用的衍射线，其 θ 角与 90°总是有距离的，不过可以设想通过外推法接近理想状态。例如，先测出同一物质的多根衍射线，并按每根衍射线的 θ 计算出相应的 a 值，再以 θ 为横坐标，以 a 为纵坐标，将各个点连成一条光滑的曲线，再将曲线延伸使之于 $\theta=90°$处的纵轴相截，则截点即为精确的点阵参数值。

四、实验方法与步骤

（1）制备试样。

（2）开启冷却水。

（3）接通衍射仪高压。

（4）开启电脑，启动 X 射线衍射仪软件。

（5）设置测定参数（扫描方式、起始角度、扫描速度）。

（6）放入试样（粉末试样用玻璃片），开始测试，获得衍射花样。

（7）利用 JADE 软件标定每个衍射峰的晶面指数及峰位角。

（8）选择若干个衍射峰，根据式（3-23）计算出晶格常数 a 值。

（9）作 a-θ 的关系图，采用线性拟合的方法，得到式（3-23）的函数关系，外推至 90°，获得精确的点阵常数。

$$a = f(\theta) = a_0 + k\theta \tag{3-23}$$

五、注意事项

（1）测衍射花样时，注意电磁辐射！

（2）开启衍射仪前，先开冷却水。

（3）试样要打磨清洗干净。

（4）试样不能有参与应力，以免衍射峰漂移，导致测量不准。

六、实验报告要求

（1）每人一份实验报告，报告应包括实验目的、实验原理、实验设备和材料、实验方法与步骤、实验结果与分析。

（2）分析点阵常数的影响因素。

（3）实验数据处理与分析中采用最小二乘法拟合直线。

七、思考题

（1）为何测定点阵常数要选择高角度的衍射线？

（2）影响晶格点阵常数的因素有哪些？

实验 10　X 射线测量残余应力

一、实验目的

（1）了解金相试样的制备过程及金相显微组织的显示方法。

（2）掌握钢铁金相试样的制备过程及方法。

二、实验设备及材料

SmartLab-9 型 X 射线衍射仪，带残余应力的试样。

三、实验原理

残余应力是材料及其制品内部存在的一种内应力，它是指产生应力的各种因素不存在时，由于不均匀的塑性变形和不均匀的相变的影响，在物体内部依然存在并自身保持平衡的应力。金属材料及其制品在冷、热加工和合金化过程中，常产生残余应力。

X 射线应力测定原理如下：

对无织构的多晶体金属材料，在单位体积内有数量极大的、取向任意的晶粒，故从空间任意方向都能观察到任一选定的（HKL）晶面。在无应力时，各晶粒同一 {HKL} 面族间距都为 d_0。如图 3-35 所示，平行于试样表面的张应力作用于该多晶体，则与表面平行的 {HKL} 晶面（即 $\psi=0$）的面间距会缩小，而与应力方向垂直的同一 {HKL} 晶面（即 $\psi=90°$）的面间距被拉长。在上述两种取向间的同一 {HKL} 晶面间距，会因 ψ 的不同而不同。即随晶粒取向不同，ψ 从 0° 连续变到 90°，面间距改变量 Δd 将从某一负值连续变到某一正值。应力越大，面间距改变量 Δd 越大。如能找到这种变化关系，就能求出残余应力（见图 3-36）。

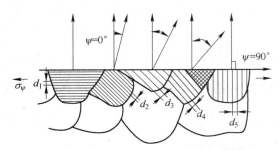

图 3-35　ψ 与同一 {HKL} 晶面间距关系

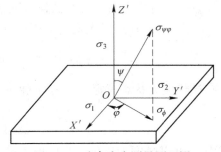

图 3-36　残余应力测量原理图

现讨论图 3-36 中工件表面任一方向的残余应力表达式。对一般金属材料，当用 Cr、Co、Cu 靶进行测定时，X 射线穿透深度仅为 $10\mu m$ 左右，故测定的是表面应力。因工件表面为自由表面，垂直于该表面的主应力 $\sigma_3=0$，而其余两个主应力 σ_1 和 σ_2 则与工件表面平行。因 $\sigma_{\psi\varphi}$ 方向的方向余弦为：

$$\begin{cases} \alpha_1 = \sin\psi\cos\varphi \\ \alpha_2 = \sin\psi\sin\varphi \\ \alpha_3 = \cos\psi = \sqrt{1 - \sin^2\psi} \end{cases} \tag{3-24}$$

式中　α——方向余弦。

故　　　　　$\sigma_{\psi\varphi} = (\sin\psi\cos\varphi)^2\sigma_1 + (\sin\psi\sin\varphi)^2\sigma_2 + (1 - \sin^2\psi)\sigma_3 \tag{3-25}$

因 $\sigma_3 = 0$，由式（3-24）得：

$$\varepsilon_3 = -\frac{\nu}{E}(\sigma_1 + \sigma_2) \tag{3-26}$$

当 $\psi = 90°$ 时，$\sigma_{\psi\varphi}$ 变成 σ_φ，由式（3-25）得：

$$\sigma_\varphi = \sigma_1\cos^2\varphi + \sigma_2\sin^2\varphi \tag{3-27}$$

因　　　　　$\varepsilon_{\psi\varphi} = (\sin\psi\cos\varphi)^2\varepsilon_1 + (\sin\psi\sin\varphi)^2\varepsilon_2 + (1 - \sin^2\psi)\varepsilon_3 \tag{3-28}$

在 $\sigma_3 = 0$ 条件下，将式（3-24）代入式（3-28）得：

$$\varepsilon_{\psi\varphi} = \frac{1 + \nu}{E}(\sigma_1\cos^2\varphi + \sigma_2\sin^2\varphi)\sin^2\psi - \frac{\nu}{E}(\sigma_1 + \sigma_2) \tag{3-29}$$

式中　ν——泊松比；

E——弹性模量。

将式（3-24）和式（3-25）代入式（3-26）得：

$$\varepsilon_{\psi\varphi} - \varepsilon_3 = \frac{1 + \theta}{E}\sigma_\varphi\sin^2\psi \tag{3-30}$$

应变可以用衍射面间距的相对变化表示，即：

$$\varepsilon_{\psi\varphi} = \frac{\Delta d}{d} = \frac{d_{\psi\varphi} - d_0}{d_0} = -\cot\theta_0(\theta_{\psi\varphi} - \theta_0) \tag{3-31}$$

式中　θ_0——无应力时（HKL）面衍射的布拉格角；

$\theta_{\psi\varphi}$——有应力时，且在试样表面法线与晶面法线之间为 ψ 角时的布拉格角。将式（3-31）代入式（3-30），得：

$$-\cot\theta_0(\theta_{\psi\varphi} - \theta_0) = \frac{1 + \nu}{E}\sigma_\varphi\sin^2\psi + \varepsilon_3 \tag{3-32}$$

在试样应力状态一定时，ε_3 不随 ψ 而变，故对 $\sin2\psi$ 求导得：

$$\sigma_\varphi = -\frac{E}{2(1 + \nu)}\cot\theta_0\frac{\partial(2\theta)}{\partial(\sin^2\psi)} \tag{3-33}$$

上式中，2θ 以弧度为单位。当以度为单位时，上式则为：

$$\sigma_\varphi = -\frac{E}{2(1 + \nu)}\cot\theta_0\frac{\pi}{180°}\frac{\partial(2\theta)}{\partial(\sin^2\psi)} \tag{3-34}$$

如令 $K_1 = -\dfrac{E}{2(1 + \nu)}\cot\theta_0\dfrac{\pi}{180°}$，$M = \dfrac{\partial(2\theta)}{\partial(\sin^2\psi)}$

则　　　　　　　　　　　　　$\sigma_\varphi = K_1 M \tag{3-35}$

式中，K_1 为应力常数，随被测材料、选用晶面、所用辐射而变化，部分材料的 K_1 值见表 3-1。

表 3-1　部分材料的 K_1 和 K_2 值

被测材料	晶体结构	X 射线	衍射晶面	衍射角 $2\theta/(°)$	$K_1\left/\dfrac{\text{kg/mm}^2}{(°)}\right.$	$K_2\left/\dfrac{\text{kg/mm}^2}{(°)}\right.$
铁素体和马氏体钢	B. C. C	Cr K$_\alpha$	(211)	156.4	−32.44	49.27
		Co K$_\alpha$	(310)	161.35	−23.51	37.10
奥氏体钢	F. C. C	Cr K$_\beta$	(311)	149.6	−36.26	52.99
铝及铝合金	F. C. C	Cr K$_\alpha$	(222)	156.7	−9.40	14.31
		Co K$_\alpha$	(420)	162.1	−7.18	11.41
		Co K$_\alpha$	(331)	148.7	−12.78	18.60
		Cu K$_\alpha$	(333)	164.0	−6.41	10.36
铜	F. C. C	Cr K$_\beta$	(311)	146.5	−25.00	36.08
		Co K$_\alpha$	(400)	163.5	−12.04	19.38
		Cu K$_\alpha$	(420)	144.7	−26.42	37.91

四、实验方法与步骤

（1）制备试样。

（2）开启冷却水。

（3）接通衍射仪高压。

（4）开启电脑，启动 X 射线衍射仪软件（Smartlab Guidance），开真空，预热。

（5）对样品做 2θ 为 $90°\sim140°$ 范围内全谱扫描。

（6）选择一个峰形较好，衍射强度高的衍射峰，分别取 $\psi=0°$，$15°$，$30°$ 和 $45°$ 扫描，保存扫描结果。

（7）测试完毕，关闭 X 射线衍射仪软件、关高压、关真空，半小时后关冷却水。

（8）打开 PDLX2 软件。

（9）点开软件左侧 Stress 按钮。

（10）点开 Load 按钮导入测试的数据，软件根据测试结果作出 $2\theta\text{-}\sin^2\psi$ 直线，算出直线斜率 M。

（11）输入被测试样的弹性模量和泊松比，则残余应力测试结果显示在软件右下侧。

（12）记录数据，关软件，关电脑。

五、注意事项

（1）测衍射花样时，注意电磁辐射！

（2）开启衍射仪前，先开冷却水。

（3）开 X 射线前，先抽真空，直到真空显示小于 200mV。

（4）试样要打磨清洗干净。

（5）测试完毕后，先关射线，再关真空，半小时后才能关冷却水。

（6）测试中选择衍射峰时，一般选择峰形好，衍射角度较好的高角度衍射峰。

（7）对不同 ψ 值进行扫描时，要用慢速度扫描。

六、实验报告要求

（1）每人一份实验报告，报告应包括实验目的、实验原理、实验设备和材料、实验方法与步骤、实验结果与分析。

（2）获取衍射花样，分析试样的残余应力。

（3）简述残余应力的分类。

（4）指出试验过程中存在的问题和注意事项。

七、思考题

（1）残余应力对材料的性能有何影响？

（2）各类残余应力对衍射花样有何影响？

实验 11　原子力显微镜的构造及形貌观察

一、实验目的

（1）了解原子力显微镜的构造。

（2）掌握原子力显微镜的基本操作方法。

二、实验设备及材料

NTEFTRA PRIMA 扫描探针显微镜（AFM 模式），待分析试样。

三、实验原理

原子力显微镜（Atomic Force Microscopy，AFM）利用原子之间的范德华力作用（见图 3-37）来呈现样品的表面特性。假设两个原子一个是在悬臂的探针尖端，另一个是在样本的表面，当两者很接近时，彼此电子云斥力的作用大于原子核与电子云之间的吸引力作用，整体表现为斥力的作用，反之若两原子分开有一定距离时，其电子云斥力的作用小于彼此原子核与电子云之间的吸引力作用，整体表现为引力的作用。原子力显微镜就是利用微小探针与被测试样间的相互作用力，通过将激光束照射到悬臂上，再进行发射及反馈来呈现被测试样的表面形貌和物理特性。

将一个对微弱力极敏感的微悬臂一端固定，另一端有一微小的针尖，二极管激光器（Laser）发出的激光束经过光学系统聚焦在微悬臂背面，并从微悬臂背面反射到由光电二极管构成的光斑位置检测器（A/B）。在样品扫描时，由于样品表面的原子与微悬臂探针尖端的原子间的相互作用力，带有针尖的微悬臂将在样品的表面方向起伏运动，反射光束也将随之偏移。因而，通过光电二极管检测光斑位置的变化，就能获得被测样品表面形貌的信息，工作示意图如图 3-38 所示。

原子力显微镜由三个部分组成：力检测部分、位置检测部分、反馈系统，主要工作原理如图 3-39 所示，NTEFTRA PRIMA 型原子力显微镜外形如图 3-40 所示。

力检测部分：在原子力显微镜的系统中，所要检测的力是原子与原子之间的范德华力。所以在本系统中使用微小悬臂来检测原子之间力的变化量。这个微小悬臂有一定的规格，例如长度、宽度、弹性系数以及针尖的形状，可以依据样品的特性和操作模式来选择探针的类型。

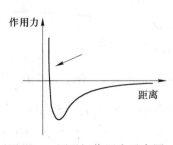

图 3-37　原子间作用力示意图

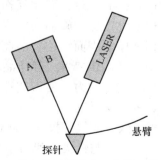

图 3-38　激光检测原子力显微镜工作示意图

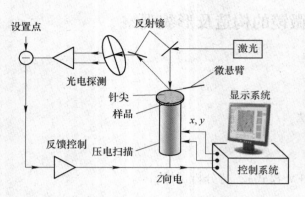

图 3-39　原子力显微镜工作原理图　　　　　图 3-40　NTEFTRA PRIMA 型原子力显微镜外形图

位置检测部分：在原子力显微镜的系统中，当针尖与样品之间有了交互作用之后，会使得悬臂摆动，所以当激光照射在悬臂的末端时，其反射光的位置也会因为摆动而有所改变，这就造成偏移量的产生。在整个系统中是依靠激光光斑位置检测器将偏移量记录下并转换成电的信号，以供控制器作信号处理的。

反馈系统：在原子力显微镜的系统中，将信号经由激光检测器取入之后，在反馈系统中会将此信号当作反馈信号，并驱使通常由压电陶瓷管制作的扫描器做适当的移动，以保持样品与针尖保持合适的作用力。

在系统检测成像全过程中，探针和被测样品间的距离始终保持在纳米（10^{-9} m）量级，距离太大不能获得样品表面的信息，距离太小会损伤探针和被测样品。反馈回路（Feedback）的作用就是在工作过程中，由探针得到探针-样品相互作用的强度，来改变加在样品扫描器垂直方向的电压，从而使样品伸缩，调节探针和被测样品间的距离，反过来控制探针-样品相互作用的强度，实现反馈控制。因此，反馈控制是本系统的核心工作机制。

原子力显微镜的工作模式是以针尖与样品之间的作用力形式来分类，如图 3-41 所示，主要有以下几种：

接触模式：从概念上来理解，接触模式是 AFM 最直接的成像模式。AFM 在整个扫描成像过程之中，探针针尖始终与样品表面保持紧密的接触，而相互作用力是排斥力。扫描时，悬臂施加在针尖上的力有可能破坏试样的表面结构，因此力的大小范围在 $10^{-10} \sim 10^{-6}$ N。若样品表面柔嫩而不能承受这样的力，便不宜选用接触模式对样品表面进行成像。

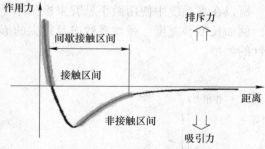

图 3-41　原子间作用力与针尖-样品距离的关系

非接触模式：非接触模式探测试样表面时悬臂在距离试样表面上方 5～10nm 的距离处振荡。这时，样品与针尖之间的相互作用由范德华力控制，通常为 10^{-12} N，样品不会被破坏，而且针尖也不会被污染，特别适合于研究柔嫩物体的表面。这种操作模式的不利之处在于要在室温大气环境下实现这种模式十分困难。因为样品表面不可避免地会积聚薄薄的一层水，它会在样品与针尖之间搭起一小小的毛细桥，将针尖与表面吸在一起，从而增加尖端对表面的压力。

敲击模式：敲击模式介于接触模式和非接触模式之间，是一个杂化的概念。悬臂在试样表面上方以其共振频率振荡，针尖仅仅是周期性地短暂地接触/敲击样品表面。这就意味着针尖接触样品时所产生的侧向力被明显地减小了。因此当检测柔嫩的样品时，AFM的敲击模式是最好的选择之一。一旦 AFM 开始对样品进行成像扫描，装置随即将有关数据输入系统，如表面粗糙度、平均高度、峰谷峰顶之间的最大距离等，用于物体表面分析。同时，AFM 还可以完成力的测量工作，测量悬臂的弯曲程度来确定针尖与样品之间的作用力大小。

四、实验方法与步骤

1. 开机顺序

（1）开启计算机。

（2）开启防震动系统。

（3）打开控制器。

（4）启动控制程序。

2. 安装样品

（1）用双面胶将样品粘到垫片上（见图 3-42），然后将垫片卡在固定架上。

（2）利用图 3-43 中的千分尺旋钮 1 移动样品。

3. 安装针尖（见图 3-44）

（1）拧松测量头左边旋钮取下针尖调节器，翻转 180°。

（2）拨动针尖调节器侧边梯形卡子，弹起弹簧片，取下针尖。

（3）将要换的针放在"L"形台阶里，轻轻压下弹簧片。

（4）将换下来的针轻放回针尖盒里。

4. 对光

（1）看光斑（见图 3-45）。

图 3-42　被测试样放置图

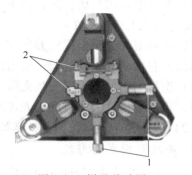

图 3-43　样品移动图

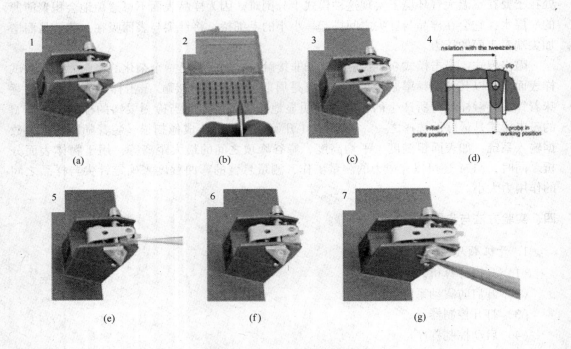

图 3-44　针尖安装顺序图

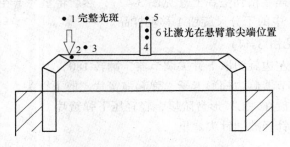

图 3-45　对光顺序图

1）观察激光的光斑，在右斜下方（激光处于位置 1），然后推动针尖调节器，出现两个光斑（激光处于位置 2）。

2）往后退针尖至出现完整光斑（激光处于位置 3）。

3）左右推动针尖调节器，至出现光斑阴影（激光处于位置 4）。

4）退针尖，使其出现完整光斑（激光处于位置 5）。

5）再向前推针尖，再出现光斑阴影即可（激光位于位置 6）。

（2）利用光学显微镜调节，选择最佳样品扫描面。

5. 半接触模式看形貌

（1）选择模式为 "Semicontact"。

（2）点击 "$\blacksquare$" 按钮，调节图 3-46（a）中的 3、4 旋钮进行激光对准，将光斑调到坐标中间，使 DFL ≈ 0、LF ≈ 0 即可；Laser 强度一般在 25 以上（见图 3-46（b））。

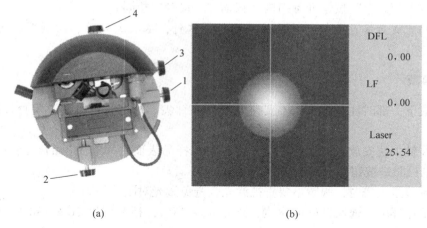

（a）　　　　　　　　　（b）

图 3-46　激光对准图

（3）点击 " " 按钮准备找共振峰。

1）首先点击 " Probes NSG01 ▼ " 选针（参考针尖 NSG01，选择不同的针尖，找峰的区间不同）。

2）点击 " ▶ Auto " 自动寻找共振峰（轻敲模式共振频率一般在 60kHz 以上）。

（4）点击 " ▼ Approach " 按钮准备下针。

1）设置 "Setpoint" 值为自由振幅 Mag1 的 50%～80%。

2）点击 " Off ▼ "，打开 "反馈"，Z 状态为蓝色最满态。

3）点击 " ▶ Landing " 按钮下针，当状态显示为 "Landing Completed，By dz Level" 即表示下针完成。

（5）点击 " Scanning " 按钮准备扫描。

1）点击 " Mode　SemiContact Topo ▼ " 选择所需扫描模式，默认为 "Semicontact-ToPo" 形貌模式。

2）点击 " Area Select... "，更改 "Size" 值设置扫描范围。

3）点击 " ▶ Run " 开始扫描。

4）点击右下角的 " None " 按钮选择阶数（一般为 2 阶，使曲线变平），使其图像放平。

6．接触模式看形貌

（1）选择 "Contact" 模式，换针。

（2）点击 " Aiming " 按钮，进行激光对中。

（3）点击 " ▼ Approach " 按钮准备下针（参考半接触模式步骤）。

注意：更换为接触模式后，Mag1 变为 DFL，自由值显示为当前值。

1）将 "Setpoint" 值设置为比自由值大 1～2（参考值：Setpoint 1，Gain 10，根据实际情况更改）。

2）手动抬高样品至针尖和样品间距 2mm 左右，然后点击 " ▶ Landing " 下针，显示 "Landing Completed"，即下针完成。

（4）点击"![Scanning]"按钮准备扫描（扫描和半接触中相同）。

7. 扫描完成后保存数据，关反馈，退针，取针，依次关软件、控制器、震动系统、电脑

五、注意事项

（1）放下头部时注意观察，不要碰到样品或针尖。操作时，尽量避免直接用手接触样品。

（2）在针尖块安放之前，为了保证针尖块和样品表面之间有足够的空间，要先用粗调旋钮和电机驱进按钮使头部抬高。

（3）调节激光斑时，眼睛不要直视激光，避免激光对眼睛的灼伤。

（4）工作环境：通风良好的室内，温度 $15 \sim 35℃$，相对湿度 $20\% \sim 80\%$，推荐湿度 $30\% \sim 50\%$。

（5）若图像出现拖尾现象，可调小"Setpoint"的值，同时可以增大增益 Gain 值（参考值：Setpoint 5，Gain 2，根据实际情况更改）。

（6）下针中，若发生振荡，可适当调小增益值。

六、实验报告要求

（1）每人一份实验报告，报告应包括实验目的、实验原理、实验设备和材料、实验方法与步骤、实验结果与分析。

（2）概述原子力显微镜的结构和特征。

（3）应能给出清晰的样品三维形貌，并对其做出分析。

（4）指出实验过程中存在的问题和注意事项。

七、思考题

（1）和扫描隧道显微镜相比，原子力显微镜的优点是什么？

（2）原子力显微镜的测定原理是什么，在实验中应注意哪些问题？

（3）与光学显微镜、电子显微镜相比，原子力显微镜存在哪些优、缺点？

实验 12　磁力显微镜观察磁性材料磁畴

一、实验目的

（1）了解磁力显微镜测试磁性材料磁畴的原理。

（2）掌握磁力显微镜的基本操作方法。

二、实验设备及材料

NTEFTRA PRIMA 扫描探针显微镜（MFM 模式），待分析试样。

三、实验原理

磁力显微镜（Magnetic Force Microscopy，MFM）是使用一种受迫振动的探针来扫描样品表面，这种探针是沿着其长度方向被磁化了的镍探针或铁探针。当振动探针接近磁性试样时，探针尖端就像一个条状磁铁的北极和南极，与试样中磁畴相互作用而感受到磁力，使其共振频率发生变化，从而改变其振幅。因此检测探针尖端的运动，就可以进而得到样品表面的磁特性。

在实际测试时，对样品表面的每一行都进行两次扫描，第一次扫描采用轻敲模式，得到样品高低起伏并记录下来。然后采用抬起模式，让磁性探针抬起一定的高度（通常为 10~200nm），并按样品表面起伏轨迹进行第二次扫描。由于探针被抬起且按样品表面起伏轨迹扫描，故第二次扫描过程中针尖不接触样品表面且与其保持恒定距离，于是消除了样品表面形貌的影响，且不存在针尖与样品间原子的短程斥力，磁性探针因受到长程磁力的作用而引起振幅和相位变化。因此，将第二次扫描中探针的振幅和相位变化记录下来，就能得到样品表面漏磁场的精细梯度，从而得到样品的磁畴结构，图 3-47 为用磁力显微镜观察的不同倍数下的钇铁石榴石薄膜磁畴图。

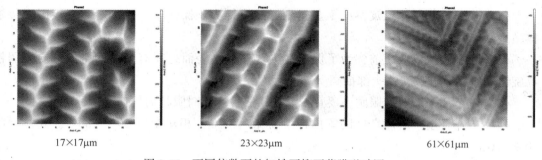

| 17×17μm | 23×23μm | 61×61μm |

图 3-47　不同倍数下的钇铁石榴石薄膜磁畴图

磁畴是指铁磁体材料在自发磁化的过程中为降低静磁能而产生分化的方向各异的小型磁化区域，每个区域内部包含大量原子，这些原子的磁矩都像一个个小磁铁那样整齐排列，但相邻的不同区域之间原子磁矩排列的方向不同。各个磁畴之间的交界面称为磁畴壁。宏观物体一般总是具有很多磁畴，这样，磁畴的磁矩方向各不相同，结果相互抵消，矢量和为零，整个物体的磁矩为零。

NTEFTRA PRIMA 型磁力显微镜主要由减振系统、头部探测系统、电子学控制系统、计算机软件系统构成。减振系统是获得优质图片的保障。头部系统由支架、扫描器、针尖和样品组成，是仪器的工作执行部分。扫描器使用 4 象限压电陶瓷管，采用样品扫描方式。针尖块中密闭着前置放大器，可将放大后的信号传至电子学控制箱。驱进调节机构主要用于粗调和精调针尖和样品之间的距离，利用两个精密螺杆手动粗调，配合步进马达，先调节针尖和样品距离至一较小距离（毫米级），然后用计算机控制步进马达，使间距从毫米级缓慢降至纳米级，进入扫描状态。电子光控制系统主要实现形貌扫描的各种预设功能以及维持扫描状态的反馈控制系统。计算机软件系统实现数据获取、处理、分析和输出。

四、实验方法与步骤

（1）开机。

（2）安装样品。

（3）安装针尖。

（4）对激光，并选择观察区域。

（5）选择模式为"Semicontact"。

（6）点 Aiming，激光对准。

（7）点 Resonance，选针型号，点 Auto 寻共振峰。

（8）点 Approach 中 Landing 下针。

（9）点 Scanning，选择 Mode　S/Cont Ⅱ　passMFM，确定扫描区域范围，点 Run 开始扫描。

（10）扫描完成后保存数据，关反馈，退针，取针，依次关软件、控制器、震动系统、电脑。

五、注意事项

（1）放下头部时注意观察，不要碰到样品或针尖。操作时，尽量避免直接用手接触样品。

（2）在针尖块安放之前，为了保证针尖块和样品表面之间有足够的空间，要先用粗调旋钮和电机驱进按钮使头部抬高。

（3）调节激光斑时，眼睛不要直视激光，避免激光对眼睛的灼伤。

（4）工作环境：通风良好的室内，温度 15~35℃，相对湿度 20%~80%，推荐湿度 30%~50%。

（5）若图像出现拖尾现象，可调小"Setpoint"的值，同时可以增大增益 Gain 值（参考值：Setpoint 5，Gain 2，根据实际情况更改）。

（6）下针中，若发生振荡，可适当调小增益值。

（7）被观察试样表面平整、干净。

（8）测试前探针需上下磁化十次左右。

（9）测试过程中如果效果不好，可根据形貌图，适当缩小 DZ 值（抬高距离）。

六、实验报告要求

（1）每人一份实验报告，报告应包括实验目的、实验原理、实验设备和材料、实验方法与步骤、实验结果与分析。

（2）简述磁力显微镜的工作原理，概述磁力显微镜的结构。

（3）给出清晰的样品磁畴形貌图，并对其做出分析。

（4）指出实验过程中存在的问题和注意事项。

七、思考题

（1）磁力显微镜的测定原理是什么，在实验中应注意哪些问题？

（2）概述磁力显微镜、原子力显微镜和扫描隧道显微镜的异同。

实验 13　扫描电镜的构造、操作与观察

一、实验目的

（1）了解扫描电镜的组成结构。
（2）掌握扫描电镜的基本操作方法。

二、实验设备及材料

S-3700N 扫描电镜，待观察试样。

三、实验原理

扫描电子显微镜是利用电子束与样品表面作用产生的物理信号进行成像的仪器，是材料研究中使用的一种重要仪器，其原理如图 3-48 所示。

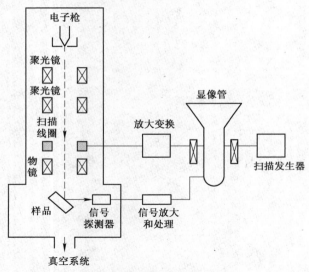

图 3-48　扫描电镜原理图

扫描电子显微镜主要由电子光学系统、扫描系统、信号收集系统、成像及记录系统、真空系统等几部分组成。

电子光学系统由电子枪、电磁透镜、光阑和样品室等部件组成。与透射电镜不同的是，扫描电镜的电子光学系统不是用来成像的，其作用是获得扫描电子束，作为使样品产生各种信号的激发源。为了获得较高的信号强度和图像（尤其是二次电子像）分辨率，扫描电子束应具有较高的强度和尽可能小的束斑直径。电子束的强度取决于电子枪的发射能力，而束斑尺寸除了受电子枪的影响之外，还取决于电磁透镜的汇聚能力。

扫描系统由扫描信号发生器、扫描放大控制器、扫描线圈等组成。扫描系统的作用是提供入射电子束在样品表面以及显像管电子束在荧光屏上同步扫描的信号，改变入射电子束在样品表面扫描的幅度，以获得所需放大倍数的扫描像。

入射电子束作用在样品表面上产生各种物理信号，然后经转换放大，作为显像系统的调制图像或作为其他分析的信号。对于不同的物理信号，要采用不同类型的信号检测系统，扫描电镜常用的信号检测器有电子检测器、X 射线检测器。

图像显示与记录系统的作用是将信号检测和放大系统输出的调制信号转换为能显示在阴极射线管荧光屏上的图像或数字图像信号，供观察或记录，将数字图像信号以图形格式的数据文件存储在硬盘中，可随时编辑或用办公设备输出。

真空系统的作用是保证电子光学系统正常工作，防止样品污染，提供高的真空度，一般情况下要求保持 $10^{-2} \sim 10^{-3}$ Pa 的真空度，场发射电镜甚至达到 10^{-7} Pa。

电子束与样品表面作用产生的物理信号主要有：二次电子、背散射电子、吸收电子、透射电子、特征 X 射线及俄歇电子等。

二次电子：它是被入射电子轰击出来的样品核外电子，又称为次级电子。

背散射电子：它是被固体样品中原子反射回来的一部分入射电子。又分弹性背散射电子和非弹性背散射电子，前者是指只受到原子核单次或很少几次大角度弹性散射后即被反射回来的入射电子，能量没有发生变化；后者主要是指受样品原子核外电子多次非弹性散射而反射回来的电子。

吸收电子：它是随着与样品中原子核或核外电子发生非弹性散射次数的增多，其能量和活动能力不断降低以致最后被样品所吸收的入射电子。

透射电子：它是入射束的电子透过样品而得到的电子。它仅仅取决于样品微区的成分、厚度、晶体结构及位向等。

图 3-49 是电子在铜中的透射系数（T）、吸收系数（α）和背散射系数及二次电子系数（$\eta + \delta$）的关系。

用于成像操作的主要是二次电子和背散射电子，其中二次电子对试样表面形貌比较敏感，而背散射电子对原子序数比较敏感，由此产生了形貌衬度和原子序数衬度。

二次电子和背散射电子进入收集器后，这些

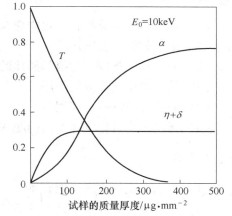

图 3-49　电子在铜中的透射、吸收和
背散射及二次电子系数的关系图

信号被转换为光信号，通过光电倍增管进行放大，最后再次转变为电信号并进行成像。

四、实验方法与步骤

（1）制备好需要观察的试样（金属可以是断口试样、普通金相试样，非导电的陶瓷及高分子试样需喷涂导电层）。

（2）开启总电源，打开扫描电镜开关，并开启电脑及运行相关软件。

（3）破真空，打开样品室放置样品，样品用导电双面胶粘在样品台上，放置前测定高度（含样品台），在计算机中选择样品高度、样品台直径并确定，关闭样品室。

（4）抽真空。

（5）真空度达到要求后，加高压，点击"TV1"，把放大倍数调小，找到需要观察的大致区域。

（6）选择二次电子作为成像信号。

（7）调整放大倍数并聚焦、调节亮度对比度，观察图像。

（8）选择照片像素、拍摄时间并拍照。

（9）不改变视场，选择背散射电子作为成像信号，拍摄照片。

（10）改变放大倍数（1万倍以上），重复（7）~（8）步骤。

（11）不改变视场和放大倍数，分别采取减小束流、增加光栏等方式拍摄照片。

五、注意事项

（1）不导电样品需要喷涂导电层。

（2）样品不能带磁性。

（3）样品放进去前，应准确测定其高度，并设置相关参数，避免样品与仪器碰撞。

六、实验报告要求

（1）每人一份实验报告，报告应包括实验目的、实验原理、实验设备和材料、实验方法与步骤、实验结果与分析。

（2）分析不同条件下拍摄的照片的分辨率、衬度。

（3）简述电镜各部分的作用。

（4）简述扫描电镜的应用。

（5）指出试验过程中存在的问题和注意事项。

七、思考题

（1）扫描电镜的主要性能有哪些？

（2）扫描电镜的分辨率是如何定义的，扫描电镜的分辨率与信号种类是否有关？请将各种信号的分辨率作比较。

（3）形貌衬度和成分衬度各有什么特点？

实验 14　金属材料断口扫描分析

一、实验目的

（1）了解扫描电镜的组成结构。

（2）掌握扫描电镜的基本操作方法。

（3）观察不同的断口形貌。

二、实验设备及材料

S-3700N 扫描电镜，金属断口试样。

三、实验原理

扫描电子显微镜是利用电子束与样品表面作用产生的物理信号进行成像的仪器，是材料研究中使用的一种重要仪器。

扫描电子显微镜主要由电子光学系统、扫描系统、信号收集系统、成像及记录系统、真空系统等几部分组成。

电子束与样品表面作用产生的物理信号主要有：二次电子、背散射电子、吸收电子、透射电子、特征 X 射线及俄歇电子等。用于成像操作的主要是二次电子和背散射电子，其中二次电子对试样表面形貌比较敏感，而背散射电子对原子序数比较敏感，由此产生了形貌衬度和原子序数衬度。

断口形貌是指材料断裂后表面的形貌，有宏观形貌和微观形貌两类，前者可通过低倍显微镜观察，后者一般需用扫描电子显微镜观察。材料延性断裂、脆性断裂、疲劳断裂、应力腐蚀断裂或氢脆断裂等不同类型的断裂，都有其特定的显微形貌特征，通过断口形貌分析，有助于揭示材料的断裂原因、过程和机理。

根据材料断裂前塑性变形的大小，材料的断裂分为韧性断裂和脆性断裂。韧性断裂有时也称为塑性断裂，是指断裂前发生较大的塑性变形，断口一般呈暗灰色纤维状，而脆性断裂是指断裂前没有明显的塑性变形，断口较平整，为光亮的结晶状。

在扫描电镜下观察，金属断口主要有以下几种：

（1）解理断口：典型的解理断口有"河流花样"，它是由众多的台阶汇集成河流状花样，"上游"的小台阶汇合成"下游"的较大台阶，河流的流向就是裂纹扩展的方向。"舌状花样"或"扇贝状花样"也是解理断口的重要特征。

（2）准解理断口：准解理断口实质上是由许多解理面组成，在扫描电子显微镜图像上有许多短而弯曲的撕裂棱线条和由点状裂纹源向四周放射的河流花样，断面上有凹陷和二次裂纹等。

（3）韧性断裂断口：韧性断裂断口的重要特征是在断面上存在"韧窝"花样。韧窝的形状有等轴形、剪切长形和撕裂长形等。

（4）晶间断裂断口：晶间断裂通常是脆性断裂，其断口的主要特征是存在"冰糖状"花样，但某些材料的晶间断裂也可显示出较大的延性，此时断口上除呈现晶间断裂的特征外，还会有"韧窝"等存在，出现混合花样。

（5）疲劳断口：疲劳断口在扫描电子显微镜图像呈现一系列基本上相互平行、略带弯曲、呈波浪状的条纹，也称"疲劳辉纹"，每一个条纹就是一次循环载荷所产生的，疲劳条纹的间距随应力场强度因子的大小而变化。

四、实验方法与步骤

（1）制备好需要观察的试样（采用45钢冲击断口试样，冲击之前进行不同工艺的热处理以便得到韧性断口和脆性断口）。

（2）开启总电源，打开扫描电镜开关，并开启电脑及运行相关软件。

（3）破真空，打开样品室放置样品，样品用导电双面胶粘在样品台上，放置前测定高度（含样品台），在计算机中选择样品高度、样品台直径并确定，关闭样品室。

（4）抽真空。

（5）真空度达到要求后，加高压，点击"TV1"，把放大倍数调小，找到需要观察的大致区域。

（6）选择二次电子作为成像信号。

（7）调整放大倍数并聚焦，在慢扫描模式下观察图像。

（8）拍摄照片并记录。

五、注意事项

（1）不导电样品需要喷涂导电层。

（2）样品不能带磁性。

（3）样品放进去前，应准确测定其高度，并设置相关参数，避免样品与仪器碰撞。

（4）断口应保持干净。

六、实验报告要求

（1）每人一份实验报告，报告应包括实验目的、实验原理、实验设备和材料、实验方法与步骤、实验结果与分析。

（2）分析断口的形貌并说明是如何产生的。

（3）指出试验过程中存在的问题和注意事项。

七、思考题

（1）韧性断口宏观特征和微观形貌是什么？

（2）脆性断口宏观特征和微观形貌是什么？

实验 15 能谱仪的结构、原理与使用分析实验

一、实验目的

（1）了解能谱仪的组成结构。
（2）掌握能谱仪的基本操作方法。
（3）利用能谱仪分析材料微区成分。

二、实验设备及材料

配置能谱仪的扫描电镜（S-3700N），待分析试样。

三、实验原理

电子探针仪是一种微区成分分析仪器，它利用被聚焦成小于 $1\mu m$ 的高速电子束轰击样品表面，由 X 射线波谱仪或能谱仪检测从试样表面有限深度和侧向扩展的微区体积内产生的特征 X 射线的波长和强度，得到 $1\mu m^3$ 微区的定性或定量的化学成分，电子探针结构示意图如图 3-50 所示。

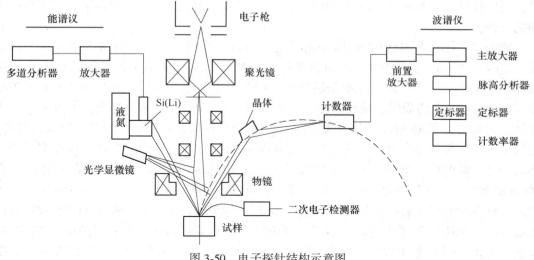

图 3-50 电子探针结构示意图

电子探针经常作为扫描电镜的附件使用，利用扫描电镜的高放大倍数，实现微区分析的作用。电子探针是利用电子束与样品作用产生的特征 X 射线来分析样品的成分的，其分析的基本依据是莫塞莱定律，式（3-36）。

$$\lambda = K/(Z - \sigma)^2 \tag{3-36}$$

即特征 X 射线的波长只与样品的原子序数有关，如果能分析出特征 X 射线的波长，即为波谱仪，如果能分析出特征 X 射线的能量，即为能谱仪。

因为某种元素的特征 X 射线强度与该元素在样品中的浓度成比例，所以只要测出这种特征 X 射线的强度，就可计算出该元素的相对含量。

能谱仪，全称为能量分散谱仪（EDS），它是根据不同元素的特征 X 射线具有不同的能量这一特点来对检测的 X 射线进行分散展谱，实现对微区成分分析的。图 3-51 是能谱仪的工作原理图。能谱仪主要由 X 射线探测器、前置放大器、脉冲信号处理单元、模数转换器、多道分析器、计算机及显示记录系统组成。

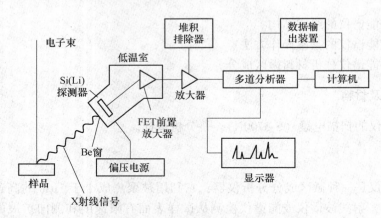

图 3-51　X 射线能谱仪工作原理示意图

能谱仪具有分析速度快、灵敏度高、谱线重复性好等优点，而且能谱仪没有运动部件，稳定性好，无需聚焦，所以谱线峰值位置的重复性好且不存在失焦问题，适于粗糙表面的分析。

能谱仪使用的 X 射线探测器是锂漂移硅 Si(Li) 探测器，结构如图 3-52 所示。Si(Li) 是厚度为 3~5mm、直径为 3~10mm 的薄片，是 P 型 Si 在一定的工艺条件下漂移进 Li 制成的。Si(Li) 可分为 3 层，中间是活性区（I 区），在制造晶体时，向晶内注入原子半径小（0.06nm）、电离能低、易放出价电子的 Li 原子，以中和杂质的作用，形成了一个本征区，这就是 Li 漂移 Si 半导体探头。Li 漂移 Si 半导体探头是能谱仪中的一个关键部件，它决定了能谱仪的分辨率，要保证探头的高性能，Si(Li) 半导体探头必须具有本征半导体的特性：高电阻、低噪音。I 区的前面是一层 0.1μm 的 P 型半导体，在其外面镀有 20nm 的金膜。I 区后面是一层 N 型 Si 导体。Si(Li) 探测器实际上是一个 P-I-N 型二极管。当样品发射中发射的 X 射线光子进入 Si(Li) 探头内，在本征区被 Si 原子吸收，通过光电效应首先使 Si 原子发射出光电子，光电子在电离的过程中产生大量的电子-空穴对。发射光电子后的 Si 原子处于激发态，在其弛豫过程中又放出俄歇电子或 Si 的 X 射线，俄歇电子的能量将很快消耗在探头物质内，产生电子-空穴对。Si 的 X 射线又可通过光电效应将能量转给光电子或俄歇电子，这种过程一直持续到能量消耗完为止，这是光电吸收的过程。在此过程中 X 光子将能量绝大部分转换为电子-空穴对。电子-空穴在晶体两端外加偏压作用下移动，形成电荷脉冲。

能谱仪的工作过程：来自样品的特征 X 射线穿过薄窗（Be 窗或超薄窗）进入 Si(Li) 探头，硅原子吸收一个 X 光子产生一定量的电子-空穴对（该数量与 X 光子的能量成正比），同时形成一个电荷脉冲。电荷脉冲经前置放大器、正比放大器、信号处理单元和模数转换器处理后以时钟脉冲形式进入多道脉冲高度分析器。多道脉冲分析器有一个由许多存储单元（称为通道）组成的存储器。与 X 光子能量成正比的时钟脉冲数按大小分别进

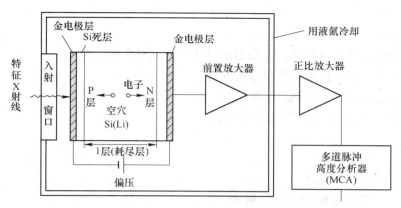

图 3-52　Si(Li) 探测器的结构

入不同存储单元。每进入一个时钟脉冲数，存储单元记一个光子数，因此通道地址和 X 光子能量成正比，而通道的计数为 X 光子数。最终得到以通道（能量）为横坐标、通道计数（强度）为纵坐标的 X 射线能量色散谱。

能谱仪有三种分析模式：点扫描分析、线扫描分析和面扫描分析。

1. 定点元素全分析

首先用扫描电镜进行观察，将待分析的样品微区移到视野中心，然后使聚焦电子束固定照射到该点上，把收集到的 X 射线送入能谱仪进行分析。

2. 线扫描分析

把样品要检测的方向调至 x 或 y 方向，使聚焦电子束在试样扫描区域内沿一条直线进行慢扫描，同时用计数率计检测某一特征 X 射线的瞬时强度。若显像管射线束的横向扫描与试样上的线扫描同步，用计数率计的输出控制显像管射线束的纵向位置，这样就可以得到某特征 X 射线强度沿试样扫描线的分布。

3. 面扫描分析

和线扫描相似，聚焦电子束在试样表面进行面扫描，将 X 射线谱仪调到只检测某一元素的特征 X 射线位置，用 X 射线检测器的输出脉冲信号控制同步扫描的显像管扫描线亮度，在荧光屏上得到由许多亮点组成的图像。亮点就是该元素的所在处。因此根据图像上亮点的疏密程度就可确定某元素在试样表面上分布情况。将 X 射线谱仪调整到测定另一元素特征 X 射线位置时就可得到那一成分的面分布图像。

四、实验方法与步骤

（1）制备好需要分析的试样。

（2）开启总电源，打开扫描电镜开关，并开启电脑及运行相关软件。

（3）破真空，打开样品室放置样品，样品用导电双面胶粘在样品台上，放置前测定高度（含样品台），在计算机中选择样品高度、样品台直径并确定，关闭样品室。

（4）抽真空。

（5）真空度达到要求后，加高压，点击"TV1"，把放大倍数调小，找到需要观察的大致区域。

（6）选择成像信号。

（7）调整放大倍数并聚焦，在慢扫描模式下，观察图像。

（8）开启能谱仪，启动能谱仪分析软件。

（9）选定需要分析的区域，采集信号。

（10）分析元素组成并计算其百分含量。

五、注意事项

（1）注意测量试样高度。

（2）能谱分析时参数 CPS 要尽量大。

（3）能谱分析工作距离为 10mm。

（4）总计数值大于 20 万。

六、实验报告要求

（1）每人一份实验报告，报告应包括实验目的、实验原理、实验设备和材料、实验方法与步骤、实验结果与分析。

（2）简述能谱仪在材料科学中的应用。

（3）指出试验过程中存在的问题和注意事项。

七、思考题

（1）分析能谱仪与波谱仪的优缺点。

（2）能谱仪的原理是什么？

实验 16　透射电镜试样的制备

一、实验目的

（1）了解透射电镜试样制备原理。

（2）掌握透射电镜试样制备方法。

二、实验设备及材料

（1）实验设备：电解双喷减薄仪，凹坑仪，离子减薄仪。

（2）实验材料：电解液（体积比为 10% 高氯酸酒精溶液），酒精，待制备试样。

三、实验原理

电子束的穿透能力不大，这就要求要将试样制成很薄的薄膜样品。

电子束穿透固体样品的能力，主要取决于加速电压和样品物质的原子序数。加速电压越高，样品原子序数越低，电子束可以穿透的样品厚度就越大。透射电镜常用的 50～100kV 电子束来说，样品的厚度控制在 100～200nm 为宜。

TEM 的样品制备方法：支持膜法、复型法、晶体薄膜法、超薄切片法，高分子材料必要时还要染色、刻蚀。

1. 复型法

在过去，由于缺少必要的制样设备，经常使用复型法。

复型是利用一种薄膜（如碳、塑料、氧化物薄膜）将固体试样表面的浮雕复制下来的一种间接样品。

只能作为试样形貌的观察和研究，而不能用来观察试样的内部结构。

对于在电镜中易起变化的样品和难以制成电子束可以透过的薄膜的试样多采用复型法。

在材料研究中，复型法常用以下四种：

塑料一级复型、碳一级复型 、塑料-碳二级复型 、萃取复型。

（1）塑料一级复型。在经过表面处理（如腐蚀）的试样表面上滴几滴醋酸甲酯溶液，然后滴一滴塑料溶液（常用火棉胶），刮平，干后将塑料膜剥离下来即成，薄膜厚度约 70～100nm，必要时再进行投影。

投影：就是人为地在复型表面制造一层密度比较大的元素膜，造成厚度差（约数纳米厚），以改善复型图像的衬度、判断凹凸情况和测定厚度差。具体的做法是将已经制成的复型放在真空镀膜装置的钟罩里（真空度约 133～70Pa），复型的表面向上，以倾斜的方向蒸发沉积重金属膜，投影倾斜角为 15°～45° 不等。

（2）碳一级复型。在真空镀膜装置中，将碳棒以垂直方向，向样品表面蒸镀 10～20nm 的碳膜（其厚度通过洁白瓷片变为浅棕色来控制）；然后用针尖将碳膜划成略小于电镜铜网的小块，最后将碳膜从试样上分离开来，必要时投影。

（3）塑料-碳二级复型。在用醋酸纤维膜（AC 纸）制得的复型正面上再投影、镀碳，然后溶去 AC 纸所得到的复型称为塑料-碳二级复型，其具体制备参见图 3-53。

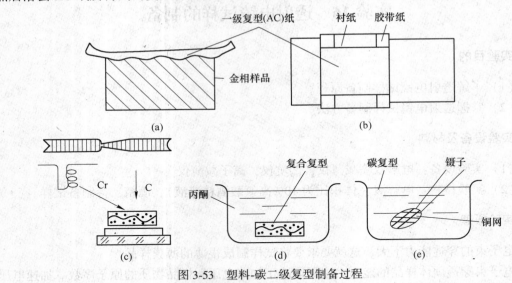

图 3-53　塑料-碳二级复型制备过程

（4）萃取复型。这是在上述三种复型的基础上发展起来的唯一能提供试样本身信息的复型。

它是利用一种薄膜（现多用碳薄膜），把经过深浸蚀的试样表面上的第二相粒子粘附下来。由于这些第二相粒子在复型膜上的分布仍保持不变，所以可以来观察分析它们的形状、大小、分布和所属物相（后者利用电子衍射）。

2. 晶体薄膜制备法

复型法分辨本领较低，不能充分发挥透射电镜高分辨率（0.2～0.3nm）的效能；复型（除萃取复型外）只能观察样品表面的形貌，而不能揭示晶体内部组织的结构。

通过薄膜样品的制备方法，可以在电镜下直接观察分析以晶体试样本身制成的薄膜样品，从而可使透射电镜充分发挥它极高分辨本领的特长，并可利用电子衍射效应来成像，不仅能显示试样内部十分细小的组织形貌衬度，而且可以获得许多与样品晶体结构（如点阵类型、位向关系、缺陷组态等）有关的信息。

薄膜样品制备方法要求：

（1）不引起材料组织的变化。

（2）足够薄，否则将引起薄膜内不同层次图像的重叠，干扰分析。

（3）薄膜应具有一定的强度，具有较大面积的透明区域。

（4）制备过程应易于控制，有一定的重复性，可靠性。

薄膜样品制备有许多方法，如沉淀法、塑性变形法和分解法等。其中分解法包括下面 4 类：

（1）化学腐蚀法。在合适的浸蚀剂下均匀薄化晶体获得晶体薄膜。这只适用于单相晶体，对于多相晶体，化学腐蚀优先在母相或沉淀相处产生，造成表面不光滑和出现凹坑，且控制困难。

（2）电解抛光法。选择合适的电解液及相应的抛光制度均匀薄化晶体片，然后在晶体片穿孔周围获得薄膜。这个方法是薄化金属的常用方法。

（3）喷射电解抛光。将电解液利用机械喷射方法喷到试样上将其薄化成薄膜。这种方法所获得的薄膜与大块样品组织、结构相同，但设备较为复杂。图 3-54 为双喷电解减薄示意图。

（4）离子轰击法。此法利用适当能量的离子束轰击晶体，均匀地打出晶体原子而得到薄膜。离子轰击装置仪器复杂，薄化时间长。但这是薄化无机非金属材料和非导体矿物唯一有效的方法。图 3-55 为离子减薄装置示意图。

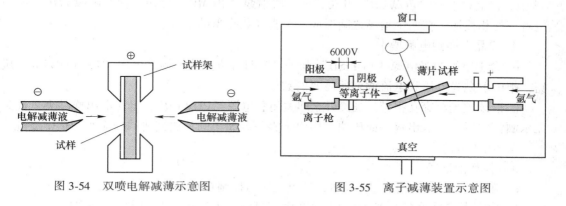

图 3-54　双喷电解减薄示意图　　　　图 3-55　离子减薄装置示意图

上述四种方法都要先将样品预先减薄，一般需经历以下两个步骤：

第一步，从大块试样上切取厚度小于 0.5mm 的"薄块"，一般用砂轮片、金属丝锯（以酸液或磨料液体循环浸润）或电火花切割等方法；

第二步，利用机械研磨、化学抛光或电解抛光把"薄块"减薄成 0.1mm 的"薄片"。最后才用上述的电解抛光和离子轰击等技术将"薄片"制成厚度小于 500nm 的薄膜。

薄膜样品的制备比支持膜法和复型法复杂和困难得多。之所以采用如此繁杂的制备过程，目的全在于尽量避免或减少减薄过程引起的组织结构变化，所以应不用或少用机械方法。

只有确保在最终减薄时能够完全去除这种损伤层的条件下才可使用（研究表明，即使是最细致的机械研磨，应变损伤层的深度也达数十微米）。

四、实验方法与步骤

1. 粉体材料样品的制备

（1）将粉末研磨、过滤等，使得其粒径控制在 50nm 以下。

（2）取少量粉末放入装有无水乙醇（根据材料不同，也可选用甲苯、丙酮等）溶液的试管中，用超声波振荡器振荡，使粉末颗粒充分悬浮在溶液中。

（3）将溶液滴到铜网中，干后即可放入透射电镜中观测。

2. 块体材料样品的制备

（1）用线切割机将块体材料切割成厚度为 0.5mm 以下的薄片。

（2）用砂纸将其厚度磨到 0.1mm 以下。

（3）用样品冲片器将薄片冲成直径为 3mm 的小圆片，对于陶瓷、半导体以及其他坚硬、脆性的样品，要用超声波圆片切割机切成直径为 3mm 的小圆片。

（4）用凹坑仪再将小圆片的中心位置凹一个小坑，以备用。

（5）减薄：

1）双喷减薄

a. 在双喷槽中倒入双喷液，再倒入液氮。

b. 将需要减薄的金属薄片嵌入样品夹白金电极凹槽中，用镊子夹住双斜面块放入样品夹，推下斜面压杆使小圆片与白金电极保持良好的接触。

c. 合上总电源"POWER"开关，调节喷射泵"PUMP"旋钮，使双喷嘴射出的相与电解液柱相接触，在两个喷嘴之间形成一个直径数毫米的小水盘。

d. 样品夹插到电解槽中。

e. 合上电解抛光电源"POLISH"开关，顺时针方向旋转抛光电源"DC POWER"旋钮，把电解抛光电压和电流调到所需要的数值。

f. 继续抛光至穿孔报警，报警后立即关闭总电源"POWER"，迅速取出样品夹，放到无水酒精中浸洗，取出双斜面压块，用镊子夹住金属小圆片放到清洁的无水酒精中浸洗。

2）离子减薄

A 操作前准备

a. 确定 Ar 钢瓶内尚有 Ar 气体，且出气压力控制在 0.18MPa。

b. 确定真空显示在 1.33×10^{-4}Pa（在没有氩气通入，stage 样品台在上面时）。

B 试样安装

a. 将试样用 Duo post 夹式试样座固定好，并将待减薄接口调整至中心。

b. 在 695 机器的触摸屏面板上，触摸 Milling 界面中的 Vent，使 697 的上盖可以打开。

c. 以勾型镊子将 Duo post 夹式试样座放入仓室内，盖上仓室盖子。

d. 向下滑动 Milling 界面中的滑条（机器会自动抽好真空，并将样品台降下），使试样座下降到离子减薄的区域。

e. 触摸 Milling 界面中的 3keV 处，选择您所需要的电压（一般旋转设在 3RPM，刚开始可以用高电压 7keV，之后再根据情况加减）。

C 减薄及观察

a. 触摸 Milling 界面中的 01：00：00，设定需要的减薄时间。

b. 触摸 Milling 界面中的 single modulation，调整到 Dual Beam Modulation。

c. 触摸 Milling 界面中的 Tilt 部分，调整左右两枪的角度（可以选择一支枪为正角度，一支枪为负角度）。

d. 触摸 Milling 界面中 Start，开始抛光样品。

e. 抛光结束后，向上滑动 Milling 界面中的滑条，将样品台升起后，触摸 Vent 进行放气，从而取出样品。

五、注意事项

（1）一定要等到真空度达到 1.0×10^{-3}Pa 才可以正常工作（在气体流量 Ar Flow 接近 0.000sccm，样品台在上面时的真空）。

（2）当拆下离子枪又重新装回后需要做离子枪的对中调整。

调整离子束 Beam 对中：将荧光屏置入机器样品台内，将荧光屏降下，电压设定在

5keV。点 Start 打开高压。触摸界面 Alignment 中的 Left Front Beam Sector，再点 Milling 界面中的 View。观察机器样品台内的荧光影像，调整黑色离子枪上的两颗小螺丝使其离子束在荧光屏的黑点上。

六、实验报告要求

（1）每人一份实验报告，报告应包括实验目的、实验原理、实验设备和材料、实验方法与步骤、实验结果与分析。

（2）简述透射试样制备种类。

（3）指出试验过程中存在的问题和注意事项。

七、思考题

（1）复型法有何优缺点？

（2）制备薄膜试样需要注意什么？

实验17　透射电镜的构造、操作与观察

一、实验目的

（1）了解透射电镜的构造。
（2）掌握透射电镜的基本操作方法。

二、实验设备及材料

2100F 型透射电镜，待观察试样。

三、实验原理

1. 透射电镜结构

透射电子显微镜是以波长很短的电子束作照明源，用电磁透镜聚焦成像的一种具有高分辨本领、高放大倍数的电子光学仪器。它同时具备两大功能：物相分析和组织分析。物相分析是利用电子和晶体物质作用可以发生衍射的特点，获得物相的衍射花样，而组织分析则是利用电子波遵循阿贝成像原理，可以通过干涉成像的特点，获得各种衬度图像。

透射电镜由电子光学系统（镜筒）、电源系统、真空系统和操作控制系统等四部分组成，其中，核心是电子光学系统（镜筒），而电源系统、真空系统和操作系统都是辅助系统。透射电镜的结构见图 3-56，2100F 型透射电镜的外观见图 3-57。

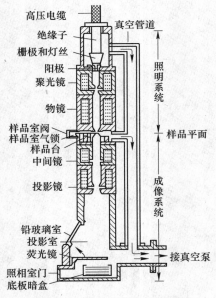

图 3-56　透射电镜的结构图

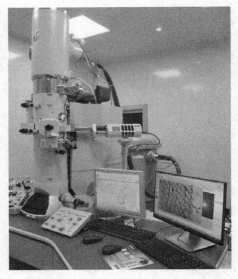

图 3-57　2100F 型透射电镜外观图

透射电镜的镜筒（电子光学系统）由电子枪、聚光镜、样品室、物镜、中间镜和投影镜、荧光屏和照相装置几部分组成。

电子枪是透射电子显微镜的电子源，相当于光学显微镜的照明光源，常用的电子枪有钨灯丝电子枪、六硼化镧电子枪、场发射电子枪，其中场发射电子枪性能最好，但价格昂贵。

聚光镜大多是磁透镜，其作用是将来自电子枪的电子束会聚到被观察的样品上，并通过它来控制照明强度、照明孔径角和束斑大小。高性能透射电镜都采用双聚光镜系统。这种系统由第一聚光镜（强激磁透镜）和第二聚光镜（弱激磁透镜）组成。

物镜是透射电镜的核心，它获得第一幅具有一定分辨本领的放大电子像。这幅像的任何缺陷都将被其他透镜进一步放大，所以透射电镜的分辨本领就取决于物镜的分辨本领。因此，要求物镜有尽可能高的分辨本领、足够高的放大倍数和尽量小的像差。磁透镜放大倍数最大为 200 倍，最大分辨本领为 0.1nm。

中间镜和投影镜的构造和物镜是一样的，但它们的焦距比较长。其作用是将物镜形成的一次像再进行放大，最后显示到荧光屏上，从而得到高放大倍数的电子像。这样的过程称为三级放大成像。

物镜和投影镜属于强透镜，其放大倍数均为 100 倍左右，而中间镜属于弱透镜，其放大倍数为 0~20 倍。三级成像的总放大倍数为：

$$M_T = M_0 \cdot M_I \cdot M_P \tag{3-37}$$

其中 M_0、M_I、M_P 分别是物镜、中间镜和投影的放大倍数。

电磁透镜在成像时会产生像差。像差分为几何像差和色差两类。几何像差是由于透镜磁场几何形状上的缺陷而造成的像差。色差是由于电子波的波长或能量发生一定幅度的改变而造成的像差。像差的存在不可避免地要影响电磁透镜的分辨率。

2. 透射电镜的成像操作

透射电镜的成像操作有三种模式（见图 3-58）：

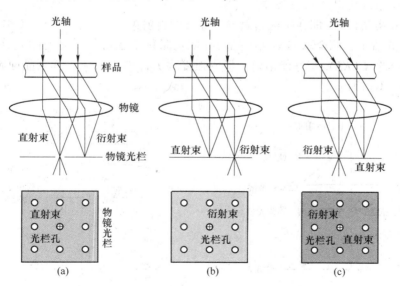

图 3-58　透射电镜的成像模式

（a）明场成像；（b）暗场成像；（c）中心暗场像

（1）明场成像。在物镜背焦面插入物镜光栏，利用直射电子成像，称为明场像。

（2）暗场成像。在物镜背焦面插入物镜光栏，利用衍射电子成像，称为明场像。

（3）中心暗场像。入射电子倾斜一定角度，仍用衍射电子成像，称为中心暗场像，它提高了暗场像的质量。

像衬度是指图像上不同区域明暗程度的差别。也可定义为衬度（Contrast）两个相临部分的电子束强度差，如式（3-38）所示。

$$C = \frac{I_1 - I_2}{I_2} = \frac{\Delta I}{I_2} \tag{3-38}$$

透射电镜的像衬度来源于样品对入射电子的散射。当电子波穿越样品时，其振幅和相位都发生变化，这些变化产生像衬度，故像衬度分振幅衬度和相位衬度。振幅衬度又有两种基本类型：质厚衬度和衍射衬度，它们分别是非晶体样品和晶体样品衬度的主要来源。

（1）非晶体样品。非晶体样品透射电子显微图像衬度是由于样品微区间存在原子序数或厚度的差异而引起的，称质量厚度衬度，如图3-59所示。

质厚衬度来源于电子的非相干散射。随样品厚度增加，弹性散射增多，故样品上原子序数较高或样品较厚区域，会有更多的电子散射而偏离光轴，在荧光屏上显示为较暗区域。

质厚衬度受物镜光栏孔径和加速电压影响。孔径增大，图像总体亮度增加，但衬度降低。加速电压低，散射角和散射截面增加，较多电子被散射到光栏孔外，衬度提高，亮度降低。

（2）晶体样品。对晶体样品，将发生相干散射及衍射，故成像过程中，起决定作用的是晶体对电子的衍射。由样品各处衍射束强度的差异形成的衬度称为衍射衬度，简称衍衬。影响衍射强度的主要是晶体取向和结构振幅。

衍衬成像和质厚成像有一重要差别，在形成显示质厚衬度的暗场像时，可以利用任意的散射电子；而形成显示衍射衬度的明场像或暗场像时，为获得高衬度高质量的图像，总是通过倾斜样品台获得"双束条件"。

所谓"双束条件"，即在选区衍射谱上除强的直射束外，只有一个强衍射束。

如图3-60所示，两个取向不同的晶粒在明场条件下获得衍射衬度的光路图。在I_0入射下，A晶粒的（HKL）正好能衍射，形成强度为I_{HKL}的衍射束，其余晶面则不衍射。B晶粒所有晶面不衍射。

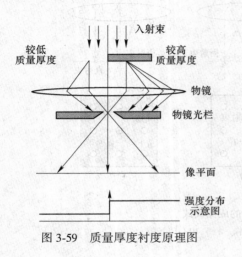

图3-59 质量厚度衬度原理图

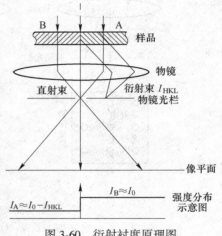

图3-60 衍射衬度原理图

在明场成像条件下，像平面上 A 晶粒对应区域电子束强度为 $I_A \approx I_0 - I_{HKL}$，B 晶粒对应区域电子束强度 $I_B \approx I_0$；反之，暗场成像条件下，有 $I_A \approx I_{HKL}$，$I_B \approx 0$，由于荧光屏上亮度取决于电子强度，故若样品上不同区域衍射条件不同，图像上相应区域亮度不同，形成了衍射衬度。

四、实验方法与步骤

（1）检查各仪表的读数是否正常。

（2）加液氮：在冷阱中加入液氮，第一次加满后盖上盖子 5min 后液氮会喷出，再加一次。一天工作中，每隔 4 个小时要加一次。

（3）开高压，点 normal 键。

（4）放样品：样品杆中放入待观察样品，单倾杆是铜网正面向上，双倾杆是铜网反面向上。在软件上选择合适的样品杆名称，放样品杆可与升高压过程同时进行。

（5）开 BEAM VALVE switch：电脑屏幕上显示 HT ON，按下左控制面板 Beam，开始观察。

（6）在 LOW MAG 模式中找到需要观察的区域。

（7）进入 MAG，放在几万倍下，按 Z 聚焦。

（8）不是晶体的样品，找到符合要求的样品就可以拍照了（要求不高的话就动动聚焦），实际操作时，大部分时间在找符合要求的样品，找完后就可以关 beam，拔样品杆了。

如果是晶体样品，也可以先拍个几万倍下的照片，如果是很小的晶体，当然可以先拍个多晶衍射环，然后直接到 500K 做下 HT Wobbler，抬荧光屏，在 CCD 上消物镜像散，找到晶格条纹比较清晰的小颗粒（此时也是晶体比较正的时候）就可以拍。如果是挺大的晶体，可以先做下 HT wobbler，然后踩正衍射（如果想拍高分辨，就算不要拍选区衍射，也要踩正），可以拍个选区衍射，然后直接到 500K，可以再做下 HT Wobbler，抬荧光屏，在 CCD 上消物镜像散，找边缘薄区，看晶格条纹聚焦清晰就可以拍照了。

（9）点 stand by 按钮。

（10）如加过液氮，样品杆要拔出，电压从 200kV 降至 160kV，液氮罐内插入加热棒，在 Maintenance 菜单下启动 ACD Heater。

五、注意事项

（1）检查各仪表的读数是否正常，包括以下读数：

1）离子泵（SIP）：开灯丝前应保证真空压力小于 4×10^{-5}Pa。

2）高压箱：未开高压时，高压箱 SF6（高压绝缘气体）气压表略高于 0.14MPa；电子枪 SF6 气压表 0.28~0.32MPa（主机左侧下方圆表），该压力值不能低于 0.28MPa，低于该值不能启动，当前指针在 0.3MPa 左右。

3）水阀压力：左侧 Lens（0.06MPa），中间 DP 泵（0.06MPa），右侧 Lens units（0.04MPa）。

4）循环冷却水箱：温度在 18(±0.5)℃。

5）空压机在启动状态：压力表位于主机左侧下方（上面方表），当黑色指针大于红色指针表示空压泵启动，红色指针当前位置为 0.25 左右；空压机一般一个月放一次。

    6）主副系统通信连接：若通信中断，操作面板左侧有重启开关。

（2）一旦加了液氮，下班时必须烘烤冷阱。

（3）样品杆拔出前一定要点复位。

（4）如果想拍大晶体高分辨，就算不要拍选区衍射，也要踩正。

（5）TEM 样品杆的插入步骤：

插入样品杆至推不动，阀门响一声，将抽气开关拔上，此时黄灯亮，听到"咕噜声"后手再放开，等待绿灯指示灯亮后再等待 3~5min 左右，然后将样品杆顺时针转动，缓推进，再顺时针转动（比第一次转动角度大），样品杆会被吸进。待 SIP 气压表指针小于 4×10^{-5}Pa 时（已稳定），才能点击 BEAM 观察样品。

六、实验报告要求

（1）每人一份实验报告，报告应包括实验目的、实验原理、实验设备和材料、实验方法与步骤、实验结果与分析。

（2）分析讨论提高透镜分辨率的方法。

（3）分析所观察试样的组织形貌特征。

（4）指出试验过程中存在的问题和注意事项。

七、思考题

（1）透镜分辨率的物理意义，用什么方法提高透镜的分辨率？

（2）什么是电磁透镜的分辨本领，主要取决于什么？为什么电磁透镜要采用小孔径半角成像？

（3）成像系统的主要构成及其特点是什么？

实验 18　电子衍射花样的形成与标定

一、实验目的

（1）了解电子衍射花样的形成机理。
（2）掌握电子衍射花样的标定方法。

二、实验设备及材料

2100F 型透射电镜，待分析试样。

三、实验原理

1. 电子衍射花样的形成

1927 年，戴维逊（C. J. Davisson）等人成功地进行了电子衍射实验，证实了电子（束）具有波动性。随着电子光学技术的发展，几十年来，电子衍射已经发展成为研究、分析材料结构的重要方法之一。

根据入射电子能量的大小，电子衍射可分为高能电子衍射，低能电子衍射和反射式电子衍射。本实验讲述高能电子衍射。

电子衍射与 X 射线衍射一样，遵从衍射产生的必要条件（布拉格方程+反射定律，衍射矢量方程或厄瓦尔德图解等）和系统消光规律。但电子波是物质波，因而电子衍射与 X 射线衍射相比，又有不同的特点。

由于电子波波长比 X 射线更短，一般只有千分之几纳米，而衍射用 X 射线波长约在十分之几到百分之几纳米之间（常用波长为 0.05~0.25nm），按布拉格方程 $2d\sin\theta = \lambda$ 可知，电子衍射的 2θ 角很小，通常为 1°~2°，即入射电子束和衍射电子束都近乎平行于衍射晶面。

图 3-61 所示为导出电子衍射基本公式的厄瓦尔德图解。设单晶薄膜样品中（HKL）面满足衍射必要条件，即其相应倒易点 G_{HKL} 与反射球相交。（HKL）面衍射线（K' 方向）与感光平面（照相底片或荧屏）交于 P' 点，P' 即为衍射斑点（以 HKL 命名）。透射束（又称零级衍射）与感光平面交于 O' 点，O' 称透射斑或衍射花样的中心斑点。设样品至感光平面的距离为 L（可称为相机长度），O' 与 P' 的距离为 R，由图 3-61 可知：

$$\tan 2\theta = R/L \qquad (3-39)$$

由于 θ 很小，故 $\tan 2\theta \approx 2\sin\theta$，故，此式（3-39）可近似写为：

$$2\sin\theta = R/L \qquad (3-40)$$

将此式代入布拉格方程 $2d\sin\theta = \lambda$，得：

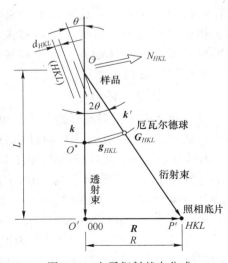

图 3-61　电子衍射基本公式
导出的厄瓦尔德图

$$\lambda/d = R/L$$
$$Rd = \lambda L \tag{3-41}$$

式中　　d——衍射晶面的晶面间距，nm；

　　　　λ——入射电子波长，nm。

式（3-41）即为电子衍射基本公式（式中 R 与 L 以 mm 计）。当加速电压一定时，电子波长 λ 值恒定，则 $\lambda L = C$（C 为一常数，称为相机常数）。故式（3-41）可改写为：

$$Rd = C \tag{3-42}$$

按 $g = 1/d$（g 为 (HKL) 面倒易矢量，g 即 $|g|$），式（3-42）又可改写为：

$$R = Cg \tag{3-43}$$

由于电子衍射 2θ 很小，g 与 R 近似平行，故按式（3-43），近似有：

$$R = Cg \tag{3-44}$$

式中　　R——透射斑到衍射斑的连接矢量，可称衍射斑点矢量。

透射电镜中的高能电子与样品作用时，除了可以进行成像操作外，还可以进行衍射操作。透射电镜的照明系统提供了电子衍射所需要的单色平面电子波，当它照射晶体样品时，晶体内满足 Bragg 条件的晶面组将在与入射束成 2θ 角的方向上产生衍射束。根据透镜的基本性质，平行光束将被会聚于其背焦面上一点。因此，样品上不同部位朝同一方向散射的同位相电子波（这里是同一晶面组的衍射波）将在物镜背焦平面上被会聚而得到相应的衍射斑点。这样，就在物镜的背焦平面上形成了该样品晶体的衍射花样。使中间镜的物平面与物镜的背焦平面重合，这幅衍射花样经中间镜和投影镜进一步放大，可以在荧光屏或照相底板上观察和记录。电子成像和电子衍射如图 3-62 所示。

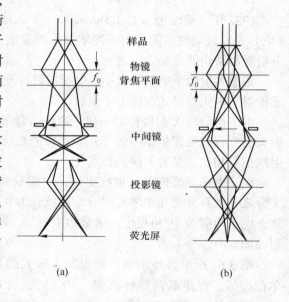

图 3-62　电子成像和电子衍射图
（a）成像；（b）衍射

2. 电子衍射花样的标定

（1）单晶电子衍射花样的标定。电子束照射单晶薄膜样品，其成像原理（厄瓦尔德图解）如图 3-63 所示。O 为反射球中心（可认为 O 在样品上），O^* 为倒易原点，$OO^* = K$。单晶电子衍射厄瓦尔德图解具有 3 个特点：第一，由于电子衍射 2θ 很小，入射束近似平行衍射晶面，设衍射晶面 (HKL) 所属晶带为 $[uvw]$，则入射线近似平行于晶带轴 $[uvw]$，因而可以认为图 3-63 中过 O^* 点且垂直于 K 的倒易点阵平面即为 $(uvw)_0^*$ 零层倒易平面；第二，反射球半径 $OO^* = |K| = 1/\lambda$，由于电子波长 λ 很小，故反射球曲率很小，因而 $(uvw)_0^*$ 平面上一定范围内的倒易阵点均距反射球很近；第三，由于薄膜样品（薄片晶体）厚度很小，其倒易点阵中各阵点已不再是几何点，而是沿样品厚度方向扩散延伸为杆状（倒易杆），从而增加了与反射球相交的机会。由此 3 个特点可知，在

$(uvw)_0^*$ 点阵平面上，以 O^* 为中心的一定范围内各倒易点（杆）均可与反射球相交，而 O 与各交点的连接矢量即为 K'（衍射线波数矢量）。各衍射线（K' 方向）与垂直于入射束的感光平面的交点（衍射斑点）即构成单晶电子衍射花样。图 3-64 为单晶电子衍射花样实例。

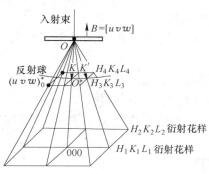

图 3-63　单晶电子衍射成像原理

图 3-64　单晶电子衍射花样

单晶电子衍射花样具有周期性，如图 3-65 所示，表达衍射花样周期性的基本单元的形状和大小由花样中最短和次短衍射斑点矢量 R_1 与 R_2 描述，第三个斑点矢量满足矢量运算法则：$R_3 = R_1 + R_2$，且 $R_{32} = R_{12} + R_{22} + 2R_1R_2\cos\phi$，设 R_1、R_2、R_3 终点（衍射斑点）指数为 $H_1K_1L_1$、$H_2K_2L_2$、$H_3K_3L_3$，则有 $H_3 = H_1 + H_2$、$K_3 = K_1 + K_2$、$L_3 = L_1 + L_2$。

采用尝试-核算法标定出 R_1 与 R_2 点，其他点用矢量加法即可标定。

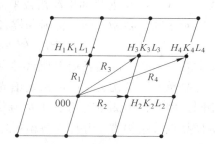

图 3-65　单晶电子衍射的周期性

（2）多晶电子衍射花样的标定。电子束照射多晶薄膜样品，其成像原理与多晶 X 射线衍射相似，如图 3-66 所示。图 3-67 为多晶电子衍射实例。

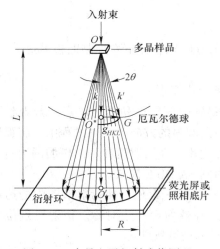

图 3-66　多晶电子衍射成像原理

图 3-67　多晶电子衍射花样

样品中各晶粒同名（*HKL*）面倒易点集合而成倒易球面，倒易球面与反射球相交为圆环，因而样品各晶粒同名（*HKL*）面衍射线形成以入射电子束为轴、2θ 为半锥角的衍射圆锥。不同（*HKL*）衍射圆锥 2θ 不同，但各衍射圆锥均共顶、共轴。

各共顶、共轴（*HKL*）衍射圆锥与垂直于入射束的感光平面相交，其交线为一系列同心圆（称衍射圆环）即为多晶电子衍射花样。多晶电子衍射花样也可视为倒易球面与反射球交线圆环（即参与衍射晶面倒易点的集合）的放大像。

电子衍射基本公式（式（3-40）及其各种改写形式）也适用于多晶电子衍射分析，式中之 R 即为衍射圆环之半径。

多晶电子衍射花样标定指多晶电子衍射花样指数化，即确定花样中各衍射圆环对应衍射晶面干涉指数（*HKL*）。下面讨论立方晶系多晶电子衍射花样指数化。

由式（3-42）有 $d = C/R$（设 C 为相机常数），将此式代入立方晶系晶面间距公式，得：

$$R = C\sqrt{H^2 + K^2 + L^2}/a$$
$$R^2 = (C^2/a)N \tag{3-45}$$

式中 N——衍射晶面干涉指数平方和，$N = H^2 + K^2 + L^2$。

对于同一物相、同一衍射花样各圆环而言，(C^2/a^2) 为常数，故按式（3-45），有：

$$R_1^2 : R_2^2 : \cdots : R_n^2 = N_1 : N_2 : \cdots : N_n \tag{3-46}$$

式（3-46）即指各衍射圆环半径平方顺序比等于各圆环对应衍射晶面 N 值顺序比。立方晶系不同结构类型晶体系统消光规律不同，故产生衍射各晶面的 N 值顺序比也各不相同。因此，由测量各衍射环 R 值获得 R^2 顺序比并归整，以之与 N 顺序比对照，即可确定样品点阵结构类型并标出各衍射环对应指数。

四、实验方法与步骤

1. 电子衍射操作步骤

（1）检查各仪表的读数是否正常。

（2）开高压，点 normal 键。

（3）放样品。

（4）开 BEAM VALVE switch：电脑屏幕上显示 HT ON，按下左控制面板 Beam，开始观察。

（5）放大倍数几万倍，选择感兴趣的区域，移至小黑点。

（6）加入选区光阑，在 SA DIFF 模式下将观察到衍射斑点和透射斑点，若观察到的衍射斑点呈圆弧形，则踩轴的方向应该是透射斑指向圆弧的方向。踩轴过程中，圆弧所在圆的半径将越来越小，直至透射斑在衍射斑的中心为止，即衍射斑在透射斑的两边对称分布。回到图像模式，用高度将图像聚焦清楚，再回到 SA DIFF 模式。

（7）将 Brightness 顺时针旋至报警，调节 DIFF FOCUS 聚焦，使衍射谱图中的透射斑点亮度调至最尖锐，通过微踩 Tx，Ty，使衍射斑点在透射斑两边对称。衍射斑点位置不在中心，按 PLA，用 DEF 多功能键调节光斑位置至合适区域即可。

（8）根据需要加挡针盖住透射点，最后翻屏，拍照。

如果发现透射斑不圆可通过中间镜消像散（Brightness 顺时针最大，动 DIFF 至小奔驰像，相机长度至 200，用 IL STIG 调圆）。

如果套了好多小晶体颗粒的话，在第（2）步加入选区，按 SA DIFF 后会出现衍射环，然后不用踩 Tx、Ty（踩了也没用），直接按第（3）步往下做。

2. 衍射花样的标定

（1）单晶衍射花样标定：

1）以透射斑为原点，将最近及次近的斑点与原点连接，测量其长度 R_n（$n = 1$、2、3、…）及相互间夹角。

2）求各 R_n^2 之顺序比值，根据式（3-46）得到 N 值之比。

3）结合消光规律，得到各点的 $\{HKL\}$。

4）根据夹角计算公式计算夹角，并利用测量的夹角进行校核得到指数（HKL）。

5）根据最近点和次近点指数，采用矢量加法标定其他点的指数。

（2）多晶衍射花样标定：

1）测量各衍射环半径 R_n。

2）计算 R_n^2 之顺序比值并化整，得到 N 值。

3）利用消光规律得到各衍射环之 $\{HKL\}$。

五、注意事项

（1）操作前检查各仪表的读数是否正常，具体参照第三章实验 17 的内容。

（2）样品杆拔出前一定要点"复位"按钮。

（3）操作时严格按照操作步骤进行。

六、实验报告要求

（1）每人一份实验报告，报告应包括实验目的、实验原理、实验设备和材料、实验方法与步骤、实验结果与分析。

（2）获取样品的电子衍射花样并进行标定。

（3）指出试验过程中存在的问题和注意事项。

七、思考题

（1）电子衍射与 X 射线衍射有何异同？

（2）叙述简单立方、体心立方和面心立方的消光规律。

4 金属材料性能测试实验

实验 1　金属硬度测试

一、实验目的

（1）熟悉硬度测定的基本原理及应用范围。

（2）掌握布氏、洛氏、维氏硬度机的主要结构及操作方法。

二、实验设备及材料

（1）实验设备：TH550 型洛氏硬度试验机，TH600 型布氏硬度试验机，HVS-1000 型维氏硬度机，读数放大镜，砂轮机。

（2）实验材料：退火低碳钢或中碳钢，淬火钢或高碳钢试样，砂纸。

三、实验原理

硬度是衡量金属材料软硬的一个指标。硬度值的物理意义随实验方法的不同而不同。例如压入法硬度值是材料表面抵抗另一物体压入时所应起的塑性变形能力；刻划法硬度值表示金属抵抗表面局部破裂的能力；而回跳法硬度值是代表金属弹性变形功的大小。因此，硬度值实际上是反映材料的弹性、塑性、变形强化率、强度和韧性等一系列不同特性的一个综合性指标。

硬度试验所用设备简单，操作方便。硬度试验仅在材料表面局部区域内造成很小的压痕，不破坏材料，可在零件上直接进行检验。材料的硬度与强度间存在一定的经验关系，并且硬度与切削性、成型性及可焊性等工艺性能也有某些特定联系，可作为选择加工工艺时的参考。因而硬度试验在生产实际和材料工艺研究中得到广泛的应用。

硬度实验方法可分为压入法、刻划法及反弹法，其中应用最为广泛的是压入法。压入法中根据加荷速度不同，分静载荷压入法和动负载荷压入法两种。在生产中使用最广的是静载荷压入法硬度试验，即洛氏硬度、布氏硬度、维氏硬度等。

1. 洛氏硬度（HR）

洛氏硬度试验是目前应用最广的实验方法。它以压痕深度来确定材料的硬度值指标。洛氏硬度试验原理可见图 4-1，洛氏硬度试验规范及应用见表 4-1。

洛氏硬度试验所用压头有两种：一种是锥顶角为 120° 的金刚石圆锥，另一种是直径为 1/16in（1.588mm）或 1/8in（3.1176mm）的淬火钢球。根据金属材料软硬程度不一，可选用 HRA、HRB 和 HRC 等不同标尺。

洛氏硬度测定时，需要先预加 10kgf 的初载荷，其目的是使压头与试样表面接触良好，以保证测量结果准确，再施加主载荷（如测 HRC 主载荷为 140kgf）。图 4-1 中 0—0 位置为未加载前的压头位置。1—1 位置为加上 10kgf 初载荷后的位置，此时压入深度为 h_1，2—2 位置为加上主载荷后的位置，此时压入深度为 h_2，h_2 包括有加载所引起的弹性变形和塑性变形。卸除主载荷后，由于弹性变形恢复而提高到 3—3 位，此时压头的实际压入深度为 h_3。洛氏硬度就是以主载荷所引起的残余压痕深度（$h = h_3 - h_1$）来表示。但这样直接以压痕深度的大小表示硬度，将会出现硬的金属硬度值小，而软的金属硬度值大的现象，这与人们的

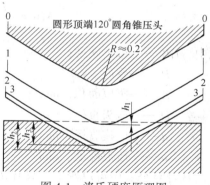

图 4-1 洛氏硬度原理图

思维习惯不相符。为了与习惯上数值越大硬度越高的思维相一致，采用常数（K）减去（$h_3 - h_1$）的差值表示硬度值。为简便起见又规定每 0.002mm 压入深度作为一个硬度单位（即刻度盘上一小格）。

洛氏硬度值的计算如式（4-1）所示：

$$HR = \frac{K - (h_3 - h_1)}{0.002} \qquad (4-1)$$

式中　h_1——预加初载压入试样的深度，mm；

　　　h_3——卸除主载荷后压入试样的深度，mm；

　　　K——常数，采用金刚石圆锥时 $K = 0.2$（用于 HRA、HRC），采用钢球时 $K = 0.26$（用于 HRB）。

表 4-1　洛氏硬度试验规范及应用

标尺	压头类型	初载荷 /kgf	主载荷 /kgf	总载荷 /kgf	常数 K	硬度范围	应 用 举 例
A	金刚石圆锥	10	50	60	0.2	60～85	高硬度薄件、硬质合金
B	ϕ1.588mm 钢球		90	100	0.26	24～100	有色金属、可锻铸铁
C	金刚石圆锥		140	150	0.2	20～67	热处理结构钢、工具钢

2. 布氏硬度（HB）

（1）布氏硬度的测量原理。布氏硬度的测量原理是：试验时施加一定大小的载荷 P，将直径为 D 的淬火钢球或硬质合金球压入被测金属表面（如图 4-2 所示），保持一定时间，然后卸除载荷，在金属表面留下压痕，测量压痕直径 d，计算压痕表面积 A。将单位压痕面积上承受的平均压力定义为布氏硬度，并用符号 HB 表示。

布氏硬度值的计算式（4-2）、式（4-3）：

$$HB = P/A \qquad (4-2)$$

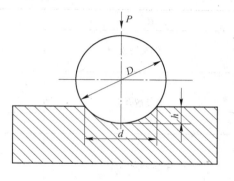

图 4-2 布氏硬度原理图

$$HB = \frac{P}{\pi Dh} = \frac{2P}{\pi D(D - \sqrt{D^2 - d^2})} \qquad (4\text{-}3)$$

式中　HB——布氏硬度;

$\quad\quad P$——载荷,kgf;

$\quad\quad A$——压痕面积,mm^2;

$\quad\quad D$——压头直径,mm;

$\quad\quad d$——压痕直径,mm;

$\quad\quad h$——压痕深度,mm。

从计算公式中可以看出,只有 d 是变量,故只需测出压痕直径 d,根据已知 D 和 P 值就可计算出 HB 值。在实际测量中也可测出压痕直径 d 并直接查表得到 HB 值。布氏硬度值是有单位的,其单位为 kgf/mm^2。

(2)布氏硬度试验规程。载荷 P 和钢球直径 D 的选择:

布氏硬度试验前必须事先确定载荷 P 和压头直径 D,只有这样,所得的数据才能进行相互比较。但由于材料有硬有软,所测样品有厚有薄,如果只采用一个标准的载荷 P(如 3000kgf)和压头直径 D(如 10mm)时,对于硬的材料合适,但对于软的材料就可能会发生钢球陷入金属材料内的现象。同样,这个载荷和压头直径对厚的工件虽然适合,而对薄的工件就可能发生压透的现象,对同一种材料当采用不同的 P 和 D 进行试验时,要保证同一材料的布氏硬度值相同,必须是形成的压入角为常数,即要得到几何形状相似的压痕,为此,应保持 P/D^2 为常数。

当采用不同大小的负荷和不同直径的钢球进行布氏硬度试验时,只要满足 P/D^2 为常数,则对同一材料来说,所测布氏硬度值是相同的,并且不同材料间的布氏硬度值才能进行比较。布氏硬度试验时,P/D^2 的比值有 30、15、10、5、2.5、1.25 和 1 七种。根据金属材料种类,试验硬度范围和要求不同,P/D^2 选择可查看表 4-2。

布氏硬度试验前,也应当根据试件的厚度选定压头直径。试件的厚度应大于压痕深度的 10 倍。在试件厚度足够时,应尽可能选用 10mm 直径的压头。然后再根据材料及其硬度范围,参照表 4-2 选择 P/D^2 值,从而计算出试验需用的压力 P。应当指出,压痕直径 d 应在 $(0.24 \sim 0.6)D$ 范围内,否则实验结果无效,则应另选 P/D^2 值,重新试验。

表 4-2　布氏硬度试验 P/D^2 值选择

材　料	布氏硬度范围	P/D^2
钢及铸铁	<140	10
	≥140	30
铜及铜合金	<35	5
	35~130	10
	>130	30
轻金属及合金	<35	2.5(1.25)
	35~80	10(5 或 15)
	>80	10(15)

3. 维氏硬度

维氏硬度的测定原理和布氏硬度相同，也是以单位压痕面积上承受的压力来表示硬度值。所不同的是维氏硬度采用了锥面夹角为136°的金刚石四方角锥体。这时由于压入角恒定不变，使得载荷改变时，压痕几何形状相似。因此，在维氏硬度试验中，载荷可以任意选择，而所得硬度值相同，这是维氏硬度最大的特点。四方角之所以选136°，是为了使所测数据与 HB 值能得到最好的配合。因为一般布氏硬度试验时压痕直径 d 多半在（0.25~0.5）D 之间，取平均值为 0.375D，这时布氏硬度的压入角 φ = 44°，而面角为 136° 的正四菱形角压痕的压入角也等于 44°，所以在中低硬度范围内，维氏硬度与布氏硬度值很接近。

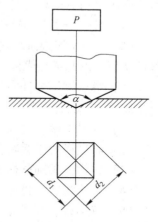

测定维氏硬度时，也是以一定的压力将压头压入试样件表面，保持一定的时间后卸除压力。于是在试样表面上留下压痕，如图 4-3 所示。测量压痕两对角线的长度后取平均值 d，计算压痕面积 A 如式（4-4）所示：

$$A = \frac{d^2}{2\sin\left(\frac{136°}{2}\right)} = \frac{d^2}{1.854} \qquad (4-4)$$

图 4-3　维氏硬度测量原理图

所以维氏硬度（以 HV 表示），其值可用式（4-5）计算：

$$HV = \frac{P}{A} = 1.854\frac{P}{d^2} \qquad (4-5)$$

式中　P——载荷的大小，kgf；

　　　A——压痕面积，mm^2；

　　　d——压痕对角线长度，mm。

由式（4-5）可以看出，只是量出压痕对角线长度 d，即可求出 HV 值。HV 值的单位为 kgf/mm^2，但一般不标注单位。

四、实验方法与步骤

1. 洛氏硬度测量

（1）根据试样预期硬度确定压头和载荷，并装入试验机。

（2）开启试验机电源。

（3）将符合要求的试样放置在试样台上，顺时针缓慢转动手轮，使试样与压头缓慢接触，"初载荷"指示灯亮起。

（4）继续缓慢顺时针转动手轮，"初载荷"指示灯将显示"9、8、7、…"直至"0"，此时"初载荷"指示灯熄灭，停止转动手轮，将依次亮起"加载"、"保持"、"卸载"指示灯。

（5）当"卸载"指示灯熄灭后，读取硬度值。

（6）逆时针转动手轮，卸掉所有载荷。

（7）继续测试两个数据点，两个测试点间距离大于 3mm。

2. 布氏硬度测量

（1）根据试样预期硬度确定压头和载荷，并装入试验机。

（2）开启试验机电源。

（3）将试样放在工作台上，顺时针转动手轮，使压头向试样表面靠近，直至手轮下面螺母产生相对运动（打滑）为止。

（4）按"开始"按钮，硬度计上指示灯将依次亮"加载"、"保持"、"卸载"。

（5）指示灯熄灭后，逆时针转动手轮降下工作台，取下试样用读数显微镜测出压痕直径 d 值，以此值查表即得出 HB 值或计算 HB 值。

（6）继续测试另外两个数据点。

3. 维氏硬度测量

（1）开启电源，启动电脑及测试软件。

（2）将试样置于载物台上。

（3）将物镜移到试样上方，调节焦距至清晰。

（4）移开物镜，将压头置于试样上方，设置载荷大小，按下加载按钮。

（5）待加载、卸载完成后，再次将物镜移到试样上方。

（6）在电脑屏幕上寻找压痕，找到压痕后，可以采用"自动"或"手动"模式测定硬度值。

（7）继续测试另外两个数据点。

五、实验注意事项

（1）布氏硬度测定，应保证试样表面平整光洁，以使压痕边缘清晰，保证精确测量压痕直径 d。用读数显微镜测量压痕直径 d 时，应从相互垂直的两个方向上进行，取二者的平均值。

（2）测量洛氏硬度时，应根据被测金属材料的硬度高低，选定压头和载荷。试样表面应平整光洁，不得有氧化皮或油污以及明显的加工痕迹。试样厚度应不小于压入深度的10 倍。两相邻压痕及压痕离试样边缘距离均不小于 3mm。

六、实验报告要求

（1）每人一份实验报告，报告应包括实验目的、实验原理、实验设备和材料、实验方法与步骤、实验结果与分析。

（2）严格按照试验步骤，记录所测材料洛氏硬度值，布氏硬度压痕直径 d，维氏硬度压痕对角线长度 d 及维氏硬度值，通过公式计算布氏硬度和维氏硬度值，分析试验结果，分析影响材料硬度的各种因素。

（3）指出试验过程中存在的问题，并提出相应的改进方法。

七、思考题

（1）比较布氏硬度、洛氏硬度与维氏硬度测定法的优缺点。

（2）如何理解洛氏硬度 HRC 的测量范围为 20~67HRC？

（3）为什么维氏硬度压头锥面夹角要设定为 136°，而不选择其他角度？

实验 2 金属冲击韧性实验

一、实验目的

（1）掌握冲击韧性的测量原理与方法。
（2）了解金属材料韧性与断口形貌的关系。

二、实验设备及材料

冲击试验机，游标卡尺，45 钢标准冲击试样。

三、实验原理

1. 冲击试验原理

许多机器零件和结构在服役时往往会受到冲击载荷的作用，材料在冲击载荷作用下的变形与断裂行为可以用冲击试验测定材料的冲击功（A_k）和冲击韧性（a_k）进行评价。冲击吸收功和冲击韧性反映材料抵抗冲击载荷作用而不被破坏的能力。

冲击试验的测量原理，如图 4-4 所示。试验在摆锤式冲击试验机上进行。试验时，先将试样水平放置在试验机支座上，缺口位于冲击摆锤运动的相背方向，并使缺口位于支座中间（见图 4-5）；然后将质量为 m 的摆锤抬到一定高度 H_1，该摆锤具有势能 mgH_1，释放摆锤，使摆锤自由转动落下，冲断试样，摆锤继续上摆到高度 H_2，具有势能 mgH_2，二者势能差（mgH_1-mgH_2）为冲断试样所做的功，也即试样被冲断过程中所吸收的能量，称为冲击功，单位为 J，用 A_k 表示。

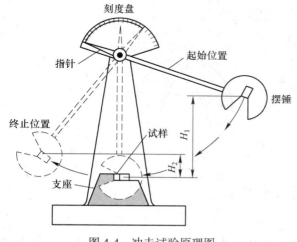

图 4-4 冲击试验原理图

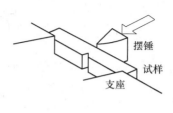

图 4-5 冲击试样放置图

冲击功 A_k 的计算如式（4-6）所示：

$$A_k = mgH_1 - mgH_2 \qquad (4\text{-}6)$$

冲击韧性 a_k 则为冲击功 A_k 除以试样缺口处的横截面积，即式（4-7）。

$$a_k = \frac{A_k}{A}$$

（4-7）

式中　A ——试样在断口处的横截面面积，cm^2。

冲击韧性 a_k 的单位为 J/cm^2。冲击试验使用的标准试样通常为 10mm×10mm×55mm 的 U 形或 V 形缺口试样，分别称为夏比 U 形缺口试样和夏比 V 形缺口试样。习惯上前者简称为梅氏试样，后者为夏氏试样。两种试样的尺寸及加工要求，如图 4-6 和图 4-7 所示。

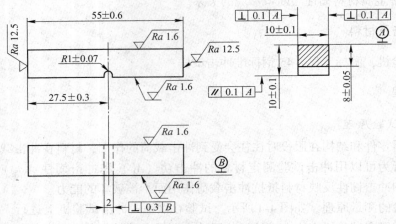

图 4-6　夏比 U 形冲击试样图

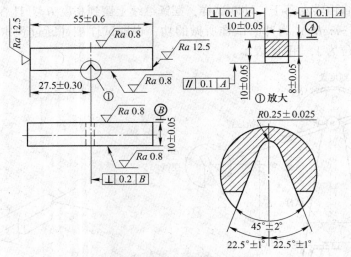

图 4-7　夏比 V 形冲击试样图

2. 冲击功及冲击韧性的意义

长期以来，冲击韧性 a_k 一直被视为材料抵抗冲击载荷作用的力学性能指标，用来评定材料的韧性与脆化程度，但冲击韧性 a_k 虽然在数值上等于冲击功 A_k 除以试样缺口处横截面积，表示单位面积的平均冲击功值，这只是一个数学平均量，不能代表单位面积上消耗的冲击功。因为冲击功的消耗在整个缺口横截面上是不均匀的，实际上冲断试样所消耗的冲击功包括裂纹撕裂功和裂纹扩展功，裂纹撕裂功消耗在缺口附近，使缺口处的材料发生变形以致开裂，形成裂纹，这个过程需要消耗很大的能量，占据了冲击功的绝大部分，裂纹一旦形成，会沿截面扩展，裂纹扩展需要的能量远小于裂纹撕裂所需能量，即裂纹扩展功在数值上远低于裂纹撕裂功，因此，截面上冲击功的消耗并不均匀，所以，冲击韧性没有物理意义，不能代表单位面积上消耗的冲击功。

冲击功为冲断标准试样所消耗的功，具有明确的物理意义，反映材料在有缺口受冲击情况下的韧性与脆化倾向。

四、实验方法与步骤

（1）测量试样缺口处横截面的尺寸。

（2）将试样安装在试验机支座上。注意在安装试样时，不得将摆锤抬起。

（3）操作冲击试验机，测量试样冲击功，步骤如下：

1）开启电源，打开控制屏，设置好参数，选择试验运行。

2）按下"取摆"按钮，使摆锤自动升起。

3）按下"退销"按钮，按下"冲击"按钮，使摆锤自由落下，并冲击试样。

4）记录屏幕上显示的冲击功数据。

5）按下"退销"按钮，按下"放摆"按钮，使摆锤回到平衡位置。

（4）若继续试验，重复上述步骤。

五、实验注意事项

（1）实验中应注意安全，特别是在安装试样时，不得将摆锤抬起。

（2）摆放试样时，应使试样缺口对正摆锤刃口，以减少测量误差。

六、实验报告要求

（1）每人一份实验报告，报告应包括实验目的、实验原理、实验设备和材料、实验方法与步骤、实验结果与分析。

（2）严格按照试验步骤，注意记录试验数据（试样缺口处的横截面面积、冲击功），计算冲击韧性，分析试验结果，分析影响材料冲击韧性的各种因素。

（3）指出试验过程中存在的问题，并提出相应的改进方法。

七、思考题

（1）为什么冲击试样要开缺口，两种缺口试样的冲击韧性是否具有可比性？

（2）如何理解冲击韧性和冲击功的物理意义和工程意义？

（3）材料在冲击载荷作用下的变形与断裂过程与静载荷条件下的有何不同？

实验 3　金属拉伸性能实验

一、实验目的

（1）熟悉金属材料拉伸试验原理与操作方法。

（2）掌握低碳钢拉伸试样强度和塑性指标的测定方法。

（3）测量低碳钢应力-应变曲线，理解强度和塑性指标的意义及影响因素。

二、实验设备及材料

万能试验机，游标卡尺，刻点机，低碳钢拉伸试样。

三、实验原理

1. 拉伸曲线和应力-应变曲线

拉伸试验是应用最广泛的力学性能试验。由拉伸试验测得拉伸曲线（或应力-应变曲线），从而获得材料的弹性、强度、塑性等一系列力学性能指标。这些性能指标通常是进行工程设计、零件选材、材料评价及质量控制的重要依据，具有重要的工程实际意义。

拉伸试验通常是在拉伸试验机上进行。试样装夹在试验机上，在轴向缓慢加载，随着载荷不断增加，试样的伸长量也逐渐增大，直至拉断为止。在整个拉伸过程中，材料（以低碳钢为例）将发生弹性变形、屈服现象（微量塑性变形）、大量均匀塑性变形，以及缩颈断裂等变化。拉伸试样所受的载荷 P 和伸长量 Δl 之间的关系曲线称为拉伸曲线（见图 4-8）。在拉伸试验中，利用拉伸试验机所携带的自动记录及绘图装置可以自动记录并绘制拉伸曲线（P-Δl 曲线），如果以载荷 P 除以试样的原始截面积 A，伸长量 Δl 除以试样的原始长度 L，由拉伸曲线即可得到应力-应变曲线（σ-ε 曲线，见图 4-9）。对比拉伸曲线和应力-应变曲线可以看出，两者的形状相同，坐标单位不同。

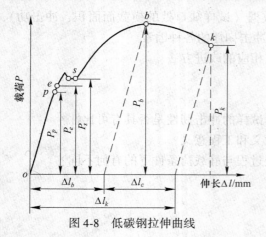

图 4-8　低碳钢拉伸曲线

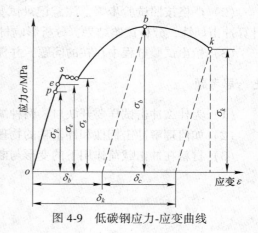

图 4-9　低碳钢应力-应变曲线

2. 拉伸试样

金属拉伸试验所用试样一般为光滑圆柱试样或板状试样。试样由平行、过渡和夹持三部分组成，平行部分的试验段长度 l 称为试样的标距。若采用光滑圆柱试样，试样平行部分的试验段长度（标距）$l = 10d$ 或 $l = 5d$，前者称为长试样，后者称为短试样。图 4-10 为拉伸圆形试样，对试样的形状、尺寸和加工的技术要求参见国家标准《金属拉伸试验试样》（GB 6397—86）。

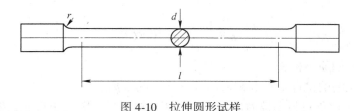

图 4-10　拉伸圆形试样

3. 拉伸性能指标

（1）强度与弹性指标及其意义：

1）弹性模量 E：在应力-应变曲线上直线段（见图 4-8 中 op 段）的斜率，即与直线段横轴夹角 α 的正切值为弹性模量，表示材料抵抗弹性变形的抗力，如式（4-8）所示：

$$E = \tan\alpha \qquad (4\text{-}8)$$

而在弹性变形阶段（见图 4-8 中 op 段），应力应变满足胡克定律，如式（4-9）所示：

$$\sigma = E\varepsilon \qquad (4\text{-}9)$$

2）比例极限 σ_p：在应力-应变曲线上开始偏离直线时的应力，是发生弹性变形且符合胡克定律的最大应力。试样在拉伸过程中发生弹性变形，并且符合胡克定律的最大载荷 P_p 除以原始横截面面积 A 所得的应力值，如式（4-10）所示：

$$\sigma_p = \frac{P_p}{A} \qquad (4\text{-}10)$$

3）弹性极限 σ_e：由弹性变形过渡到弹-塑性变形时的应力。不产生塑性变形的最大应力。试样在拉伸过程中发生弹性变形的最大载荷 P_e 除以原始横截面面积 A 所得的应力值，如式（4-11）所示：

$$\sigma_e = \frac{P_e}{A} \qquad (4\text{-}11)$$

4）屈服强度 σ_s（或条件屈服强度 $\sigma_{0.2}$）：材料开始产生明显塑性变形（或残余变形量为 0.2%）的最低应力。试样在拉伸过程中载荷不增加而试样仍能继续产生变形时的载荷（即屈服载荷）P_s 除以原始横截面面积 A 所得的应力值，即式（4-12）所示：

$$\sigma_s = \frac{P_s}{A} \qquad (4\text{-}12)$$

5）抗拉强度 σ_b：试样在拉断前所承受的最大应力。拉伸过程试件所能承受最大载荷 P_b 除以原始横截面面积 A 所得的应力值，即式（4-13）所示：

$$\sigma_b = \frac{P_b}{A} \qquad (4\text{-}13)$$

脆性材料的拉伸最大载荷是断裂载荷，因此，其抗拉强度可代表断裂抗力。对塑性材料来说，抗拉强度代表产生最大均匀变形的抗力，也表示材料在静拉伸条件下的极限承载能力。屈服强度和抗拉强度是零件设计的重要依据，也是评价材料强度的重要指标。

（2）塑性性能指标及其意义。塑性是指材料断裂前发生塑性变形的能力。拉伸试验得到的塑性指标有：延伸率 δ 和断面收缩率 ψ。

1）延伸率 δ：拉断后的试样标距部分所增加的长度与原始标距长度的百分比，即式（4-14）所示：

$$\delta = \frac{l_1 - l}{l} \times 100\% \tag{4-14}$$

式中　l——试样的原始标距；

　　　l_1——将拉断的试样对接起来后两标点之间的距离。

在使用延伸率评价材料塑性时应当注意所用试样的尺寸。对于形成颈缩的材料，其伸长量 $\Delta l_1 = l_1 - l$，包括颈缩前的均匀伸长 Δl_b 和颈缩后的集中伸长 Δl_c，即 $\Delta l_1 = \Delta l_b + \Delta l_c$。因此，延伸率也相应地由均匀延伸率 δ_b 和集中延伸率 δ_c 组成。即 $\delta = \delta_b + \delta_c$。研究表明，均匀延伸率取决于材料的成分和组织结构，而集中延伸率与试样几何尺寸有关，即 $\delta_c = \beta \sqrt{A}/l$。可以看出，试样 l 越大，集中变形对总延伸率的贡献越小。为了使同一材料的试验结果具有可比性，必须对试样尺寸进行规范化，这只要使 $\sqrt{A}/l$ 为一常数即可。工程上规定了两种标准拉伸试样，$l/\sqrt{A} = 11.3$ 或 $l/\sqrt{A} = 5.65$。对于圆形截面拉伸试样，相应于 $l = 10d$ 或 $l = 5d$，相应地，延伸率分别用 δ_{10} 和 δ_5 表示，可见 $\delta_5 > \delta_{10}$。

2）断面收缩率 ψ：拉断后的试样在断裂处的最小横截面面积的缩减量与原始横截面面积的百分比，即式（4-15）所示：

$$\psi = \frac{A - A_1}{A} \times 100\% \tag{4-15}$$

式中　A——试样的原始横截面面积；

　　　A_1——拉断后的试样在断口处的最小横截面面积。

与延伸率一样，断面收缩率 ψ 也由均匀变形阶段的断面收缩率和集中变形阶段的断面收缩率两部分组成。与延伸率不同的是，断面收缩率与试样尺寸无关，只决定于材料性质。

（3）拉断后试样长度的测定。试样的塑性变形集中产生在颈缩处，并向两边逐渐减小。因此，断口的位置不同，标距 l 部分的塑性伸长也不同。若断口在试样的中部，发生严重塑性变形的颈缩段全部在标距长度内，标距长度就有较大的塑性伸长量；若断口距标距端很近，则发生严重塑性变形的颈缩段只有一部分在标距长度内，另一部分在标距长度外，在这种情况下，标距长度的塑性伸长量就小。因此，断口的位置对所测得的伸长率有影响。为了避免这种影响，国家标准（GB 228—2010）对 l_1 的测定作了如下规定。

1）试验前，将试样的标距 l 分成十等份。若断口到邻近标距端的距离大于 $l/3$，则可直接测量标距两端点之间的距离作为 l_1。若断口到邻近标距端的距离小于或等于 $l/3$，则应采用移位法（亦称为补偿法或断口移中法）测定：在长段上从断口 O 点起，取长度基本上等于短段格数的一段，得到 B 点，再由 B 点起，取等于长段剩余格数（偶数）的一半得到 C 点（见图 4-11（a））；或取剩余格数（奇数）减 1 与加 1 的一半分别得到 C 点与 C_1 点（见图 4-11（b））。移位后的 l_1 分别为：$l_1 = \overline{AO} + \overline{OB} + 2\overline{BC}$ 或 $l_1 = \overline{AO} + \overline{OB} + \overline{BC} + \overline{BC_1}$。

2）测量时，两段在断口处应紧密对接，尽量使两段的轴线在一条直线上。若在断口处形成缝隙，则此缝隙应计入 l_1 内。

3）如果断口在标距以外，或者虽在标距之内，但距标距端点的距离小于 $2d$，则试验无效。

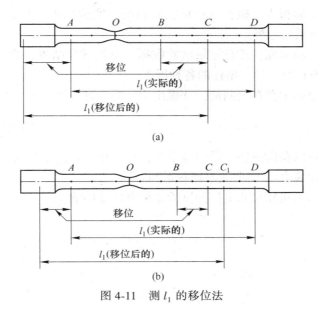

图 4-11　测 l_1 的移位法

四、实验方法与步骤

1. 试样测量

（1）将试样打上标距点，并刻画上间隔为 10mm 或 5mm 的分格线。

（2）在试样标距范围内的中间以及两标距点的内侧附近，分别用游标卡尺在相互垂直方向上测取试样直径的平均值为试样在该处的直径，取三者中的最小值作为计算直径。

2. 进行试验

（1）把试样安装在万能试验机的上、下夹头之间，估算试样的最大载荷。

（2）启动电脑，运行试验软件，设置相关参数，然后开始拉伸试验。

（3）拉断后取下试样。

3. 数据处理

（1）测量拉断后试样的尺寸，将断口吻合压紧，用游标卡尺量取断口处的最小直径和两标点之间的距离。

（2）根据记录的屈服载荷、最大载荷及拉断前后试样的尺寸，计算测试材料的屈服强度、抗拉强度以及延伸率和断面收缩率。

（3）观察拉断试样的断口，分析材料的断裂行为。

五、注意事项

（1）实验时必须严格遵守实验设备和仪器的各项操作规程。开动万能试验机后，操作者不得离开工作岗位，实验中如发生故障应立即停机。

（2）试验在静载条件下进行，加载时速度一定要缓慢均匀，不能产生冲击。

六、实验报告要求

（1）每人一份实验报告，报告应包括实验目的、实验原理、实验设备和材料、实验方法与步骤、实验结果与分析。

（2）严格按照试验步骤，注意记录试验数据，分析试验结果，绘制拉伸曲线和应力-应变曲线，分析影响材料强度、塑性的各种因素。

（3）指出试验过程中存在的问题，并提出相应的改进方法。

七、思考题

（1）拉伸试验可以获得哪些力学性能指标，这些指标有何工程意义？

（2）拉伸曲线和应力-应变曲线有何联系和区别？

（3）拉伸试样的形状和尺寸对拉伸试验结果有什么影响？

实验 4 金属压缩性能实验

一、实验目的

（1）了解金属压缩实验的原理与方法。
（2）掌握金属材料压缩屈服强度与抗压强度的测量方法。

二、实验设备及材料

万能试验机，游标卡尺，低碳钢和灰铸铁标准压缩试样。

三、实验原理

压缩试验是对试样施加轴向压力，使其产生压缩变形和断裂，并测量材料的强度和塑性。可以认为，压缩与拉伸仅仅是受力方向相反。因此，在拉伸试验中所定义的强度和塑性指标及计算公式，也适用于压缩试验。但两者在应力-应变曲线、塑性及断裂形态等方面也存在较大差别。

与拉伸试验相比，塑性材料（如低碳钢）在压缩时也存在弹性极限、屈服强度，但是屈服却不像拉伸那样明显，压缩屈服强度与拉伸屈服强度数值接近。从进入屈服阶段开始，试样塑性变形就有较大的增长，试样截面面积随之增大。由于截面面积的增大，要维持屈服时的应力，载荷要相应增大，载荷也是上升的，看不到锯齿段。在缓慢均匀加载下，当材料发生屈服时，载荷增长缓慢，这时所对应的载荷即为屈服载荷 P_s。要结合自动绘图绘出的压缩曲线中的拐点判定（见图 4-12）。

脆性材料（如铸铁试样）压缩时，试件在达到最大载荷 P_{b_c} 前将会产生较大的塑性变形，最后被压成鼓形而断裂。试样的断裂有两个特点：一是断口为斜断口，二是按 P_{b_c}/A_0 求得的强度极限远比拉伸时的高，大致是拉伸时的 3~4 倍（见图 4-13）。

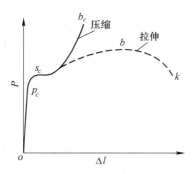

图 4-12 低碳钢拉伸与压缩曲线

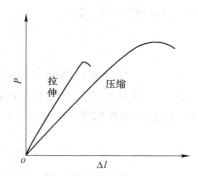

图 4-13 铸铁拉伸与压缩曲线

压缩试验可以按照国家标准《金属压缩试验方法》（GB 7314—2005）进行，金属压缩试样的形状有圆柱体试样、正方形柱体试样和板状试样三种。其中最常用的是圆柱体试样和正方形柱体试样（见图 4-14），试样长度 l_0 一般为直径 d_0 或边长 b_0 的 2.5~3.5 倍，l_0/d_0 或 l_0/b_0 比值越大，抗压强度越低。因此，对试验结果有很大的影响。为使抗压强度的试验结果能互相比较，一般规定 $l_0 / \sqrt{A_0}$ 为定值。

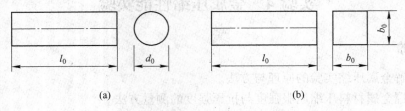

图 4-14　压缩试样

（a）圆柱体试样；（b）正方形柱体试样

压缩试验时，通过万能材料试验机可自动记录载荷-变形曲线，并且可测定下列主要的压缩性能指标：

（1）规定非比例压缩应力 σ_{p_c}。试样的非比例压缩变形达到规定的原始标距百分比时的应力，称为规定非比例压缩应力，见式（4-16）。例如 $\sigma_{p,0.2}$ 表示规定非比例压缩应变 0.2% 时的压缩应力。

$$\sigma_{p_c} = \frac{P_{p_c}}{A_0} \qquad (4\text{-}16)$$

（2）压缩屈服强度 σ_{s_c}。塑性好的材料（如低碳钢）在压缩过程中，可以测得压缩屈服载荷 P_{s_c}，其压缩屈服强度如式（4-17）所示：

$$\sigma_{s_c} = \frac{P_{s_c}}{A_0} \qquad (4\text{-}17)$$

（3）抗压强度 σ_{b_c}。脆性材料在压缩过程中，当试样的变形很小时即发生破坏，故只能测其破坏时的最大载荷 P_{b_c}，其抗压强度如式（4-18）所示：

$$\sigma_{b_c} = \frac{P_{b_c}}{A_0} \qquad (4\text{-}18)$$

（4）相对压缩率 δ_c 如式（4-19）所示：

$$\delta_c = \frac{h_0 - h_1}{h_0} \times 100\% \qquad (4\text{-}19)$$

式中　h_0 ——试样的原始高度（或长度）；

　　　h_1 ——试样压断后对接起来的高度（或长度）。

（5）相对断面扩展率 ψ_c 如式（4-20）所示：

$$\psi_c = \frac{A_1 - A_0}{A_0} \times 100\% \qquad (4\text{-}20)$$

式中　A_0 ——试样原始横截面面积；

　　　A_1 ——压断后试样最大横截面面积。

四、实验方法与步骤

（1）检查试样两端面的光洁度和平行度，并涂上润滑油。用游标卡尺在试样的中间截面相互垂直的方向上各测量一次直径，取其平均值作为计算直径。

（2）开动万能试验机，启动电脑，运行试验软件，设置相关参数，运行设备。

（3）压断后记录相关数据。

五、注意事项

（1）压缩试验时，在上下压头与试样端面之间存在很大的摩擦力，会影响试验结果和试样断裂形式。为减小摩擦阻力的影响，试样的两端必须光滑平整且相互平行，并涂润滑剂进行润滑。

（2）加载速度应缓慢均匀。

（3）脆性材料压缩时，注意防止断裂试样飞出伤人。

六、实验报告要求

（1）每人一份实验报告，报告应包括实验目的、实验原理、实验设备和材料、实验方法与步骤、实验结果与分析。

（2）严格按照试验步骤，注意记录试验数据（压缩前后试样直径、屈服载荷、最大载荷），计算压缩屈服强度、抗压强度、相对压缩率、相对断面扩展率等性能指标，分析试验结果，绘制低碳钢和铸铁压缩曲线和应力-应变曲线，计算并分析影响材料强度、塑性的各种因素。

（3）指出试验过程中存在的问题，并提出相应的改进方法。

七、思考题

（1）观察灰铸铁的压缩破坏形式并分析破坏原因。

（2）金属材料在拉伸和压缩条件下的变形和断裂行为有何异同？

（3）评价脆性材料塑性的试验方法有哪些？

实验5　金属磨损实验

一、实验目的

（1）掌握磨损试验的原理与方法。

（2）掌握测重法评价金属磨损量的方法。

（3）了解磨损试验机的结构与操作。

二、实验设备及材料

MMU-10G摩擦磨损试验机，分析天平（测量精度0.0001g），超声波清洗器，电吹风，恒温干燥箱，磨损试样，丙酮或酒精。

三、实验原理

1. 磨损原理

磨损是相互作用的固体表面在相对运动中，接触表面层内材料发生转移和耗损的过程，它是伴随摩擦而产生的。磨损是机械工程中普遍存在的材料失效现象，凡是产生相对摩擦的构件，必然会伴随有磨损现象。机械零件磨损形式按其磨损机理不同，可分为：磨粒磨损、粘着磨损、疲劳磨损、微动磨损、腐蚀磨损和冲蚀磨损等类型。然而在实际磨损情况中，往往是几种磨损形式同时存在。磨损试验是测定材料抵抗磨损能力的一种方法，通过磨损试验可以比较材料的耐磨性优劣。与其他试验相比，磨损试验受载荷、速度、温度、周围介质、表面粗糙度、润滑和对磨材料等因素的影响很大。

摩擦磨损试验按运动方式可分为滑动和滚动两类。按介质不同又可分为干摩擦、有润滑摩擦和有磨料的摩擦三类。按试样接触形式则可分平面与平面、平面与圆柱、圆柱与圆柱、平面与球以及球与球五种形式。本实验采用MMU-10G摩擦磨损试验机，该试验机是采用滑动摩擦方式，可以在无油润滑及浸油润滑以及改变载荷、速度、时间、摩擦副材料、表面粗糙度等参数情况下进行试验，评定工程材料的摩擦磨损性能。

MMU-10G端面高温摩擦磨损试验机由主轴驱动系统、试样座及摩擦副、高温炉、液压微机加荷系统、液压油源、油缸活塞、机座、操作面板、电气测量控制系统及强电控制系统等组成。通过微机对试验数据采集处理，可记录温度、摩擦力、线速度、试验力、摩擦系数与时间的关系曲线。

2. 耐磨性能评价

材料耐磨性能好坏取决于磨损试验中磨损量的多少。在相同磨损条件下，磨损量越大，材料耐磨性越差。因此，磨损试验的关键就是如何测出磨损量大小。磨损量可用试验前后的试样长度、体积、重量等的变化来表示。磨损量测量的方法有：测长法、测重法、人工基准法（刻痕法、压痕法、磨痕法）、化学分析法和放射性同位素法等。目前最常用方法为测重法。

测重法是以试样在磨损试验前后的质量差来表示磨损量的大小，用ΔM表示，见式（4-21）：

$$\Delta M = M_0 - M_1 \qquad\qquad (4\text{-}21)$$

式中　M_0——试样磨损前原始质量；

　　　M_1——试样磨损后的质量。

磨损试验结果受很多因素影响，试验数据分散性较大。因此，在磨损试验中，需测定同一试验条件下 3~5 个数据点，磨损量取算术平均值。

测量试样质量时应在万分之一的分析天平上进行，并且试样在称重前（无论磨损前或磨损后），都必须用酒精或丙酮清洗并彻底吹干。

耐磨性的评定：耐磨性是表示材料在一定摩擦条件下磨损量的多少。常用磨损率 W_r 表示。磨损率可以用单位摩擦时间内的磨损量来表示，即式（4-22）：

$$W_r = \frac{M_0 - M_1}{t} \qquad\qquad (4\text{-}22)$$

式中　t——磨损时间，min。

磨损试验时，经常指定某材料作为对比材料，然后在同样条件下将被测材料与它进行对比试验。耐磨性的评定也可采用相对耐磨性系数或磨损系数表示。磨损系数则为相对耐磨性系数的倒数。

$$相对耐磨性系数 = \frac{对比材料的磨损量}{被测定材料的磨损量}$$

3. 磨损试样

MMU-10G 摩擦磨损试验机采用的磨损试样如图 4-15 所示。

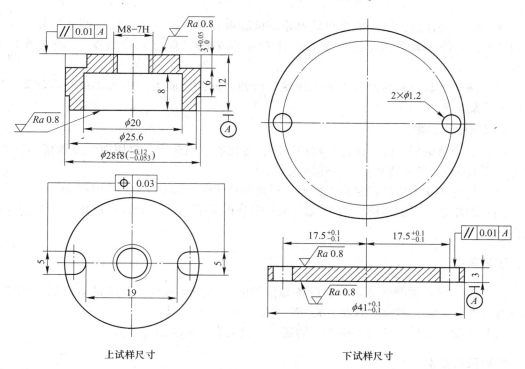

上试样尺寸　　　　　　　　下试样尺寸

图 4-15　磨损试样

四、实验方法与步骤

1. 试验前准备

（1）依次开启试验机电源、压力油泵，操作主轴转速控制板，使主轴从低速到高速空转 5min，并检查各部分的工作状况。

（2）用酒精清洗上试样及上下试样座，安装上试样座及摩擦副。

（3）用刷子清洗下试样，再用酒精或丙酮+超声波震荡清洗 10min，吹干后放入 120℃恒温干燥箱烘干 2h。

（4）取出烘干后的下试样，吹冷风冷却，用分析天平测量下试样质量。

（5）将下试样安装在试样座上，并开启计算机软件。

2. 试验机操作

（1）在试验机操作面板上进行试验参数设置：在试验力预置拨盘上设置所需的试验力；在时间预置拨盘上设置所需实验时间；在摩擦力拨盘上将摩擦力预设为 299N；将实验周期拨盘上实验周期清零。

（2）依次打开压力油泵开关，打开油盒上升开关。

（3）在油盒上升过程中，调节试验力调零旋钮，使试验力数显为 0，当上下试样紧密接触后，按下试验力施加键，加载试验力。

（4）按下"启动转速"按钮，旋转"调速"钮旋，调节转速到目标值。

（5）依次按下时间清零、试验周期清零，同时单击软件"开始"，运行软件，开始实验。

（6）试验完成后，试验机将自动停止。试验机自动停止后，先将"调速"钮逆时针旋到最小，并停止软件，单击"文件"下拉菜单中的"保存实验数据"，将实验数据存盘。

（7）按下试验力控制面板中的"卸载"按钮，卸除试验力。依次关掉油盒升降开关和压力油泵开关。

3. 试样后处理

（1）试验结束后，取下试样，吹掉磨削，先用刷子刷洗后，再用丙酮或酒精+超声波震荡清洗 10min，清洗完成后，用热风吹干。

（2）将洗净吹干后的试样放入恒温干燥箱彻底烘干，温度 120℃，时间 2h。

（3）取出烘干后的试样，吹冷风冷却，用分析天平测量磨损后试样质量，并进行磨损性分析。

五、注意事项

（1）实验时必须严格遵守实验设备和仪器的各项操作规程。开动试验机后，操作者不得离开工作岗位，实验中如发生故障应立即停机。

（2）实验中试样的清洗和烘干要彻底，否则会影响所测的质量值。

六、实验报告要求

（1）每人一份实验报告，报告应包括实验目的、实验原理、实验设备和材料、实验内容与步骤、实验结果与分析。

（2）严格按照试验步骤，注意记录试验数据，分析试验结果，记录磨损载荷、转速、时间、温度、试样磨损前后质量的变化等数据，绘制磨损量-时间关系曲线。

（3）指出试验过程中存在的问题，并提出相应的改进方法。

七、思考题

（1）提高材料耐磨性的途径和方法有哪些？

（2）磨粒磨损和粘着磨损产生的条件和机理是什么？

（3）材料磨损过程可分为哪三个阶段，各具有什么特点？

实验6　金属疲劳实验

一、实验目的

（1）了解疲劳极限的意义及疲劳实验的原理。

（2）熟悉 S-N 曲线的测试方法。

（3）掌握升降法测定材料疲劳极限的方法。

二、实验设备及材料

旋转弯曲疲劳试验机，千分表及表架，游标卡尺，45 钢或 40Cr 钢标准试件一组（8～10 根）。

三、实验原理

1. 疲劳特性及其评价方法

在机器结构中许多零件，如柴油机的曲轴、连杆、齿轮、弹簧等，都是承受交变载荷的作用。交变载荷是指载荷大小和方向随时间发生周期性变化的载荷。在交变载荷作用下，零件经长时间服役，导致裂纹萌生和扩展以至断裂失效的全过程称为疲劳。疲劳断裂时，工件所承受的应力远低于材料的抗拉强度，甚至低于屈服极限，疲劳失效没有事先预兆，表现为突然断裂。

材料疲劳特性常用的评价方法是疲劳曲线，即材料的应力 S 与循环周次（循环寿命）N 的关系曲线（即 S-N 曲线），并以疲劳极限 σ_r 来表征抵抗疲劳断裂的指标。其中 r 为应力比（循环最小应力与最大应力的比值），表示循环应力的不对称程度。在测定和应用疲劳极限时，应该从实际的循环应力情况去测试疲劳强度，并说明是在何种应力比下测得的。如果是在对称循环下（即 $r=-1$）测得的，则疲劳极限标记为（σ_{-1}），由于许多材料的疲劳极限都是在对称循环下测得，数据最多，所以常用的疲劳极限都表示为（σ_{-1}）。

典型的疲劳曲线有两类，如图 4-16 所示。一类是曲线从某一循环周次开始出现明显的水平部分（图 4-16（a）），表明当所加交变应力降低到水平值时，试样可承受无限次应力循环而不发生断裂，因而将水平部分对应的应力称为疲劳极限 σ_r。中、低强度钢通常具有这种特性。然而，实际上不可能做到无限次应力循环。试验表明，如果应力循环 10^7 周次不发生断裂，则承受无限次应力循环也不会断裂，所以对这类材料常用 10^7 周次作为测定疲劳极限的基数。另一类则是没有水平部分（见图 4-16（b）），其特点是随应力降低循环周次不断增大，不存在无限寿命。高强度钢、不锈钢和大多数有色金属具有这种特性。在这种情况下，常根据实际需要给出一定循环周次（如 10^8）所对应的应力作为金属材料的"条件疲劳极限"，记作 $\sigma_r(N)$。

2. 条件疲劳极限的测定

疲劳曲线和疲劳极限的测定可依据《金属旋转弯曲疲劳试验方法》（GB/T 4337—2008）进行。测定疲劳极限，标准推荐采用"升降法"，其步骤是取试样 13～16 根，根据已有的资料，对疲劳极限做一粗略估计，应力增量 $\Delta\sigma$ 一般选为预计疲劳极限的 3%～

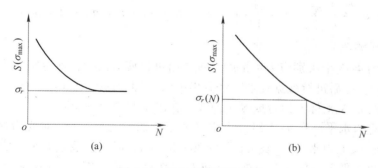

图 4-16　两种类型疲劳曲线

5%，试验一般在 3~5 级应力水平下进行。第一根试样的试验应力水平略高于预计疲劳极限，如果试样在达到规定疲劳极限循环数（如 10^7）后不断，则下一根试样升高 $\Delta\sigma$ 进行；反之，则降低 $\Delta\sigma$ 进行，这样反复进行，直至完成全部试验为止。

升降法测量条件疲劳极限的过程可用图 4-17 描述，其原则是：凡前一个试样不到规定循环周次 $N_0(N_0 = 10^7)$ 就断裂（用符号"x"表示），则后一个试样就在低一级应力水平下进行试验；相反，若前一个试样在规定循环周次 N_0 下仍然未断（用符号"○"表示），则随后一个试样就在高一级应力水平下进行。照此方法，直至得到 13 个以上有效数据为止。在处理试验结果时，将出现第一对相反结果以前的数据均舍去，如图 4-17 中点 3 和点 4 是第一对出现相反结果的点，因此点 1 和点 2 的数据应舍去，余下数据点均为有效试验数据。这时，条件疲劳极限 $\sigma_r(N)$ 的计算式为式（4-23）：

$$\sigma_r(N) = \sigma_r(10^7) = \frac{1}{m}\sum_{i=1}^{n} V_i \sigma_i \qquad (4\text{-}23)$$

式中　m——有效试验的总次数（断与未断均计算在内）；

　　　n——试验的应力水平级数；

　　σ_i——第 i 级应力水平；

　　V_i——第 i 级应力水平下的试验次数。

对于图 4-17 所示的升降法的数据处理，图中由 16 个点组成，点 3 和 4 是第一对出现的相反结果，因此点 1 和 2 均舍去，有效试验的总次数 m 为 14，在应力水平 σ_1 下的试验次数有 1 次（点 8），在应力水平 σ_2 下的试验次数有 5 次（点 3、5、7、9、15），在应力水平 σ_3 下的试验次数有 6 次（点 4、6、10、12、14、16），在应力水平 σ_4 下的试验次数有 2 次（点 11、13）。结果如式（4-24）所示。

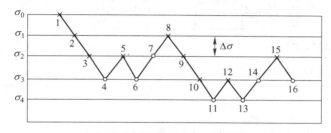

图 4-17　升降法测疲劳极限示意图

$$\sigma_r = \frac{1}{m}\sum_{i=1}^{n} V_i\sigma_i = \frac{1}{14}(1\times\sigma_1 + 5\times\sigma_2 + 6\times\sigma_3 + 2\times\sigma_4) \tag{4-24}$$

3. S-N 曲线的测定

通常是采用 4~5 个级别应力水平的常规成组进行疲劳试验，在每级应力水平下测 3~5 个试样的数据，然后进行数据处理，计算出中值（即存活率为 50%）疲劳寿命。最后再将测定的结果在 σ-N 坐标上拟合成 S-N 曲线。在测定时需要注意：

确定各组应力水平。在 4~5 级应力水平的第一级应力水平 σ_1 对光滑试样取（0.6~0.7）σ_b，而第二级应力水平 σ_2 比 σ_1 减少 20~40MPa，以后各级应力水平依次减少。

在每个应力水平下采集 n 个数据，也就是说在每个应力水平下使用 n 个试验试样，共收集 n 个循环寿命 N 的值。

中值疲劳寿命的计算。如果采集的数据的个数 n 为奇数时：

$$\lg N_{50} = \frac{1}{n}\sum_{i=1}^{n}\lg N_i \tag{4-25}$$

故有：

$$N_{50} = 10^{\frac{1}{n}\sum_{i=1}^{n}\lg N_i} \tag{4-26}$$

如果采集的数据的个数 n 为偶数时，则取中间两个循环寿命的平均。

4. 疲劳试验装置及试样

疲劳试验根据载荷性质不同有多种类型，其中以旋转弯曲疲劳试验应用最为广泛。许多材料的 S-N 曲线和疲劳极限数据都是用旋转弯曲疲劳试验方法测得，这种试验方法设备简单，操作方便，并且平均应力为零，循环完全对称（即应力比 $r=-1$），测试条件与大多数轴类零件的服役条件十分接近，因而应用广泛。图 4-18（a）为双臂式旋转弯曲疲劳试验机原理图。试样的两端装夹在主轴箱中，利用电动机通过计数器和联轴节使试样转动。将横杆挂在滚针轴承上，在横杆中央加上砝码。此时，除试样中心轴线外，其他各点均随试样的旋转而受到对称交变应力。试样所受的弯矩图如图 4-18（b）所示。试样旋转一周，应力交变一次。当所加载荷 F 较小时，试样断裂前所能承受的应力循环周次 N 越多，随载荷的增加，断裂前交变周次 N 相应减少。双臂式旋转弯曲使用的试样形状及尺寸如图 4-19 所示，其直径 d 为 6mm、7.5mm、9.5mm，d 的偏差为 ±0.05mm，夹持端之间的距离 L 为 40mm。

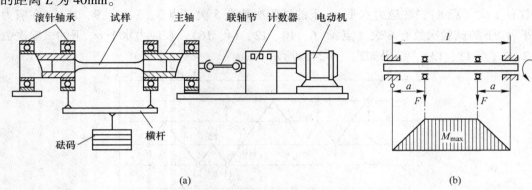

图 4-18 旋转弯曲疲劳试验原理

(a) 试验机装置示意图；(b) 弯矩图

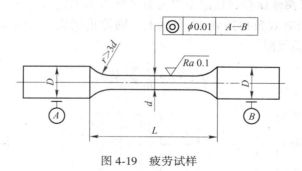

图 4-19 疲劳试样

四、实验方法与步骤

1. *S-N* 曲线的测定

（1）试样的检查与测量：

1）实验前，检查所有试样表面质量，试样表面应平整光洁，无加工划痕及其他缺陷。

2）用游标卡尺测量试样的直径，选取三个截面，分别在每个截面的相互垂直的两个方向测量，取其平均值，以三个截面中最小的直径作为计算直径。

（2）确定载荷：

1）先设定测量 *S-N* 曲线所需的各级应力水平 σ_1，σ_2，σ_3，… （取 $\sigma_1 = 0.6\sigma_b$，以后各级应力水平比前级依次减少 20~40MPa）。

2）确定试验载荷，根据试样直径 d 及载荷作用点到支座距离 a，代入弯曲力计算式（4-27）。

$$\sigma = \frac{Fa/2}{\pi d^3/32} \tag{4-27}$$

得：

$$F = \frac{\pi d^3}{16a} \cdot \sigma \tag{4-28}$$

将设定的应力 σ_1，σ_2，σ_3，… 代入，即可求得相应的试验载荷。

（3）安装试样。将试样安装在试验机上，试样应保持与试验机主轴同轴，并用千分表检查是否同轴。

（4）进行疲劳试验，测定 *S-N* 曲线：

1）用联轴节连接电动机与旋转整体，并将计数器调零。

2）开启电源，调节电动机转速，使转速达到 6000r/min 后，再施加相应的试验载荷。

3）由高应力到低应力水平，逐级进行试验，记录每个试样的循环应力和周次，观察断口位置和特征。

（5）根据试件数据绘出 *S-N* 曲线。

2. 条件疲劳极限 $\sigma_r(N)$ 的测定

条件疲劳极限的测定方法和操作步骤与其 *S-N* 曲线的测定基本上一样，所不同的就在应力水平及应力增量的选定上。对钢材而言，$\sigma_r(N)$ 测试中，也选四级应力水平，其中第一个试样的应力 σ_1 取 $0.5\sigma_b$，而应力增量建议取 $0.025\sigma_b$，然后用升降法进行试验，并将试验结果记在升降法试验数据记录图表中（见图 4-20）。在试验过程中随时记录，随时进行数据分析。当有效数据达到 13 个以上，则停止试验。将图 4-20 中的数据代入式（4-29）计算条件疲劳极限。

$$\sigma_r(N) = \frac{1}{m} \sum_{i=1}^{n} V_i \sigma_i \qquad (4-29)$$

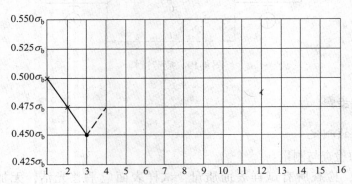

图 4-20　升降法试验数据记录图表

五、注意事项

（1）检查试样同轴度时，将千分表触头顶在试件上用手转动试件，此时千分表指示的试件摆动幅度值应小于 0.03mm。

（2）施加载荷时，若砝码配重无法满足计算载荷时，按实际所加的相近重量为实际载荷，再反算出实际应力。

六、实验报告要求

（1）每人一份实验报告，报告应包括实验目的、实验原理、实验设备和材料、实验方法与步骤、实验结果与分析。

（2）严格按照试验步骤，注意记录试验数据，分析试验结果，记录试样尺寸、疲劳载荷、循环周数等数据，绘制 S-N 关系曲线，或用升降法计算条件疲劳极限。

（3）指出试验过程中存在的问题，并提出相应的改进方法。

七、思考题

（1）总结金属疲劳断口的特征及其形成过程。

（2）简述疲劳裂纹的形成机理及阻止疲劳裂纹萌生方法。

（3）金属表面强化对疲劳强度有何影响？

实验 7　永磁材料的磁性能测试

一、实验目的

（1）了解冲击法测定永磁材料的退磁曲线和磁滞回线的测量原理。

（2）掌握模拟冲击法和磁场扫描法测量硬磁材料在静态（直流）条件下的退磁曲线和磁滞回线的方法。

（3）测定铝镍钴硬磁材料的退磁曲线和磁滞回线。准确测量剩磁 B_r、矫顽力 H_c 和最大磁能积 $(BH)_{max}$。

二、实验设备及材料

AMT-4 磁化特性自动测量仪，游标卡尺，铝镍钴磁柱试样（$\phi10mm \times 12mm$），标准线圈。

三、实验原理

1. 原理

永磁材料又称硬磁材料，指一经磁化即能保持恒定磁场的材料，具有宽磁滞回线、高矫顽力和高剩磁，常用的永磁材料分为铝镍钴永磁合金、铁铬钴永磁合金、永磁铁氧体、稀土永磁材料和复合永磁材料。永磁材料测量时，材料多制作成规范的圆柱、方块，并使用电磁铁提供高磁场强度的磁化磁场。

测量时，将绕有测量线圈的样品装夹在电磁铁中，当磁化电流在电磁铁中产生扫描磁化场时，通过样品的磁通随之发生变化，并在测量线圈中产生感应电压 e_1。根据电磁感应定律：

$$e_1 = \frac{d\Phi}{dt} = NS\frac{dB}{dt} \tag{4-30}$$

式中　N——测量线圈匝数；

　　　Φ——通过线圈的磁通；

　　　B——磁通密度；

　　　S——线圈面积。

通过高精度电子积分器拾取测量线圈所感应的 B 信号。

根据霍尔效应，如果在电流的垂直方向加以均匀的磁场，则在电流和磁场都垂直的方向上将建立起一个电场。当霍尔元件垂直于磁通密度 B 时，霍尔元件的输出电压：

$$V_H = K_Hg Bg I_H = K_Hg\mu g Hg I_H \tag{4-31}$$

式中　K_H——霍尔系数；

　　　B——磁通密度；

　　　μ——空气磁导率。由霍尔探头拾取磁场信号，经放大处理后可以得到 V_H 的值。

　　　　由于 K_H 和 μ 为定值，故适当地设置 I_H，可使 V_H 直接代表 B 或 H。

把测量线圈中产生感应电压和霍尔元件的输出电压送入电脑中，按不同的方式改变磁化电流值，就可以绘出样品的磁化曲线、退磁曲线以及磁滞回线。

给磁性材料外加递增磁场 H 时，磁感应强度 B 随 H 的变化如图 4-21 中 oa 段所示，这条曲线称为起始磁化曲线。继续增加磁场强度 H 时，B 上升很缓慢。如果 H 逐渐减小，则 B 也相应减小，但并不沿 ao 段下降，而是沿另一条曲线 ab 下降。B 随 H 变化的全过程如下：

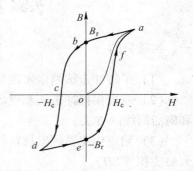

图 4-21　磁化曲线与磁滞回线

当 H 按 $o \rightarrow H_m \rightarrow o \rightarrow -H_{cb} \rightarrow -H_m \rightarrow o \rightarrow H_{cb} \rightarrow H_m$ 的顺序变化时，B 相应沿 $o \rightarrow B_m \rightarrow B_r \rightarrow o \rightarrow -B_m \rightarrow -B_r \rightarrow o \rightarrow B_m$ 的顺序变化。将上述变化过程的各点连接起来，就得到一条封闭曲线 $abcdefa$，这条曲线称为磁滞回线。磁滞回线上对应于 $H=0$ 的磁感应强度为剩磁 B_r，对应于 $B=0$ 的反向磁化场强度为矫顽力 H_c。

B-H 退磁曲线上每点所对应的磁感应强度 B 和磁化场强度 H 的乘积称磁能积（BH），其中的最大者称为最大磁能积 $(BH)_{max}$。退磁曲线上的剩余磁感应强度 B_r、矫顽力 H_c 和最大磁能积 $(BH)_{max}$ 三者构成考核硬磁材料性能的主要磁参数。

另一种曲线叫做 J-H 曲线，与 B-H 曲线类似，两者可通过 $B = \mu_0 H + J$ 相互转化。当 H 按 $o \rightarrow H_m \rightarrow o \rightarrow H_{cj} \rightarrow H_m \rightarrow o \rightarrow H_{cj} \rightarrow H_m$ 的顺序变化时，J 相应沿 $o \rightarrow J_s \rightarrow J_r \rightarrow o \rightarrow -J_s \rightarrow -J_r \rightarrow o \rightarrow J_s$，但 J 到达 J_s 时基本上不随 H 的变化而变化，$H_{cj} > H_{cb}$。

2. 磁化特征测量仪

本实验采用的仪器为 MAT-4 磁化特性自动测量仪，原理方框图如图 4-22 所示。

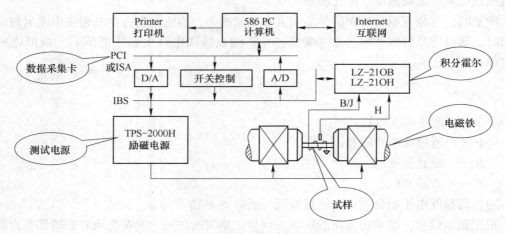

图 4-22　MAT-4 磁化特性自动测量仪原理方框图

系统部件主要包括电磁铁、极头、霍尔积分、温控箱和线圈。电磁铁的实质是一个含有铁芯的赫姆霍兹线圈，电源输出电流接到电磁铁线包，通过线圈产生磁场供样品测试。极头放置在电磁铁中间，用于引导磁力线的走向，与电磁铁产生均匀磁场。霍尔积分用于检测永磁材料的外加磁场和材料磁感应强度的变化。温控箱连接加热极头，是给极头加热的一个装置。线圈共有两类：分别为固定线圈和缠绕线圈。固定线圈是事先按固定尺寸大小绕制好的、可以直接拿来使用的线圈（线圈看不到）。常用的一共有三种：固定 B 线圈、固定 J 线圈、抛移 JH 线圈。缠绕线圈是在测试时单个同向缠绕在样品高度方向中心部位的线圈（线圈可以看到）。此类线圈只有缠绕 B 线圈一种。

四、实验方法与步骤

1. 开机顺序

（1）依次打开显示器、电脑主机电源，等待操作系统正常启动。

（2）运行硬磁测量模块，进入主界面。

（3）打开 MAT-4 磁化特性自动测量仪测量装置电源。

（4）按下 MAT-4 磁化特性自动测量仪和电脑连接按钮。

（5）预热 30~60min。

2. 测量操作过程

（1）在样品参数区输入样品参数。

（2）在测试功能区选择直流测试，根据被测样品的种类和测试要求设定测试条件。

（3）在记录参数区输入有关参数。

（4）将样品放入线圈，接入测试接口。

（5）在硬磁测量模块主界面中点击调漂按钮。

（6）在硬磁测量模块主界面中点击复位按钮。

（7）在硬磁测量模块主界面中点击开始测试按钮。

（8）测试完成后，将在图形显示区显示测试波形，在数据表格区显示数据结果。

（9）打印测试报告，保存测试数据。

3. 关机顺序

（1）将样品从电磁铁中取出。

（2）断开 MAT-4 磁化特性自动测量仪和电脑连接按钮。

（3）关闭 MAT-4 磁化特性自动测量仪装置电源。

（4）退出硬磁测量模块。

（5）关闭操作系统，电脑主机自动断电，然后关闭显示器。

五、注意事项

（1）AlNiCo 测试前，要校准测试系统。

（2）在记录参数区输入有关参数时，温度必须按实际情况输入。因为硬磁材料的磁性能是与温度相关的，正确的温度记录可方便用户对硬磁材料的磁性能做出正确的判断。

六、实验报告要求

（1）每人一份实验报告，报告应包括实验目的、实验原理、实验设备和材料、实验方法与步骤、实验结果与分析。

（2）简述永磁材料测量的影响因素。

（3）根据测试打印的硬磁材料的退磁曲线和磁滞回线，标出测量结果剩磁 B_r、矫顽力 H_c 和最大磁能积 $(BH)_{max}$。

（4）指出试验过程中存在的问题，并提出相应的改进方法。

七、思考题

（1）影响永磁材料测量精度的因素有哪些？影响永磁材料磁滞损耗的参数有哪些？

（2）分析表征永磁材料特性主要参数。

（3）测试过程中参数输入时，正向和反向电流设置的依据是什么？

实验 8　软磁材料的磁性能测试

一、实验目的

（1）了解冲击法测定软磁材料的磁化曲线和磁滞回线的测量原理。

（2）掌握模拟冲击法和磁场扫描法测量软磁材料在静态（直流）条件下的基本磁化曲线和磁滞回线的方法。

（3）了解软磁材料磁化曲线、磁滞回线以及各种静态磁特性参数的意义。

二、实验设备及材料

MATS-2010SD 软磁直流测量装置，游标卡尺，1J50 磁环（外径 40mm，内径 32mm，厚 5mm），线圈（直径 0.3mm 和 0.5mm）。

三、实验原理

1. 原理

软磁材料是指具有低矫顽力和高磁导率的磁性材料，主要有铁镍合金、铁氧体、低碳钢、硅钢片等。广泛应用于各种电机、变压器、继电器、磁放大器及各种测量仪器中的传感器等。

软磁材料的测量方法分为静态磁特性测量（直流磁性能测量）和动态磁性能测量（交流磁性能测量）。静态磁性能测量主要有冲击法和积分法两种，动态磁特性测量主要有电压表-电流表法、示波器法和电桥法。

冲击法：材料试样制成环形，绕上励磁线圈 N_1（初级线圈）和感应线圈 N_2（次级线圈），励磁线圈通过换向开关、电流表和调节电流的可变电阻接到直流电源上，感应线圈接到冲击检流计上。测量时，将磁化线圈的电流调到某值，通过计算算出磁场强度，然后快速改变磁化线圈的电流方向，使材料试样中的磁通密度方向突然改变，在测量线圈中感应出脉冲电动势 E，脉冲电流流过冲击检流计，检流计的最大冲掷与磁通的变化成正比。由冲击检流计的读数、冲击常数、材料试样的横截面积，可计算出磁通密度 B 值。改变磁化电流，可测量相关数据。

软磁材料直流测试指在静态（直流）条件测量材料的静态磁特性参数，通过测量磁场强度 H 和磁通密度 B，根据 $B=\mu_0 H+J$，可绘制出 $B\text{-}H$ 或 $J\text{-}H$ 磁化曲线和磁滞回线，从而计算出饱和磁感应强度 B_s、剩磁 B_r、矫顽力 H_c、起始磁导率 μ_i、最大磁导率 μ_m 等静态磁特性参数。

2. 磁性材料自动测试系统介绍

MATS 是磁性材料自动测试系统（Auto Test System of Magnetic Materials）的英文缩写。是一种由计算机控制，精确测量各种磁性材料磁特性参数的自动测量装置的集合。MATS-2010SD 属于软磁直流测量装置，其构成如图 4-23 所示，励磁电源、电子积分器和电流采样电路等全部集成在一台仪器中，A/D、D/A 转换和量程控制通过一块安装在电脑中的 PCI 卡来完成，电脑主机与仪器之间通过一根 25 芯的电缆来连接。

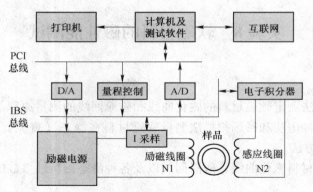

图 4-23　MATS-2010SD 软磁直流测量装置方框图

此仪器依照冲击法的测量原理，采用计算机控制技术和 A/D、D/A 相结合，以电子积分器取代传统的冲击检流计，实现微机控制下的模拟冲击法测量，不仅可以完全消除经典冲击法中因使用冲击检流计所带来的非瞬时性误差，而且测量精度高、速度快、重复性好、可消除各种人为因素的影响，为研究材料磁化过程机理提供可靠的依据。

MATS-2010SD 的主程序主要有三种功能：测试功能、文件操作和打印输出。其中测试功能在样品参数区选择测试样品类型，输入样品参数，如图 4-24 所示。样品类型：可选 EE 型、EI 型、环形、双孔形和其他等。样品尺寸：前四种类型都有示意图，可根据图中标明的符号在表格中输入相应的尺寸数据，第五种类型为其他，可直接指定有效磁路长度和有效截面积。"Sx/De"栏：该栏具有双重意义，可为叠片系数或材料密度，当输入数字小于 10 时，代表材料的密度 D_e（单位：g/cm^3），否则代表叠片系数 S_x（%）；当输入数字等于零时，表示叠片系数和材料密度都没有指定，这时，取叠片系数为 100 来计算。$W(g)$ 栏：

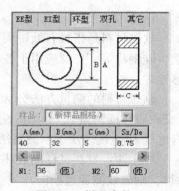

图 4-24　样品参数区

样品的质量，单位为 g，当输入数字等于零时，表示没有指定质量。

与一般的电流电压测量不同，磁场强度和磁感应强度的测量都是间接测量。磁场强度通过测量励磁电流后计算得到，磁感应强度是通过测量感应磁通后计算得到，参与计算的样品磁路长度 L_e 和有效截面积 A_e 将直接与测量结果相关。

磁场强度的计算公式：

$$H = N \times I / L_e \tag{4-32}$$

式中　H——磁场强度，A/m；

　　　N——励磁线圈的匝数；

　　　I——励磁电流（测量值），A；

　　　L_e——测试样品的有效磁路长度，m。

磁感应强度计算公式：

$$B = \Phi / (N \times A_e) \tag{4-33}$$

式中　B——磁感应强度，Wb/m^2；

Φ ——感应磁通（测量值），Wb；

N ——感应线圈的匝数；

A_e ——测试样品的有效截面积，m^2。

根据样品尺寸计算样品的有效参数 L_e 和 A_e，在不同的行业中，计算方法往往不统一，这可能使测试结果缺乏可比性。

在 SMTest 软磁测量软件中，样品有效参数的计算依照行业标准 SJ/T10281。下面以环形样品为例，讲述样品有效磁路长度 L_e 和有效截面积 A_e 的计算方法。

第一种情况：指定叠片系数 S_x，指定样品的内、外径和高度。根据 SJ/T10281 标准，先计算样品的磁芯常数 $C_1(mm^{-1})$ 和 $C_2(mm^{-3})$，然后根据磁芯常数计算 L_e 和 A_e，这是严格按照标准执行的计算方法。

$$C_1 = \frac{2\pi}{C\ln\dfrac{A}{B}} \tag{4-34}$$

$$C_2 = \frac{2\pi\left(\dfrac{2}{B} - \dfrac{2}{A}\right)}{C^2\ln^3\dfrac{A}{B}} \tag{4-35}$$

$$L_e = \frac{C_1^2}{C_2} \tag{4-36}$$

$$A_e = \frac{C_1}{C_2} \times \frac{S_x}{100} \tag{4-37}$$

第二种情况：指定材料密度 D_e 和样品质量 W，指定样品的内、外径和高度。根据 SJ/T10281 标准，先计算样品的磁芯常数 C_1 和 C_2，然后根据磁芯常数计算 L_e 和 A_e，并可推算叠片系数 S_x，这是另外一种计算方法，与标准有点差别，但计算结果与标准比较接近。

$$L_e = \frac{C_1^2}{C_2} \tag{4-38}$$

$$A_e = \frac{W}{D_e} \times \frac{1000}{L_e} \tag{4-39}$$

$$S_x = A_e \div \frac{C_1}{C_2} \times 10 \tag{4-40}$$

第三种情况：指定材料密度 D_e 和样品质量 W，指定样品的内、外径，不指定样品的高度。不按 SJ/T10281 标准求磁芯常数，而是按平常的数学公式来求 L_e 和 A_e。这种计算方法与标准相差较大，只有环形样品才有这种计算方法。

$$L_e = \pi \times \frac{A + B}{2} \tag{4-41}$$

$$A_e = \frac{W}{D_e} \times \frac{1000}{L_e} \tag{4-42}$$

有效体积的符号为 V_e，计算式为（4-43）。

$$V_e = L_e \times A_e \tag{4-43}$$

当 EE 型、EI 型、环形或双孔形样品输入了样品参数后，单击 [其它]，可在表格中得到该样品的有效磁路长度、有效截面积和有效体积。该功能可作为"磁性零件有效尺寸参数计算工具"使用。

线圈匝数设定：N_1 为初级（励磁）线圈匝数，根据磁场的要求来设定；N_2 为次级（感应）线圈匝数，根据感应信号的强弱来设定。

四、实验方法与步骤

1. 开机顺序

（1）依次打开显示器、电脑主机电源，等待操作系统正常启动。

（2）运行 SMTest 软磁测量模块，进入主界面。

（3）打开 MATS-2010SD 软磁直流测量装置电源。

（4）预热 30~60min。

2. 测量操作过程

（1）在样品参数区输入样品参数。

（2）在不知道被测样品性能的情况下，N_1 和 N_2 的选择先从 10:10 开始，通过对样品进行测试后，用户可根据测试过程中，磁通信号（测试波形中的绿线）和磁场信号（测试波形中的红线）的强弱来调整下次测试时 N_1 和 N_2 的匝数。

（3）具体的调整原则是：在一次测试过程中，如果红线始终位于 -0.1~+0.1 之间，就应减少 N_1 的匝数；如果电流量程已经自动选择到了 10A 挡，红线也已经超过了 ±0.9 之间，并且样品还没有测试到饱和状态，就应增加 N_1 的匝数。如果绿线始终位于 -0.1~+0.1 之间，就应增加 N_2 的匝数，如果磁通量程已经自动选择到了 2mWb×10 挡，并且绿线也已经超过了 ±0.4，就应减少 N_2 的匝数。

（4）在测量 μ_i 的过程中，计算机会自动选择 N_1 和 N_2 中匝数较少的线圈作为励磁线圈。这样的设计是保证在整个磁化曲线的测量中，兼顾 μ_i 和 B 的测量一次完成。

（5）在测试功能区选择直流测试，根据被测样品的种类和测试要求设定测试条件、测试方法。

（6）在记录参数区输入有关参数，其中的"温度栏"必须按实际情况输入，因为软磁材料的磁性能是与温度相关的，正确的温度记录可方便用户对软磁材料的磁性能做出正确的判断，其他栏目可用于样品的分类和识别。

（7）将样品绕好线圈，接入测试接口。

（8）按下装置面板上的清零按钮，使磁通计表头的读数归零。如果计数不稳定，就需要调整磁通计面板上的调零旋钮，使读数稳定。

调零旋钮是使读数稳定，不是将读数调到零，要使读数为零，必须按下清零按钮；按下清零按钮可能读数不是零，而是一个接近于零的数字，这是正常的，因为磁通计的零点漂移可通过软件来修正；调零旋钮有十圈，当读数变化快时，可以往相反的方向快调，当读数变化慢时，可以往相反的方向慢调，当读数快要稳定时，则只能往相反的方向慢慢地微调；读数往正的最大变化时，逆时针调零旋钮为相反的方向，反之亦然。

（9）确定数字表头区磁通计表头和电流计表头上的 [自动] 按钮已按下，装置的状态正常。

正常状态为电源开启；电压表头读数为零；电源保护指示灯不亮；装置面板上磁通计的量程指示与电脑屏幕上磁通计表的指示一致。

（10）单击［测试］或按［F9］键，开始测试过程。采用冲击法测 μ_i 前，系统将提示退磁对话框，如果样品有过磁化经历，则应选择退磁程序，本系统采用 10Hz 交流饱和退磁；在选择磁场扫描法测量前，必须先用模拟冲击法测试一次 B_s，使系统锁定到设定的 H_s 值，同时磁化样品。

（11）测试完成后，在"图形显示区"显示测试波形，在"数据表格区"显示一行数据。冲击法测试过程中，每测试完一个参数，就立即将结果显示在数据表格的数据行中。

（12）打印测试报告，保存测试数据。在数据没有保存前，数据表格中的数据行移动时，当前的测试数据行消失。这时，可通过切换图形显示区不同的图形页面来恢复数据表格中的数据行。

3. 关机顺序

（1）将样品从测试接口上拆除。

（2）关闭 MATS-2010SD 软磁直流测量装置电源。

（3）退出 SMTest 软磁测量模块。

（4）关闭操作系统后，电脑主机自动断电，然后关闭显示器。

五、注意事项

（1）将样品按磁路要求将线圈绕好，并接入仪器的测试接口。

感应线圈 N_2 可用直径为 0.3mm 左右的漆包线或纱包线均匀绕制在磁路的里层，注意不要破坏导线的绝缘层，励磁线圈 N_1 可用直径为 0.5mm 以上的漆包线均匀地绕在 N_2 线圈的外面。

（2）仔细调整磁通计的漂移。

接好线圈后，不要马上开始测试，如果磁通计的读数不稳，也不要急于调整。先让磁通计稳定 15s 后，按下仪器面板上的清零按钮，使磁通计表头的读数归零。如果读数不稳定，就需要调整磁通计面板上的调零旋钮，使读数稳定。当读数往正的方向变化时，应逆时针调整调零旋钮，反之亦然。在调整调零旋钮时，要注意掌握调节的节奏，因为调零旋钮总共有十圈，所以当读数变化快时，可以往相反的方向快调，当读数变化慢时，可以往相反的方向慢调，当读数快调稳时，则只能往相反的方向慢慢地微调。

磁通计调零旋钮是将读数调稳定，不是将读数调到零，要使读数到零，须按下清零按钮；如果按下清零按钮后磁通计读数不是零，而是一个接近于零的数字，这也是正常的，因为磁通计的零点可通过软件来修正。

（3）采用冲击法测 μ_i 前，系统将提示退磁对话框，如果样品有过磁化经历，则应选择退磁程序。

（4）仪器开机后，要预热 10min 后再开始测试样品。

（5）磁性材料的每一个磁性参数都是与温度相关的。如果不了解参数的温度系数，在进行数据对比时，建议在相同温度下测试。当被测样品是从不同的温度环境中取来时，一定要将样品在测试环境中放置至少 30min 后，才能开始测试。

六、实验报告要求

（1）每人一份实验报告，报告应包括实验目的、实验原理、实验设备和材料、实验方法与步骤、实验结果与分析。

（2）简述软磁材料测量的影响因素。

（3）根据测试打印的 1J22 软磁材料的磁化曲线和磁滞回线，标出静态磁特性参数：起始磁导率 μ_i、最大磁导率 μ_m、饱和磁感应强度 B_s、剩磁 B_r、矫顽力 H_c 和磁滞损耗 P_u。

（4）指出试验过程中存在的问题，并提出相应的改进方法。

七、思考题

（1）影响软磁性能测试精度因素有哪些？影响软磁材料磁滞损耗的参数有哪些？

（2）分析表征软磁材料特性主要参数。

（3）测试前，绕制试样线圈应注意哪些事项？

实验9 铁磁材料居里温度测试

一、实验目的

（1）了解磁性材料居里温度的物理意义。

（2）学会利用振动样品强磁计测定铁磁材料样品居里温度方法。

二、实验设备及材料

JDAW-2000D 型振动样品磁强计，Ni 球，Ni 粉。

三、实验原理

1. 原理

铁磁材料具有很强的磁性，属于强磁性材料，铁、钴、镍等金属材料都属于这一类，该类物质在很小的磁场作用下就能达到饱和，磁化率大于零，且数值很大，可达 10^6 数量级。磁性材料的饱和磁化强度（M_s）随着温度变化而发生变化，随着温度升高，原子热运动能量增大，逐步破坏磁性材料内部的原子磁矩的有序排列。因此温度上升，M_s 降低，当温度上升到 T_c 后，M_s 变为零，T_c 为材料的居里温度。铁磁性物质只有在居里温度以下才具有铁磁性，在居里温度以上，由于晶体热运动的影响，原子磁矩定向排列被破坏，铁磁性消失，变为顺磁性。

测定材料的饱和磁化强度随温度变化得到的曲线称为 M_s-T 曲线，M_s 降为零时所对应的温度称为居里温度。可利用在变温条件下直接测量样品饱和磁化强度的装置来测量磁性材料的居里温度，例如磁天平、振动样品磁强计以及 SQUID 等。实际中也可用饱和磁矩随温度的变化曲线来判断磁性材料的居里温度，图 4-25 为测量纯镍的高温变温曲线（居里点 631K）。

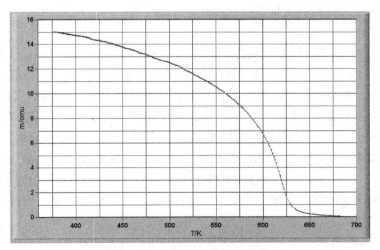

图 4-25 纯镍的高温变温曲线

2. 振动样品磁强计介绍

（1）仪器构造。JDAW-2000D 型振动样品磁强计由主机、电磁铁、振动头、微机和打印机等组成，其中主机由微处理器（AT89C52）控制的电磁铁电源、振动源、磁矩和磁场的测量单元等组成。主机与微机之间采用标准的 RS-232-C 串行口或 USB 口进行通信。图4-26 给出了其原理方框图。

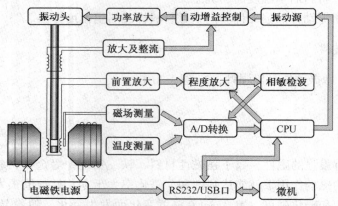

图 4-26 JDAW-2000D 型振动样品磁强计的总体原理框图

振动样品强磁计测量过程中，装在振动样品杆上的小样品在电磁铁提供的磁场中被均匀磁化。小样品可等效为一个磁偶极子，其磁化方向平行于原磁场方向，并在周围空间产生磁场。在驱动线圈的作用下使振动头振动，带动小样品围绕其平衡位置做简谐振动，形成一个振动偶极子，从而产生交变磁场导致穿过检测线圈中的磁通量发生交变，产生感生电动势 ε，如式（4-44）所示。

$$\varepsilon = Kg\mu \tag{4-44}$$

式中，μ 为样品的总磁矩；K 为与线圈结构，振动频率，振幅和相对位置有关的比例系数，可用标准样品定标。由锁相放大器探测感生电动势的值即可得到样品的总磁矩，总磁矩除以样品的体积即可得到磁化强度。

（2）样品的制备与测量：

1）球形样品的制备。测量铁磁性样品时，一般应将样品磨制成球形，样品的圆度偏差要求不大于 0.5%。原则上要求被测样品的形状和体积与仪器附带的标准 Ni 球的形状和体积相同，对于某些做不到此点的样品，可自行磨制体积相同的 Ni 球，作为仪器的定标样品。如自行复制标准 Ni 球，由于 Ni 的饱和磁化强度 M_s 随其纯度的起伏很大，故要求Ni 的纯度应为 99.995%，标准样品的圆度偏差应小于 0.25%。定义 $(D_{max} - D_{min})/D_{min}$为样品的圆度偏差。其中 D_{max} 和 D_{min} 分别为测得的最大和最小直径。测量非球形样品时（如圆板，薄膜，圆柱，立方体等），原则上与定标样品应具有完全相同的形状和尺寸。如果想进行退磁因子的修正，则要求先测量相同形状和尺寸的标准软磁样品（一般用纯Ni）的平均退磁因子。

2）粉末样品的测量。粉末样品的测量目前国际上尚无统一方法，这里我们介绍一种相对比较准确的测量磁粉的方法，以供参考。

首先称一定量的 Ni 粉，装入胶囊内，轻敲胶囊使 Ni 粉成半球形，然后滴一滴 502 胶到胶囊内。待胶干后，Ni 粉的标准样品就制成，然后用 JDAW-2000D 型振动样品磁强计测量该标准样品的磁滞回线，用随机携带的软件，通过微机修正就可得到该样品的平均退磁因子。这个因子被微机保存，可做作为以后被测样品的退磁因子修正用。关于退磁因子的修正方法请参看软件操作部分中的"Nd Factor"项。

　　然后称一定量（量的大小以制成的被测样品的形状和体积与上一步的镍粉样品相同为宜）被测磁粉装入胶囊内，轻敲胶囊使被测磁粉成半球形，然后滴一滴 502 胶到胶囊内（但对于与 502 胶起反应的样品则该方法不宜）。待胶干后，用 JDAW-2000D 型振动样品磁强计测量该样品的磁滞回线，通过随机携带的软件，在测量之前输入上一步镍粉的退磁因子，就可得到退磁因子修正后的多种磁特性参数和磁曲线。请注意，粉末样品与密度有关的参数因人为因素较多而导致测量离散性较大，因此这也仅仅是提供监测磁粉相对磁性能的一个方法，绝不是绝对磁性能的测量。

四、实验方法与步骤

　　（1）安好加热炉，确保通信电缆线连接正确后，打开 JDAW-2000D 型振动样品磁强计（主机）的电源开关，在仪器（主机）完成预热后，等待液晶屏 Status Area 区域的 Online Status 项显示为"OK"状态。

　　（2）用鼠标双击 Windows 桌面上的 JDAW-2000D 型 VSM 测量配套软件的图标，这时微机即进入测量软件的操作界面。主机的全部功能由微机控制，面板上的所有按键全部失效。

　　（3）在确认样品室中没有样品的情况下，用鼠标点击振动关闭钮使之变为振动打开钮，这时振动头开始振动。然后按软件界面上的参数设置钮，即出现振动样品磁强计的设置界面，将鼠标移到测控参数框内的"最大磁场："项的右边，然后从键盘输入需要的磁场值（4000Oe，这是仪器磁矩定标和样品位置"鞍部区"调整所需的磁场设定值）。

　　（4）用鼠标点击仪器状态框中磁矩量程下拉菜单 30.000emu 钮，选择合适的磁矩量程，然后再将用鼠标点击仪器状态框中磁场量程下拉菜单 16000Oe 钮，选择合适的磁场量程。再按该界面上的确定按钮即可回到本软件的主界面。

　　（5）用鼠标点击主界面上的表头关闭钮使之变为表头显示钮，这时主界面上的磁矩表头和磁场表头即显示仪器当前磁矩和磁场通道的零点。如果它们的指示不为零，则再按表头显示钮，使之变为表头关闭钮，然后用将鼠标点击零点调节钮，即出现零点及标定界面。用鼠标分别点击磁矩调零和磁场调零按钮（或在磁矩和磁场零点右侧的数字框中键入相应的零点值，双击鼠标左键）使软件主界面上的磁矩表头和磁场表头归零，再按该界面上的确定按钮使之回到本软件的主界面。

　　（6）取下样品室，装上定标用的标准纯 Ni 样品。按软件主界面上的增加磁场按钮，等待主机的磁场表头指示为 4000 Oe 左右（这时，增加磁场按钮自动变为磁场归零按钮），调节样品的"鞍部区"，然后用鼠标点击零点调节钮，在零点及标定界面上磁矩定标粗调和微调数字框中键入适当的数字量，使磁矩表头显示的示数比被测标准样品的数值稍大（注意此时应将样品移出磁矩探测线圈，看磁矩零点是否为零，如不为零，则需要进行磁矩调零），再将标准样品的磁矩值除以磁矩表头显示的数值所得的结果在"磁矩定标："右侧的数字框中键入即可。再按该界面上的确定按钮使之回到本软件的主界面。

（7）按主界面上的磁场归零按钮，等待仪器的磁场归零，当磁场归零按钮自动变为增加磁场按钮时，标志主机的磁场归零过程已经完成，这时磁场表头指示一般小于100Oe。取下标准样品，装上被测样品。

（8）按主界面上的参数设置钮，将鼠标移到振动样品磁强计设置界面上的测控参数框内"最大磁场："项的右边，然后从键盘输入被测样品磁化到饱和所需的磁场值（如10000Oe），再按该界面上的确定按钮使之回到本软件的主界面，这时即可由测量控制软件来测量样品。

（9）打开加热炉，按测试下拉菜单快速测量 $M(H)$ 曲线钮。选择所需测量的曲线类型（测量材料居里温度时选择测量升温曲线），在样品编号按钮右边样品编号文本框中，键入合法的文件名（用做保存测量数据的文件名）。按操作界面上的测试样品钮，仪器即在该软件的控制下自动按设定方式对样品进行测试，测量完成后，关掉加热炉，自动将测得的数据以用户按测试样品按钮之前输入的样品编号（即合法的文件名）保存在该软件安装文件夹下的 DATA 文件夹下，用户所需用于 Origin 软件处理的相应数据文件保存在DATA 文件夹下的 ASC 文件夹下，文件名即为样品编号，扩展名为 ASC。

（10）对于同种类型的样品（即饱和磁化场基本相同的样品），只要更换测量样品就可以重复第 9 步，继续进行测量。对于不同类型的样品（即饱和磁化场不同的样品），则在更换测量样品后，需先通过第 8 步修改磁场设定值，然后才能重复第 9 步进行测量。

（11）当所有的样品测量完成之后，需要关机时，请先退出测量软件，再关闭主机的电源开关。

五、注意事项

（1）测量样品之前，注意磁场和磁矩表头调零。

（2）仪器每测量 3~4h，最好对磁场、磁矩表头的零点进行监测，如果它们离零点比较远，则可以重新对磁矩和磁场进行调零。

（3）仪器的磁矩或磁场表头显示的数字大于±32000 时，则表示磁矩或磁场表头已超程，这可能是磁矩或磁场量程选择不当所至。

（4）主机磁矩调零时，应在无样品并处于振动时进行；而主机的磁场调零，原则上要求将霍耳探头放置在空气中进行。

（5）使用高温炉之前，加热炉丝必需处于真空之中，否则炉丝容易烧毁。建议在做相关实验之前，对高温炉抽真空，待真空度达到时，立即关闭高温炉附带的抽气阀。然后，再进行其他相关操作或实验。

（6）严格执行开机时的顺序是：打开主机电源开关进行预热，当需要测量时打开电磁铁电源的开关，然后再开始测量。关机顺序是：先关闭电磁铁电源的开关，再关闭主机的电源开关。

（7）粉末样品测量中最主要的问题是所有磁粉是否都粘住了，以及被测样品的形状和体积是否与标准镍粉样品相同，这是影响磁粉相对测量准确性的主要原因。

六、实验报告要求

（1）每人一份实验报告，报告应包括实验目的、实验原理、实验设备和材料、实验方法与步骤、实验结果与分析。

（2）根据测试结果标出所测材料的居里温度。

（3）分析影响实验结果因素。

（4）指出试验过程中存在的问题，并提出相应的改进方法。

七、思考题

（1）铁磁物质的特性是什么？铁磁物质由铁磁性转变为顺磁性的微观机理是什么？

（2）简述振动样品强磁计的特点和用途。

（3）分析样品在 X、Y、Z 方向的偏差对测试结果的影响。

实验 10 材料电阻率测定

一、实验目的

（1）了解 RTS-8 型四探针测试仪的结构和工作原理。

（2）掌握 RTS-8 型四探针测试仪测定材料电阻率的方法和步骤。

二、实验设备及材料

RTS-8 型四探针测试仪，硅单晶片。

三、实验原理

1. 原理

电阻率是材料的一个重要特性，是材料开发和实际生产应用中经常需要测量的物理参数之一。四探针法测试中，探针和被测试样之间不需要制备接触电极，测试方便、块速、无损。直线四探针法测试原理如图 4-27 所示。测试过程中四根金属探针与样品表面接触，外侧 1、4 探针间通电流 I，内测 2、3 探针间就产出一定的电压 V。恒流源经 1、4 探针输入小电流使样品内产生压降，利用高阻抗的静电计、电子毫伏计或数字电压表测出 2、3 探针之间的电压。

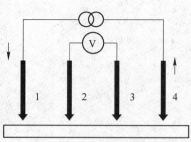

图 4-27 直线四探针法测试原理图

对于半无穷大均匀电阻率的样品，电导率为 ρ，当探针引入点电流源的电流为 I 时，由于均匀导体内恒定电场的等位面为球面，则在半径为 r 处的电流密度为

$$j = I/2\pi r^2 \tag{4-45}$$

设 E 为 r 处的电场强度，则

$$j = E/\rho \tag{4-46}$$

由式（4-45）和式（4-46）可得

$$E = \frac{I\rho}{2\pi r^2} \tag{4-47}$$

电场强度定义为

$$E = -\frac{dV}{dr} \tag{4-48}$$

$$dV = -\frac{I\rho}{2\pi r^2}dr \tag{4-49}$$

取 r 为无穷远处的电位为零，则

$$\int_0^{V(r)} dv = \int_\infty^r -Edr \tag{4-50}$$

$$V(r) = \frac{\rho I}{2\pi r} \tag{4-51}$$

$V(r)$ 为一个点电源在距其为 r 处一点产生的电势。

四探针测量中，电流从探针 1 流入，从探针 4 流出，可将 1 和 4 认为是点电流源，则 2 和 3 探针的电位为：

$$V_2 = \frac{I\rho}{2\pi}\left(\frac{1}{r_{12}} - \frac{1}{r_{24}}\right) \tag{4-52}$$

$$V_3 = \frac{I\rho}{2\pi}\left(\frac{1}{r_{13}} - \frac{1}{r_{34}}\right) \tag{4-53}$$

2 和 3 探针的电位差为：

$$V_{23} = \frac{I\rho}{2\pi}\left(\frac{1}{r_{12}} - \frac{1}{r_{24}} - \frac{1}{r_{13}} + \frac{1}{r_{34}}\right) \tag{4-54}$$

因此材料的电阻率为

$$\rho = \frac{V_{23}}{I} g C \tag{4-55}$$

$$C = \frac{2\pi}{\dfrac{1}{r_{12}} - \dfrac{1}{r_{24}} - \dfrac{1}{r_{13}} + \dfrac{1}{r_{34}}} \tag{4-56}$$

式中　I——1、4 探针流过的电流值，mA，选值可参考表 4-3；

　　　V_{23}——2、3 探针间测出的电压值，mV。

上述各式是在半无限大样品的基础上导出的，实际应用中，当样品的厚度及边缘与探针之间的最近距离大于四倍探针间距时可应用上述各式。但如果不满足条件，则需要对公式进行修正，根据样品的尺寸不同，可分别按以下各式计算样品的电阻率。

（1）棒材或厚度大于 4mm 的厚片电阻率。样品外形尺寸与探针间距比较，符合半无限大的边界条件，可应用式（4-57）计算：

$$\rho = \frac{V_{23}}{I} C \tag{4-57}$$

$$C = \frac{2\pi}{\dfrac{1}{r_{12}} - \dfrac{1}{r_{24}} - \dfrac{1}{r_{13}} + \dfrac{1}{r_{34}}} \tag{4-58}$$

（2）薄圆片（厚度不大于 4mm）电阻率。薄片样品因为其厚度与针间间距比较，不能忽略，测量时要提供相关修正系数，公式如下：

$$\rho = \frac{V}{I} \times F(D/S) \times F(W/S) \times W \times F_{sp} \tag{4-59}$$

式中　D——样品直径，cm 或 mm，注意与探针间距 S 单位一致；

　　　S——平均探针间距，cm 或 mm，注意与样品直径 D 单位一致（四探针头合格证上的 S 值）；

　　　W——样品厚度，cm，在 $F(W/S)$ 中注意与 S 单位一致；

　　　F_{sp}——探针间距修正系数（四探针头合格证上的 F 值）；

$F(D/S)$——样品直径修正因子，当 $D \to \infty$ 时，$F(D/S) = 4.532$，有限直径下的 $F(D/S)$ 由附表 A 查出；

$F(W/S)$——样品厚度修正因子。$W/S < 0.4$时，$F(W/S)=1$；$W/S > 0.4$时，$F(W/S)$ 值
　　　　由附表 B 查出；

　　I——1、4 探针流过的电流值，选值可参考表 4-3；

　　V——2、3 探针间测出的电压值，mV。

2. 四探针测试仪介绍

RTS-8 型数字式四探针测试仪是运用四探针测量原理的多用途综合测量设备，仪器由
主机（电气测量装置）、探针测试台、四探针探头、计算机等部分组成，测试数据既可以
由四探针测试仪主机直接显示，也可与计算机相连接通过四探针软件测试系统进行测量并
采集测试数据，把采集的数据在计算机中加以分析，然后把测试数据以表格、图形直观地
记录、显示出来，仪器电气原理图如图 4-28 所示。

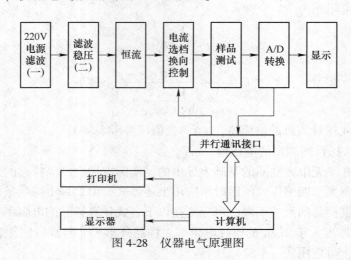

图 4-28　仪器电气原理图

仪器电源经过 DC-DC 变换器，由恒流源电路产生一个高稳定恒定直流电流，其量程
为 $10\mu A$、$100\mu A$、$1mA$、$10mA$、$100mA$，数值连续可调，输送到 1、4 探针上，在样品上
产生一个电位差，此直流电压信号由 2、3 探针输送到电气箱内。具有高灵敏度、高输入
阻抗的直流放大器中将直流信号放大（放大量程有 $0.2mV$、$2mV$、$20mV$、$200mV$、$2V$），
再经过双积分 A/D 变换将模拟量变换为数字量，经由计数器、单位、小数点自动转换电
路显示出测量结果。

（脱机使用）测试的方法介绍：

（1）开启主机电源开关，此时"R□"和"I"指示灯亮。预热约 10min。

（2）估计所测样品电阻率范围：

按表 4-3 选择适合的电流量程对样品进行测量，按下 K1（$1\mu A$）、K2（$10\mu A$）、K3
（$100\mu A$）、K4（$1mA$）、K5（$10mA$）、K6（$100mA$）中相应的键选择量程。如无法估计
电阻率的范围，则可先以"$10\mu A$"量程进行测量，再以该测量值作为估计值按表 4-3 电
流量程得到精确的测量结果。

（3）确定样品测试电流值：

放置样品，压下探针，使样品接通电流。主机此时显示电流数值。调节电位器 W1 和
W2，即可得到所需的测试电流值。一般可以根据不同的样品测试类别计算出样品的测试

表 4-3 电阻率测量时电流量程选择表（推荐）

电阻率/$\Omega \cdot cm$	电流量程
< 0.03	100mA
0.03 ~ 0.3	10mA
0.3 ~ 30	1mA
30 ~ 300	100μA
300 ~ 3000	10μA
>3000	1μA

电流值，然后调节主机电位器使测试电流为此电流值，即可方便得到需要测试样品的精确测试结果。

1）测试棒材或厚度大于 4mm 的厚片电阻率 $\rho(\Omega \cdot cm)$：

$$\rho = V/I \times C \times 10^n \tag{4-60}$$

选取测试电流 I：$I = C \times 10^n$，n 是整数，与量程挡有关。

①在仪器上调整电位器"W1"和"W2"，使测试电流显示值为计算出来测试电流数值。

②按以上方法调整电流后，按"K8"键选择"R□ /ρ"，按"K7"键选择"ρ"，仪器则直接显示测量结果（$\Omega \cdot cm$）。然后按"K9"键进行正反向测量，正反向测量值的平均值即为此点的实际值。

2）测试薄圆片（厚度不大于 4mm）的电阻率 $\rho(\Omega \cdot cm)$：

$$\rho = V/I \cdot F(D/S) \cdot F(W/S) \cdot W \cdot F_{sp} \cdot 10^n \tag{4-61}$$

选取测试电流 I：$I = F(D/S) \cdot F(W/S) \cdot W \cdot F_{sp} \cdot 10^n$。式中各参数按上述中的定义分别得出，$n$ 是整数，与量程挡有关。

①在仪器上调整电位器"W1"和"W2"，使测试电流显示值为计算出来测试电流数值。

②按以上方法调整电流后，按"K8"键选择"R□ /ρ"，按"K7"键选择"ρ"，仪器则直接显示测量结果（$\Omega \cdot cm$）。然后按"K9"键进行正反向测量，正反向测量值的平均值即为此点的实际值。

四、实验方法与步骤

（1）将四探针测试仪主机、测试台、四探针探头连接、接通电源开启主机。

（2）将样品放置于测试台上，操作探针台压下四探针头，使样品接通电源。

（3）估计测试样品的测量范围确定测试的电阻流程（K1~K6 键）。

（4）根据测试电流计算公式得出测试电流值。

（5）"K8"键在"I"电流状态下，调节主机电位器使测试电流为算出的电流值。

（6）切换"K8"按键到"ρ/ R□"测量状态。

（7）根据测试类别切换"K7"键获得样品的电阻率。

（8）按"K9"键进行正反向测量，正反向测量值的平均值即为此点的实际值。

五、注意事项

（1）仪器使用环境：温度：（23±2）℃，相对湿度：不大于 65%，无高频干扰，无强光直射。使用 $1\mu A$ 量程时，允许有小于 $1.0nA$ 的空载电流，最好在相对湿度小于 50% 时使用。

（2）仪器轻拿轻放，避免仪器震动，水平放置，垂直测量。

（3）仪器不使用时，请切断电源。

六、实验报告要求

（1）每人一份实验报告，报告应包括实验目的、实验原理、实验设备和材料、实验方法与步骤、实验结果与分析。

（2）记录实验结果并分析影响实验结果因素。

（3）指出试验过程中存在的问题，并提出相应的改进方法。

七、思考题

（1）简述表面光洁度对材料电阻率的影响。

（2）简述材料内部缺陷对电阻率的影响。

（3）简述四探针法与两探针法测量电阻率的区别。

附表 A　直径修正系数 $F(D/S)$ 与 D/S 值的关系

位置 $F(D/S)$ 值 D/S 值	中心点	半径中点	距边缘 6mm 处
>200	4.532		
200	4.531	4.531	4.462
150	4.531	4.529	4.461
125	4.530	4.528	4.460
100	4.528	4.525	4.458
76	4.526	4.520	4.455
60	4.521	4.513	4.451
51	4.517	4.505	4.447
38	4.505	4.485	4.439
26	4.470	4.424	4.418
25	4.470		
22.22	4.454		
20.00	4.436		
18.18	4.417		
16.67	4.395		
15.38	4.372		
14.28	4.348		
13.33	4.322		
12.50	4.294		
11.76	4.265		
11.11	4.235		
10.52	4.204		
10.00	4.171		

附表 B　厚度修正系数 $F(W/S)$ 与 W/S 值的关系

W/S 值	$F(W/S)$	W/S 值	$F(W/S)$	W/S 值	$F(W/S)$	W/S 值	$F(W/S)$
<0.400	1.0000	0.605	0.9915	0.815	0.9635	1.25	0.8491
0.400	0.9997	0.610	0.9911	0.820	0.9626	1.30	0.8336
0.405	0.9996	0.615	0.9907	0.825	0.9616	1.35	0.8181
0.410	0.9996	0.620	0.9903	0.830	0.9607	1.40	0.8026
0.415	0.9995	0.625	0.9898	0.835	0.9597	1.45	0.7872
0.420	0.9994	0.630	0.9894	0.840	0.9587	1.50	0.7719
0.425	0.9993	0.635	0.9889	0.845	0.9577	1.55	0.7568
0.430	0.9993	0.640	0.9884	0.850	0.9567	1.60	0.7419
0.435	0.9992	0.645	0.9879	0.855	0.9557	1.65	0.7273
0.440	0.9991	0.650	0.9874	0.860	0.9546	1.70	0.7130
0.445	0.9990	0.655	0.9869	0.865	0.9536	1.75	0.6989
0.450	0.9989	0.660	0.9864	0.870	0.9525	1.80	0.6852
0.455	0.9988	0.665	0.9858	0.875	0.9514	1.85	0.6718
0.460	0.9987	0.670	0.9853	0.880	0.9504	1.90	0.6588
0.465	0.9985	0.675	0.9847	0.885	0.9493	1.95	0.6460
0.470	0.9984	0.680	0.9841	0.890	0.9482	2.00	0.6337
0.475	0.9983	0.685	0.9835	0.895	0.9471	2.05	0.6216
0.480	0.9981	0.690	0.9829	0.900	0.9459	2.10	0.6099
0.485	0.9980	0.695	0.9823	0.905	0.9448	2.15	0.5986
0.490	0.9978	0.700	0.9817	0.910	0.9437	2.20	0.5875
0.495	0.9976	0.705	0.9810	0.915	0.9425	2.25	0.5767
0.500	0.9975	0.710	0.9804	0.920	0.9413	2.30	0.5663
0.505	0.9973	0.715	0.9797	0.925	0.9402	2.35	0.5562
0.510	0.9971	0.720	0.9790	0.930	0.9390	2.40	0.5464
0.515	0.9969	0.725	0.9783	0.935	0.9378	2.45	0.5368
0.520	0.9967	0.730	0.9776	0.940	0.9366	2.50	0.5275
0.525	0.9965	0.735	0.9769	0.945	0.9354	2.55	0.5186
0.530	0.9962	0.740	0.9761	0.950	0.9342	2.60	0.5098
0.535	0.9960	0.745	0.9754	0.955	0.9329	2.65	0.5013
0.540	0.9957	0.750	0.9746	0.960	0.9317	2.70	0.4931
0.545	0.9955	0.755	0.9738	0.965	0.9304	2.75	0.4851
0.550	0.9952	0.760	0.9731	0.970	0.9292	2.80	0.4773
0.555	0.9949	0.765	0.9723	0.975	0.9279	2.85	0.4698
0.560	0.9946	0.770	0.9714	0.980	0.9267	2.90	0.4624
0.565	0.9943	0.775	0.9706	0.985	0.9254	2.95	0.4553
0.570	0.9940	0.780	0.9698	0.990	0.9241	3.00	0.4484
0.575	0.9937	0.785	0.9689	0.995	0.9228	3.2	0.422
0.580	0.9934	0.790	0.9680	1.00	0.9215	3.4	0.399
0.585	0.9930	0.795	0.9672	1.05	0.9080	3.6	0.378
0.590	0.9927	0.800	0.9663	1.10	0.8939	3.8	0.359
0.595	0.9923	0.805	0.9654	1.15	0.8793	4.0	0.342
0.600	0.9919	0.810	0.9644	1.20	0.8643		

实验 11   综合热分析实验

一、实验目的

（1）了解综合热分析仪的基本构造、原理及方法。

（2）掌握热分析样品的制样方法。

（3）学会对样品的热分析图谱进行相关分析和计算。

二、实验设备及材料

HCT-2 差热天平分析仪，硬质合金或超硬铝合金淬火试样。

三、实验原理

1. 原理

热分析是在程序温度控制下，测量物质的物理性质与温度之间关系的一类技术。热分析技术中应用最广泛的是差热分析（Differential Thermal Anaysis，DTA）、差示扫描量热法（Differential Scanning Calorimetry，DSC）、热重分析（Thermogravimetry，TG）。

（1）DTA 的原理及性能。差热分析是在程序控制温度条件下测量样品与参比物（在测量温度范围内不发生任何热效应的物质）之间的温度差和时间或温度关系的一种技术。差热分析记录的是差热分析曲线（DTA 曲线），当样品在加热或冷却过程中发生物理或化学变化时，释放或吸收热量使样品高于或低于参比物的温度，从而在差热曲线上相应地得到放热或吸热峰。在 DTA 测试中，被测试样与参比物分别装在两坩埚内，试样和参比物中各有一个热电偶，这两个热电偶相互反接。当对试样和参比物同时进行程序升温，试样放热或吸热时，试样温度会高于或低于参比物温度从而产生温差，该温差 ΔT 就会由上述两个反接的热电偶以差热电势形式输给差热放大器，经放大后输入记录仪，得到差热曲线。

（2）DSC 的原理及性能。差示扫描量热法是在程序控制温度下，测量输入给样品和参比物的功率差与温度关系的一种热分析方法。DTA 测量的是 ΔT-T 的关系，而 DSC 是保持 $\Delta T = 0$，测量 ΔH-T 的关系。DSC 测试中，样品和参比物各有独立的加热元件和测温元件，由两个系统进行监控，一个用于控制升温速率，另一个用于补偿样品和惰性参比物之间的温差。DSC 根据测定方法不同可分为两种：功率补偿式差示扫描量热法和热流式差示扫描量热法。

功率补偿式差示扫描量热仪是在为满足样品和参比物保持相同温度的条件下，两者两端所需的能量差，并以信号 ΔQ 输出。功率补偿式差示扫描量热法，在样品池和参比物池下各有一个补偿加热丝，补偿两者之间的温差 ΔT，信号通过微伏放大器输给差热补偿器，从而使输入到补偿加热丝的电流发生变化。如果样品放热，补偿加热丝供热给参比物，使样品与参比物的温度相同，如果样品吸热，补偿加热丝供热给试样，使试样与参比物的温度相同。补偿的能量就是样品放出或吸收的能量。热流式差示扫描量热法是在确保样品和参比物相同功率下，测试样品和参比物两端的温差 ΔT，再根据热流方程，将 ΔT 换算成

ΔQ 作为信号输出。

（3）TG 的原理及性能。热重法是在程序控制温度下，测量物质质量与温度关系的一种技术。进行热重分析的基本设备是热天平，热天平测量样品重量的变化方法有变位法和零位法，变位法是利用物质的质量变化与天平梁的倾斜成正比的关系，用差动变压器直接控制检测；零位法是靠电磁作用力使因质量变化而倾斜的天平梁恢复到原来的平衡位置，施加的电磁力与质量变化成正比，而电磁力的大小与方向是通过调节转换结构中线圈中的电流实现的，因此检测此电流即可知质量变化。热重法实验得到的曲线是热重曲线（TG 曲线），以质量为纵坐标，以温度或时间为横坐标，即 m-T 曲线。热重法通常有两种类型：静态法和动态法。静态法分为等压质量变化和等温质量变化测定。等温质量变化测定指在恒温下测定物质质量变化与时间的关系。动态法是在程序升温下测定物质质量变化与温度的关系。

2. 差热天平分析仪介绍

综合热分析仪是在程序控制温度下同步测定物质的重量变化、温度变化和热效应的装置。本试验采用 HCT-2 差热天平分析仪，具体结构如图 4-29 所示。

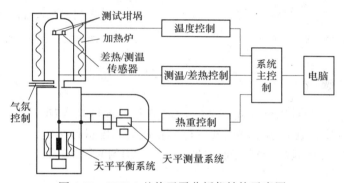

图 4-29　HCT-2 差热天平分析仪结构示意图

（1）测温系统。测温热电偶输出的热电势，先经过热电偶冷端补偿器，补偿器的热敏电阻装在天平主机内。经过冷端补偿的测温热电偶热电势由温度放大器进行放大，送入计算机，计算机自动将此热电势的毫伏值转换为温度。

（2）差热测量系统。采用哑铃型平板式差热电偶，它检测到的微伏级差热信号送入差热放大器进行放大。差热放大器为直流放大器，它将微伏级的差热信号放大到 0~5V，送入计算机进行测量采样。如试样没有热反应，则它与参比物的温差 $\Delta T = 0$。如试样在某一温度范围有吸热（或放热）反应，则试样温度将停止（或加快）上升，试样与参比物之间产生温差 ΔT，把 ΔT 的热电势放大后经微机实时采集，可得如图 4-30 所示的峰形曲线。

（3）质量测量系统。质量测量采用等臂式天平，中间用进口 PVC 做吊带，使测量过程既保持了高的灵敏度，也使吊带不容易断裂。将被加热试样的质量（或重量）变换成电信号。试样质量 m 在升温过程中不断变化，就得到热重曲线 TG，如图 4-31 所示。

（4）被测试样和参比物要求。试样一般用 100~300 目的粉末，聚合物可切成碎块或碎片，纤维状试样可截成小段或绕成小球，金属试样可加工成碎块或小粒，试样量一般不超过坩埚容积的五分之四，对于加热时发泡试样不超过坩埚容积的二分之一或更少，或用氧化铝粉末稀释，以防止发泡时溢出坩埚，污染热电偶。坩埚装样后，可在桌面上轻墩几下。

参比物是在测温区内对热高度稳定的物质，一般用 $\alpha\text{-}Al_2O_3$ 粉末，粒度为 $100 \sim 300$ 目，最好经过 1300℃以上高温焙烧和干燥保存。参比物的导热性能及热容最好与试样接近，以减少差热基线漂移。做金属试样的差热分析时也可用铜或不锈钢做参比物。试样量较少或热容很小时，也可以不用参比物，直接放空坩埚。

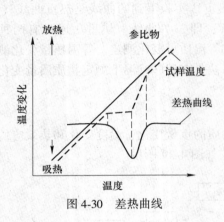

图 4-30   差热曲线

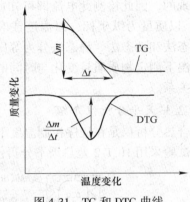

图 4-31   TG 和 DTG 曲线

四、实验方法与步骤

（1）实验前应在左右托盘各放一个空坩埚按要求进行基线调试；用一标准砝码对质量测量系统进行标定；在右边坩埚内放置标准物质对温度进行标定。

（2）用双手轻轻抬起炉子到顶部（双手用力要均匀），以左手为中心，逆时针轻轻旋转炉子。

（3）将参比物放在一个坩埚里，将待测试样放在另一个坩埚里，称出试样重量。要求参比物量尽量与试样量相等。

（4）左手轻轻扶着炉子上方，用左手拇指扶着右手拇指，防止右手抖动，用右手把参比物放在左边的托盘上。同理，把测量物放在右边的托盘上，轻轻放下炉体，接通冷却水。

（5）打开主机电源开关，启动计算机，打开"热分析系统"应用程序，进入应用软件窗口。

（6）基本测量参数设置：由于本仪器为全自动变换量程，用户可根据自己的测量要求，使用【基本测量参数设置】菜单，通过下拉菜单选择不同的初始 DTA 量程、TG 量程、DTG 量程、温度轴最小值、温度轴最大值。注：采样间隔只能选 500。推荐：DTA 量程，100；TG 量程，20；DTG 量程，2；温度轴最小值，0；温度值最大值，1450。

（7）点击新采集，自动弹出【新采集—参数设置】对话框，在左半栏目里填写试样名称、序号、式样重量、操作人员名字。在右边栏里进行温度设置。设置步骤如下：

1）点击增加按钮，弹出【阶梯升温—参数设置】对话框，填写升温速率、终值温度、保温时间、设置完毕点击确定按钮；

2）若需分段升温，则继续点击增加按钮，进行设置，采集过程将根据每次设置的参数进行阶梯升温。

3）用户可以修改每个阶梯设置的参数值，光标放置在修改的参数上，单击左键，参数行变蓝色；左键点击修改按钮，弹出次阶梯升温参数，修改完毕，点击确定按钮。

4）设置完以上参数，点击【新采集—参数设置】对话框确定按钮，系统进入采集状态。系统进入自动采集状态，直到实验结束自动停止，保存实验数据曲线。

（8）数据分析：数据采集结束后，点击数据【数据分析】菜单（或单击右键），选择下拉菜单中的选项，进行对应分析。分析过程：首先用鼠标选取分析起始点，双击鼠标左键；接着选取分析结束点，双击鼠标左键，此时自动弹出分析结果。

五、注意事项

（1）做实验时，放完药品后，炉子一定要向下放好，如没有放下炉子，在实验时会把加热炉烧断。

（2）做实验前先打开电源。

（3）通冷却水，保证水畅通。

（4）参比物放在支撑杆左侧，测量物放右侧。

（5）每次升温，炉子应冷却到室温左右。

（6）开始做实验时，放下炉子后应稳定 5min 左右开始进行数据采集（保证炉膛温度均匀）。

（7）升温过程中如果出现异常情况，应先关闭仪器电源。

（8）实验结束后应继续通冷却水 30min 左右。

六、实验报告要求

（1）每人一份实验报告，报告应包括实验目的、实验原理、实验设备和材料、实验方法与步骤。

（2）实验数据处理与分析：

1）由所测得实验曲线，求出各峰的起始温度、峰温和样品热效应值，将数据列表记录（见表4-4、表4-5）；依据所测得 TG 曲线，由失重百分比推断反应过程。

表4-4 差热曲线分析结果

序号	起始外推温度 T_e/℃	结束外推温度 T_c/℃	峰顶温度 T_m/℃	玻璃化温度 T_g/℃	热焓 H_c/cal·mg^{-1}

表4-5 热重曲线分析结果

序号	起始外推温度 T_e/℃	结束外推温度 T_c/℃	失重速率最大点温度 T_L/℃	失重量/mg	失重百分比/%

2）对试样的热稳定性进行综合分析。

3）分析本实验的误差原因。

七、思考题

（1）热重法、差热分析法、差示扫描量热法的基本原理？

（2）DTA 曲线与 TG 曲线有何不同？从 DTA 曲线可以得到哪些信息？

（3）简述 DSC 技术的原理和特征，功率补偿式差示扫描量热法和热流式差示扫描量示法的异同？

5 金属腐蚀性能实验

实验 1　重量法和容量法测定金属腐蚀速度

一、实验目的

（1）掌握重量法和容量法测定金属腐蚀速度的原理和方法。

（2）学会用重量法和容器法测定碳钢在稀硫酸中的腐蚀速度。

二、实验设备及材料

1. 实验设备

容量法测定腐蚀速度装置（见图 5-1），试件打磨、清洗、干燥、测量用品，分析天平，气压计，温度计，电化学去膜装置，金相试样磨光机。

2. 实验材料

（1）碳钢试样（尺寸 $\phi20mm\times5mm$）。实验前，试样均需依次研磨、抛光、冲洗、除油、除锈、吹干等处理。

（2）实验溶液：5%的稀硫酸溶液。

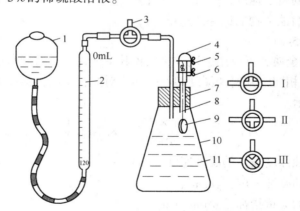

图 5-1　容量法测量腐蚀速度装置图

1—盛水水平瓶；2—量气管；3—三通活塞；4—软橡皮管；5，6—弹簧夹；
7—玻璃管；8—尼龙丝线；9—试件；10—三角烧瓶；11—试液（5%硫酸）

三、实验原理

金属受到均匀腐蚀时腐蚀速度的表示方法一般有两种：一种是用在单位时间内、单位体积上金属损失（或增加）的质量来表示，通常采用的单位是 $g/(m^3 \cdot h)$；另一种是用单位时间内金属腐蚀的深度来表示，通常采用的单位是 mm/a。

目前测定金属腐蚀的速度方法很多，有重量法、容量法、极化曲线法、线性极化法（即极化阻力法）、电阻法等等。重量法是一种较经典的方法，适用于实验室和现场试验，是测定金属腐蚀速度最可靠的方法之一。重量法是其他测定金属腐蚀速度方法的基础。

重量法是根据腐蚀前后金属试件重量的变化来测定金属腐蚀的速度的。重量法分为失重法和增重法两种。当金属表面上的腐蚀产物较容易除净且不会因为清除腐蚀产物而损坏金属本体时常用失重法；当金属产物牢固地附着在试件表面时则采用增重法。

把金属做成一定形状和大小的试件，放在腐蚀环境中（如化工产品、大气、海水、土壤、实验介质等），经过一定时间后，取出并测量其重量和尺寸的变化，计算其腐蚀速度。对于失重法，可由式（5-1）计算腐蚀速度。

$$V^- = \frac{W_0 - W_1}{St} \tag{5-1}$$

式中　V^- —— 金属腐蚀速度，$g/(m^2 \cdot h)$；

　　　W_0 ——试件腐蚀前的质量，g；

　　　W_1 ——腐蚀并经除去腐蚀产物后试件的质量，g；

　　　S ——试件暴露在腐蚀环境中的表面积，m^2；

　　　t ——试件腐蚀的时间，h。

对于增重法，即当金属表面的腐蚀产物全部附着在上面，或者腐蚀产物脱落下来可以全部被收集起来时，可由式（5-2）计算腐蚀速度。

$$V^+ = \frac{W_2 - W_0}{St} \tag{5-2}$$

式中　V^+ ——金属的腐蚀速度，$g/(m^2 \cdot h)$；

　　　W_2 ——带有腐蚀产物的试件的重量，g；

其余符号同式（5-1）。

对于密度相同的金属，可以用上述方法比较其耐蚀性能。对于密度不同的金属，尽管单位面积的重量变化相同，其腐蚀深度却不一样，对此，用腐蚀深度表示更为适合。其换算式如式（5-3）所示。

$$V_L = \frac{V^-}{\rho} \times \frac{24 \times 365}{1000} = 8.76 \times \frac{V^-}{\rho} \tag{5-3}$$

式中　V_L ——用腐蚀深度表示的腐蚀速度，mm/a；

　　　ρ ——金属的腐蚀速度，g/cm^3；

　　　V^- ——腐蚀的失重指标，$g/(m^2 \cdot h)$。

容量法：对于伴随析氢或者吸氧的腐蚀过程，通过测定一定时间内的析氢量或吸氧量来计算金属的腐蚀速度的方法即为容量法。

许多金属在酸性溶液中，某些电负性较强的金属在中性甚至于碱性溶液中，都会发生氢去极化作用而遭到腐蚀。其中：

阳极过程　　　　　　　　$M \longrightarrow M^{m+} + me$

阴极过程　　　　$mH^+ + me \longrightarrow \frac{m}{2} H_2 \uparrow$

在阳极上金属不断失去电子而溶解的同时，溶液中的氢离子与阴极上过剩的电子结合而析出氢气。金属溶解的量和氢气析出的量相当。即有 1mol 的金属溶解，就有 1mol 的氢析出。由实验测出一定时间的析氢体积 $V_H(m^3)$，由气压计读出大气压力 P（Pa）和用温度计读出室温 $T(K)$，并查出该室温下的饱和水蒸气的压力 $P_{H_2O}(Pa)$。根据理想气体状态方程式：

$$PV = nRT \tag{5-4}$$

可以计算出所析出氢气的物质的量：

$$n_H = \frac{(P - P_{H_2O})V_H}{RT} \tag{5-5}$$

为了得到更准确的结果，还应考虑到氢在实验介质中的溶解量 $V'_H(m^3)$，即由表上查出室温下氢在该介质中的溶解度（m^3/m^3）（可用氢在水中的溶解度近似计算，并略去氢在量气管的水中的溶解量），乘以该介质的体积（m^3），则金属的腐蚀速度：

$$V = \frac{N \times 2n_H}{S \times t} = \frac{2N(P - P_{H_2O}) \times (V_H + V'_H)}{StRT} \tag{5-6}$$

式中　N——金属的氧化还原当量，g；

$\quad\quad S$——金属的暴露面积，m^2；

$\quad\quad t$——金属腐蚀的时间，h；

$\quad\quad R$——气体状态常数 8.314J/（K·mol）。

容量法也可用于伴随吸氧的腐蚀过程，此时阴极反应是：

$$\frac{1}{2}O_2 + H_2O + 2e \longrightarrow 2OH^-$$

测定一定容积中氧气的减少量，计算方法类似于析氢过程。

四、实验方法与步骤

（1）按附录一的方法将试件打磨、编号、测量、清洗和干燥。

（2）在分析天平上称量，精确到 0.1mg。

（3）在三角烧瓶 10 中注入 5% 的硫酸水溶液；将试件系于一根约 10cm 长的尼龙丝线的一端，尼龙丝的另一端用弹簧夹 5 夹牢，用弹簧夹 6 夹住尼龙丝的中部，恰使试件悬于试液之上，按图 5-1 塞紧橡皮塞。

（4）检查实验装置的气密性：转动三通活塞 3 使之处于 Ⅱ 的状态，把水平瓶 1 下移一定距离，并保持在一定的位置，若气管内的水平面稍稍下降后即可与水平瓶中的水平面保持一定的位差，则表示气密性良好。否则应检查漏气的环节，加以解决。

（5）在确认装置的气密性良好之后，旋活门至 Ⅰ 状态，使系统与大气相通。提高水平瓶的位置，使量气管中的水平面上升到接近顶端的读数。旋活门至 Ⅱ 状态，再使量气管和三角烧瓶相通，调整水平瓶使之与量气管的水平面等高，记下量气管的读数。

（6）松开弹簧夹 6，使试件悬于试液之中。随着腐蚀反应的发生，氢气逸出，量气管内的水平面下降，将水平瓶缓缓下移，使两个水平面接近（若每隔一定时间查看并记下一个读数，即可求出不同时间间隔内的平均腐蚀速度）。浸泡 2~3h 小时，最后使两个水平面等高，读下量气管的读数。

（7）及时取出试件，用自来水冲洗，观察和记录试件表面的现象，用机械法和电化学方法脱除腐蚀产物（参考附录二），这一操作称为去膜。

机械法去除腐蚀产物：若腐蚀产物较厚可先用竹签、毛刷、橡皮擦净表面，以加速除锈过程。化学法除锈：目前化学法除锈常用的试剂很多，对于铁和钢来说主要有：20% $NaOH+200g/L$ 锌粉，沸腾 5min。浓 $HCl+50g/L$ $SnCl_2+20g/L$ $SbCl_3$，冷浸，直至干净。12% $HCl+0.2\%As_2O_3+0.5\%SnCl_2+0.4\%$甲醛，50℃，15~40min。10% $H_2SO_4+0.4\%$甲醛，40~50℃ 10min。12% $HCl+$（1%~2%）乌洛托品，50℃ 或常温。饱和氯化铵+氨水，常温，直到干净。

（8）试件干净后可用冷风吹干、称重、去膜、再称重，如此反复几次，直至两次去膜后的重量差不大于 0.5mg，即视为恒重，记录下来。要求学生去膜 1 至 2 次即可。

五、注意事项

（1）实验前，试样均需经过金相砂纸依次研磨、抛光、冲洗、除油、除锈、吹干等处理。

（2）为了获得更准确的结果，应该用刚打磨清洗的试件在同一去膜条件下去膜，求得去膜时的空白腐蚀损失，予以校正（参阅附录表2）。

六、实验报告要求

（1）每人一份实验报告，报告应包括实验目的、实验原理、实验设备和材料、实验方法与步骤。

（2）实验数据处理与分析：

1）观察金属试样腐蚀后的外形，确定腐蚀是均匀的还是不均匀的，观察腐蚀产物的颜色，分布情况及金属表面结合是否牢固。观察溶液颜色有否变化，是否有腐蚀产物的沉淀。

2）记录实验数据，见表 5-1。

表 5-1　实验数据记录表

室　温＿＿＿＿　气　压＿＿＿＿

浸入时间＿＿＿＿　取出时间＿＿＿＿

	试件编号				
	试件材质				
试件尺寸 /cm	直径 D				
	厚度 δ				
	小孔直径 d				
	表面积 S				
	介质成分				
试样质量 /g	腐蚀前 W_0				
	腐蚀后 W_1	第一次去膜			
		第二次去膜			

续表 5-1

重量损失 W_0-W_1					
量气管读数 /mL		腐蚀前			
		腐蚀后			
析氢体积数/mL					
腐蚀速度	重量法	$V_1/\mathrm{g} \cdot (\mathrm{m}^3 \cdot \mathrm{h})^{-1}$			
		$V_2/\mathrm{mm} \cdot \mathrm{a}^{-1}$			
	容量法	$V_3/\mathrm{g} \cdot (\mathrm{m}^3 \cdot \mathrm{h})^{-1}$			
		$V_4/\mathrm{mm} \cdot \mathrm{a}^{-1}$			

　　在腐蚀试验中，腐蚀介质和试件的表面往往存在不均匀性，所得的数据分散性较大，通常要采用 2~5 个平行试验。本实验采用三个小组的三个平行试验，取其中两组相近数据的平均值计算腐蚀速度。然后计算出两种方法所测得腐蚀速度的百分误差（以重量法为基准）。

七、思考题

（1）重量法和容量法测定金属腐蚀速度的优点和缺点及适用范围？

（2）分析重量法与容量法测定金属腐蚀速度的误差来源。

实验 2　Tafel 区外延法测定腐蚀电流

一、实验目的

（1）掌握利用塔菲尔直线外推法测定金属腐蚀速率的原理和方法。

（2）掌握恒电位法测定电极极化曲线的原理和实验技术。

（3）掌握 Tafel 区外延法求自腐蚀电流密度步骤。

二、实验设备及材料

（1）实验设备：电化学工作站，饱和甘汞电极、铂电极，电吹风，铁架台，钢质镊子，烧瓶，烧杯，脱脂棉，砂纸，搅拌棒，pH 试纸。

（2）试验材料：

1）碳钢、铜、不锈钢试样，尺寸为 $\phi 20\text{mm} \times 5\text{mm}$。除试样上部连接导线处和下部插入电解池内的暴露面外，其余均用 704 硅橡胶或环氧树脂密封。

2）1mol/L 的硫酸溶液，1mol/L 的盐酸溶液，丙酮，乙醇。

三、实验原理

金属在电解质溶液中腐蚀时，金属上同时进行着两个或多个电化学反应。例如当铁插入在酸性溶液中，在 Fe 表面同时进行两个电极反应：

阳极反应： $$Fe \longrightarrow Fe^{2+} + 2e \tag{5-7}$$

阴极反应： $$2H^+ + 2e \longrightarrow H_2 \tag{5-8}$$

阳极反应不断产生电子，而阴极反应不断消耗电子，从而推动铁在酸性溶液中不断溶解。当电极不与外电路接通时，电路中净电流 I 总为零，$i_a = -i_c = i_{corr}$，此时电极电位为 Fe 在该溶液中的自腐蚀电位 E_{corr}。

采用电化学测试技术—恒电位法，以研究电极的自腐蚀电位 E_{corr} 为起点，控制电极电势以较慢的速度连续地改变，并测量对应电位下的瞬时电流值，以瞬时电流与对应的电极电势作图，则可获得完整的极化曲线，如图 5-2 所示。这样的极化曲线可以分为三个区：（1）微极化区或线性区——AB（$A'B'$）段。在这一区间电位与电流密度呈线性关系；（2）弱极化区——BC（$B'C'$）段；（3）强极化区或塔菲尔（Tafel）区——CD（$C'D'$）段。

本实验主要关注极化曲线的强极化区。根据腐蚀金属电极的动力学方程，可知在强极化区腐蚀金属电极的电流密度与电极电位之间的关系服从指数规律，即塔菲尔（Tafel）关系。

当对电极进行阳极极化时，反应（5-8）被抑制，反应（5-7）加快，此时，电化学过程以 Fe 的溶解为主。通过测定不同极化电位（E）条件下流入电极的电流密度（i_a），就可得到阳极极化曲线（图 5-2）。在强极化区，ΔE_a（$=E-E_{corr}$）和 i_a 之间关系可以采用式（5-9）来反映：

$$\Delta E_a = a_a + b_a \lg(i_a) \tag{5-9}$$

直线（CD）的斜率为 b_a。当对电极进行阴极极化，反应（5-7）被抑制，反应（5-8）加快，此时电极上反应以氢离子还原为主。通过测定不同极化电位（E）条件下流入电极的电流密度（i_c），就可获得阴极极化曲线（见图 5-2），在强极化区，ΔE_c（$= E - E_{corr}$）和 i_c 之间关系可以采用式（5-10）来反映：

$$\Delta E_c = a_c + b_c \lg(i_c) \tag{5-10}$$

直线（$C'D'$）的斜率为 b_c。

当把阳极极化曲线直线部分 CD 和阴极极化曲直线部分 $C'D'$ 外延，相交于 O，O 点的纵坐标就是自腐蚀电流密度 i_{corr} 的对数，而 O 点的横坐标则表示自腐蚀电位 E_{corr}。

由以上可见，在 E-$\lg i$ 坐标中，阴、阳极极化曲线的强极化区呈直线关系，且外延与自腐蚀电位 E_{corr} 的水平线相交于 O 点（理论上也可以将阳极极化曲线或阴极极化曲线的塔菲尔区直线段与自腐蚀电位 E_{corr} 的水平线相交）。此交点对应的电流密度即是金属的自腐蚀电流密度。

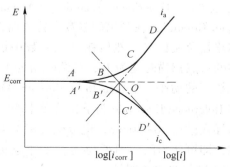

图 5-2　Fe 的极化曲线

根据法拉第定律，可以换算成按质量法和深度法表示的腐蚀速率。这种利用极化曲线的塔菲尔直线段外推，以求取金属腐蚀速率的方法称为极化曲线法或塔菲尔直线外推法。这种实验方法只适用于在较广的电流密度范围内电极过程服从指数规律的体系（如析氢型的腐蚀）；不适用于浓度极化较大的体系，也不适用于溶液电阻较大的情况及强极化时金属表面状态发生很大变化（如膜的生成与溶解）的场合。另外，塔菲尔直线外推法作图时还会引入一定的人为误差，因此采用这种方法所测得的结果与失重法所测得的结果相比可差 10%~50%。

在本实验中，首先测定出碳钢在 1mol/L 硫酸溶液和 1mol/L 盐酸溶液中的阴、阳极极化曲线，然后通过塔菲尔直线外推法计算碳钢的腐蚀速率 i_{corr}。另外，也可通过计算机数据处理程序求解碳钢的腐蚀速率 i_{corr}。

四、实验方法与步骤

1. 溶液配制

采用去离子水、H_2SO_4 和 HCl 分别配制 1mol/L 的 H_2SO_4 溶液，1mol/L 的 HCl。

2. 碳钢电极预处理

用金相砂纸将碳钢、铜、不锈钢研究电极打磨至镜面光亮，用环氧树脂封装试样，留出固定面积。在无水乙醇、去离子水、丙酮中依次超声处理 10min，风干后放入干燥器中备用。实验前，在 0.5 mol/L 的硫酸溶液中去除氧化层，浸泡时间分别不低于 10s，然后分别浸入去离子水、丙酮中处理 5s，压缩空气吹干后放入腐蚀溶液。

3. 测量极化曲线

（1）连接电极与电化学工作站，使各电极均进入电解质溶液中，将绿色夹头夹碳钢工作电极（WE），红色夹头夹铂对电极（CE），白色夹头夹饱和甘汞参比电极（RE），另外，保证传感电极（SE）与工作电极连接。工作电极、参比电极和辅助电极与电化学工作站的相应导线相连接（见图5-3），经指导教师检查后方可通电测量。

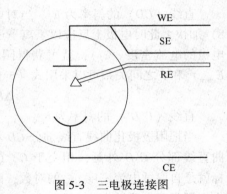

图 5-3 三电极连接图

（2）测定工作电极的开路电位（Eoc），以 P4000 电化学工作站为例，打开软件，依次选择菜单栏里的"Experiment-Technique Actions：Corrosion-Open Circuit"，在弹出的参数设置页面设置好文件存储路径及文件名，然后在测试参数中设置扫描属性中的每点扫描时间为 1s，持续时间为 1800s。再点击要执行的动作（Actions to be Performed）区域中的 Common，设置 Properties for Common 中的 Reference Electrode 为下拉菜单中的饱和甘汞电极（SCE），单击运行（Run）开始试验。试样入槽后 10~30min，电极电位基本上达到稳定；当在 2min 内电极电位变化不超过 1mV 时，即可认为已达到了稳定。工作电极的电位稳定后，即可停止开路电位监测，进行 Tafel 极化曲线的测量。

（3）依次选择电化学工作站控制软件菜单栏里的"Experiment-Technique Actions：Corrosion-Tafel"，在弹出的参数设置页面设置好文件存储路径及文件名，然后在测试参数中设置初始电位（Initial Potential）为 −0.25V，在初始电位下拉菜单里选择相对于开路电位（vs OC）。设置最终电位（Final Potential）为 +0.25V，在最终电位下拉菜单里选择相对于开路电位。设置阶跃高度（Step Height）和阶跃时间（Step Time）分别为 0.2mV 和 1s，可得扫描速度为 0.2mV/ s。再点击要执行的动作（Actions to be Performed）区域中的 Common，设置 Properties for Common 中的 Reference Electrode 为下拉菜单中的饱和甘汞电极（SCE），设置工作电极面积（Working Electrode Area）的具体数值，单击运行（Run）开始试验。

（4）实验结束后，取出试样，观察试样的表面状态；之后，整理实验台。

五、注意事项

（1）测定前仔细了解仪器的使用方法。

（2）电极表面一定要处理平整、光亮、干净，不能有点蚀孔。

（3）按照实验要求，严格进行电极处理。

（4）将研究电极置于电解槽时，要注意与鲁金毛细管之间的距离每次应保持一致。研究电极与鲁金毛细管应尽量靠近，但管口离电极表面的距离不能小于毛细管本身的直径。

（5）每次做完测试后，应在确认恒电位仪或电化学综合测试系统在非工作的状态下，断开电极与工作站的连接，关闭电源，取出电极。

六、实验报告要求

（1）每人一份实验报告，报告应包括实验目的、实验原理、实验设备和材料、实验方法与步骤。

（2）实验数据处理与分析：

1）实验记录，见表 5-2。

表 5-2　实验数据记录表

试样材质		试样暴露面积	
溶液		室温	
参比电极		辅助电极	
开路电位		初始电位	
终止电位		扫描速度	
实验现象			

2）数据处理：

①采用 Origin 画图软件画出 E-$\lg i$ 曲线。

②分别求出铁、铜和不锈钢电极在 H_2SO_4 溶液和 HCl 中的 i_{corr}、E_{corr}、b_a 和 b_c。

七、思考题

（1）开路电位、自腐蚀电位有何不同？

（2）分析 Cl^- 对碳钢腐蚀的影响。

实验 3　钝化体系的阳极极化曲线测定

一、实验目的

（1）掌握恒电位法测定阳极钝化极化曲线的原理和实验技术。

（2）测定碳钢自腐蚀电位、钝化电位、钝化电流等参数。

（3）分析 pH 对碳钢阳极极化曲线影响。

二、实验设备及材料

（1）实验设备：电化学工作站，饱和甘汞电极、铂电极，钢质镊子，烧瓶，烧杯，电吹风，棉球，砂纸，搅拌棒，pH 试纸。

（2）试验材料：

1）碳钢 Q235 试样（尺寸为 $\phi20mm\times5mm$）。除试样上部连接导线处和下部插入电解池内的暴露面外，其余均用 704 硅橡胶或环氧树脂密封。

2）0.1mol/L H_2SO_4 溶液，1mol/L H_2SO_4 溶液，无水乙醇，丙酮。

三、实验原理

阳极电位和电流的关系曲线叫做阳极极化曲线。为了判定金属在电解质溶液中采取阳极保护的可能性，通常会选择阳极保护的三个主要技术参数——致钝电流密度、维钝电流密度和钝化区的电位范围，此时需要测定阳极极化曲线。在钝化体系中当电极处于阳极极化时，阳极的溶解速度随电位变正而逐渐增大；但当阳极电位正到某一数值时，其溶解速度达到最大值，此后阳极溶解速度随电位正移反而大幅度降低，这种现象称为金属的钝化现象。图 5-4 为金属在钝化体系中阳极极化曲线，该曲线可以划分为四个区：AB 为活性溶解区；BC 为钝化过渡区；CD 为稳定钝化区；DE 为过钝化区，以铁与浓硫酸构成钝化体系为例，四区中反应机理如下所示：

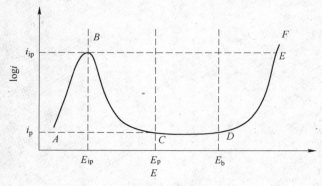

图 5-4　阳极极化曲线

（1）AB 段，称为活性溶解区：

阳极反应式，如 $Fe \longrightarrow Fe^{2+} + 2e$

（2）BC 段，称为钝化过渡区：

阳极反应式，如 $3Fe + 4H_2O \longrightarrow Fe_3O_4 + 8H^+ + 8e$

（3）CD 段，称为稳定钝化区，简称钝化区：

阳极反应式，如 $2Fe + 3H_2O \longrightarrow Fe_2O_3 + 6H^+ + 6e$

（4）DE 段，称为过钝化区：

阳极反应，如 $4OH^- \longrightarrow O_2 + 2H_2O + 4e$

阳极极化曲线中 i_{ip} 和 i_p 分别代表致钝电流密度和维钝电流密度；E_{ip}、E_p 和 E_b 分别代表致钝电位、维钝电位和过钝电位。

若把金属作为阳极，通以致钝电流使之钝化，再用维钝电流去保护其表面的钝化膜，可使金属的腐蚀速度大大降低，这就是阳极保护的原理。

用恒电流法测不出上述曲线的 *BCDE* 段。在金属受到阳极极化时其表面发生了复杂的变化，电极电位成为电流密度的多值函数，因此当电流增加到 *B* 点时，电位即由 *B* 点跃增到很正的 *E* 点，金属进入了过钝化状态，反映不出金属进入钝化区的情况。由此可见只有用恒电位法才能测出完整的阳极极化曲线。

本实验采用恒电位仪逐点恒定阳极电位，同时测定对应的电流值，并在半对数坐标纸上绘成 *E*-lg*i* 曲线，即为恒电位阳极极化曲线。反之，用恒电位仪中的恒电流逐点恒定电流值，测定对应的阳极电位，在半对数坐标纸上绘成 *E*-lg*i* 曲线，即为恒电流阳极极化曲线。

四、实验步骤

1. 溶液配制

采用去离子水分别配制 0.1mol/L H_2SO_4 溶液，1mol/L H_2SO_4 溶液。

2. 碳钢预处理

用金相砂纸将碳钢研究电极打磨至镜面光亮，用环氧树脂封装试样，留出固定面积。在无水乙醇、去离子水、丙酮中依次超声处理 10min，风干后放入干燥器中备用。实验前，在 0.5 mol/L 的硫酸溶液中去除氧化层，浸泡时间分别不低于 10s，然后分别浸入去离子水、丙酮中处理 5s，压缩空气吹干后放入腐蚀溶液。

3. 测量阳极极化曲线

（1）连接电极与电化学工作站，使各电极均进入电解质溶液中，将绿色夹头夹工作电极（碳钢），红色夹头夹对电极（铂电极），白色夹头夹参比电极（饱和甘汞电极）。工作电极、参比电极和辅助电极与电化学工作站的相应导线相连接，经指导教师检查后方可通电测量。

（2）按照第 5 章实验 2 中开路电位的监测方法，测定工作电极的开路电位（试样入槽后 10~30min，电极电位基本上达到稳定；当在 2min 内电极电位变化不超过 1mV 时，即可认为已达到了稳定）。工作电极的电位稳定后，即可进行恒电位法或恒电流法测定阳极极化曲线。

（3）恒电位法测阳极极化曲线。打开 P4000 电化学工作站软件，依次选择菜单栏里的"Experiment-Technique Actions：Corrosion-Potentiodynamic"，在弹出的参数设置页面设置好文件存储路径及文件名，然后在测试参数中设置初始电位（Initial Potential）为 $-0.25V$，在初始电位下拉菜单里选择相对于开路电位（vs OC）。设置最终电位（Final Potential）为 $+1.0$ V，在最终电位下拉菜单里选择相对于开路电位。设置阶跃高度（Step Height）和阶跃时间（Step Time）分别为 1mV 和 1s，可得扫描速度为 1mV/s。再点击要执行的动作（Actions to be Performed）区域中的 Common，设置 Properties for Common 中的

Reference Electrode 为下拉菜单中的饱和甘汞电极（SCE），设置工作电极面积（Working Electrode Area）的具体数值，单击运行（Run）开始试验。

（4）恒电流法测定阳极极化曲线。待开路电位稳定后，设定最初电流为 0mA，最终电流为 10mA，阶跃高度为 0.01mA，阶跃时间为 1s，扫描速率为 0.01mA/s，再点击要执行的动作（Actions to be Performed）区域中的 Common，设置 Properties for Common 中的 Reference Electrode 为下拉菜单中的饱和甘汞电极（SCE），设置工作电极面积（Working Electrode Area）的具体数值，单击运行（Run）开始试验。当测定的电位值出现突跃后，再测数个点即可停止测量。

（5）实验结束后，取出试样，观察试样的表面状态；之后，整理实验台。

五、注意事项

（1）测定前仔细了解仪器的使用方法。

（2）电极表面一定要处理平整、光亮、干净，不能有点蚀孔。

（3）按照实验要求，严格进行电极处理。

（4）将研究电极置于电解槽时，要注意与鲁金毛细管之间的距离每次应保持一致。研究电极与鲁金毛细管应尽量靠近，但管口离电极表面的距离不能小于毛细管本身的直径。

（5）每次做完测试后，应在确认恒电位仪或电化学综合测试系统在非工作的状态下，关闭电源，取出电极。

六、实验报告要求

1. 实验报告

每人一份实验报告，报告应包括实验目的、实验原理、实验设备和材料、实验方法与步骤。

2. 实验数据处理与分析

（1）实验记录，见表 5-3。

表 5-3　实验记录表

试样材质		试样暴露面积	
溶液		温度	
参比电极		辅助电极	
开路电位		初始电位	
终止电位		扫描速度	
实验现象			

（2）数据处理要求：

1）采用 Origin 软件分别画出恒电位法和恒电流法 E-$\lg i$ 曲线；

2）分别求出碳钢电极在不同浓度的 H_2SO_4 溶液中的自腐蚀电流密度、自腐蚀电位；

3）指出钝化曲线中的活性溶解区，过渡钝化区，稳定钝化区，过钝化区，并标出临界钝化电流密度（电势），维钝电流密度等数值。

七、思考题

（1）分析 H_2SO_4 浓度对 Fe 钝化的影响。

（2）阳极极化曲线对实施阳极保护有什么指导意义？如果对某种体系进行阳极保护，首先必须明确哪些参数？

（3）比较恒电位法所测阳极极化曲线与恒电流法所测阳极极化曲线的测定结果。

实验 4 线性极化电阻法测定金属腐蚀电流

一、实验目的

（1）了解线性极化电阻法测定金属腐蚀速率的原理。

（2）掌握线性极化电阻法求自腐蚀电流密度步骤。

（3）掌握应用线性极化电阻法评价缓蚀剂性能的方法。

二、实验设备及材料

（1）实验设备：电化学工作站，饱和甘汞电极、铂电极，钢质镊子，烧瓶，烧杯，电吹风，棉球，砂纸，搅拌棒。

（2）试验材料：

1）铜试样（尺寸为 $\phi20\text{mm}\times5\text{mm}$）。除试样上部连接导线处和下部插入电解池内的暴露面外，其余均用 704 硅橡胶或环氧树脂密封。

2）含 0.5%（质量分数）乌洛托品的 3%（质量分数）NaCl 溶液，不含乌洛托品 3%（质量分数）NaCl 溶液。

三、实验原理

线性极化技术是快速测定金属腐蚀速度的一种电化学方法。特点是灵敏、快速、因此比失重法测定金属腐蚀速度具有一定的优越性。它适用于任何电解质溶液所构成的腐蚀体系，由于极化电流很小，所以不至于破坏试件的表面状态，用一个试件可以作多次连续测定，并适用于现场监控。

线性极化技术的原理，就是对工作电极外加电流进行极化，使工作电极的电位在自腐蚀电位附加变化（约 $\pm10\text{mV}$），此时 ΔE 对 Δi 为线性关系。根据斯特恩和盖里的理论推导，对活化极化控制的腐蚀体系，极化电阻率与自腐蚀电流密度之间存在如下的关系：

$$R_\text{p} = \frac{\Delta E}{\Delta i} = \frac{b_\text{a} \times b_\text{c}}{2.303(b_\text{a} + b_\text{c})} \times \frac{1}{i_\text{c}} \tag{5-11}$$

式中　R_p——极化电阻率，$\Omega \cdot \text{cm}^2$；

　　　ΔE——极化电位，V；

　　　Δi——极化电流密度，A/cm^2；

　　　i_c——金属的自腐蚀电流密度，A/cm^2，但通常以 $\mu\text{A/cm}^2$ 表示；

b_a，b_c——常用对数阳、阴极塔菲尔常数，V。

式（5-11）还包含了腐蚀体系的两种极限情况：

（1）当局部阳极反应受活化控制，而局部阴极反应受氧化剂的扩散控制时（如氧的扩散控制），$b_\text{c} \to \infty$，则式（5-11）简化为：

$$R_\text{p} = \frac{\Delta E}{\Delta i} = \frac{b_\text{a}}{2.3 i_\text{c}} \tag{5-12}$$

（2）当局部阴极反应受活化控制，而局部阳极反应受钝化控制时（如不锈钢在饱和氧的介质中）$b_a \to \infty$，则式（5-12）简化为：

$$R_p = \frac{\Delta E}{\Delta i} = \frac{b_c}{2.3 i_c} \qquad (5\text{-}13)$$

对于一定的腐蚀体系，b_a、b_c 为常数，而 $B = \dfrac{b_a \times b_c}{2.3(b_a + b_c)}$ 也为常数，则式（5-11）~式（5-13）可写为：

$$R_p = \frac{\Delta E}{\Delta i} = \frac{B}{i_c} \qquad (5\text{-}14)$$

式中的 B 值是仅与 b_a、b_c 有关的常数，显然极化电阻率 R_p 和自腐蚀电流密度 i_c 成反比。根据法拉第定律可以直接将 i_c 换算成腐蚀的重量指标或腐蚀的深度指针为单位元的腐蚀速度，故极化电阻率 R_p 和金属腐蚀速度成反比关系。比如在一些腐蚀体系中，评选缓蚀剂或筛选耐蚀金属材料，只要分别测定 R_p 值，就可以相对比较其腐蚀速度的大小就是这个道理。线性极化金属腐蚀测定仪也是这一理论为基础研制成功的。现在一般用腐速仪测定出极化电阻，再乘以工作电极的表面积，就得到极化电阻率 R_p。由 R_p 可估计出腐蚀速度值的大致范围。如果要由 R_p 计算出确实的腐蚀速度值，还需要用其他的方法确定 b_a、b_c 值。确定 b 值的方法可以有几种，一般常用极化曲线法和失重校正法；有的还可以在文献数据上查到；有的可以根据腐蚀体系的电化学特性和规律，在有限的数据范围内选用适当的数值。详细的介绍见附录三。

本实验可采用恒电位法或恒电流法等来测定铜在 3.5%NaCl 溶液中腐蚀的 ΔE 对 Δi 的关系曲线。铜在 3.5%NaCl 溶液中，将不断被溶解，同时产生 $Cu(OH)_2$，即：

$$2Cu + O_2 + 2H_2O \longrightarrow 2Cu(OH)_2 \qquad (5\text{-}15)$$

在 Cu/H_2O 界面上同时进行两个电极反应：

$$Cu \longrightarrow Cu^{2+} + 2e \qquad (5\text{-}16)$$

$$O_2 + 2H_2O + 4e \longrightarrow 4OH^- \qquad (5\text{-}17)$$

反应式（5-16）、式（5-17）称为共轭反应。正是由于反应（5-17）存在，反应（5-16）才能不断进行，这就是 Cu 在中性介质中腐蚀的主要原因。

通过测定不同极化电位（E）条件下流入 Cu 电极的电流密度（i），就可得到极化曲线（见图5-5），在弱极化区（$\Delta E < 10\mathrm{mV}$），ΔE（$= E - E_{corr}$）和 i 之间关系可以采用式（5-18）来反映，由曲线的斜率计算极化电阻率 R_p，并进一步利用式（5-19）求出腐蚀速度 i_{corr}：

$$i = i_{corr}\left(\frac{1}{b_a} + \frac{1}{b_c}\right)\Delta E \qquad (5\text{-}18)$$

$$R_p = \frac{\Delta E}{i} = \frac{b_a b_c}{b_a + b_c} \cdot \frac{1}{i_{corr}} = \frac{B}{i_{corr}} \qquad (5\text{-}19)$$

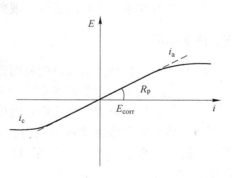

图 5-5　线性极化曲线 E-i

四、实验方法与步骤

1. 溶液配制

采用去离子水、NaCl、乌洛托品分别配制含 0.5% 乌洛托品的 3%NaCl 溶液和不含乌洛托品 3%NaCl 溶液。

2. 铜预处理

用金相砂纸将铜研究电极打磨至镜面光亮，用环氧树脂封装试样，留出 $1cm^2$ 面积。在无水乙醇、去离子水、丙酮中依次超声处理 10min，压缩空气吹干后放入干燥器中备用。实验前，在 0.5mol/L 的硫酸溶液中去除氧化层，浸泡时间分别不低于 10s，然后分别浸入去离子水、丙酮中处理 5s，压缩空气吹干后放入腐蚀溶液。

3. 测量线性极化曲线

（1）连接电极与电化学工作站，使各电极均进入电解质溶液中，将绿色夹头夹工作电极（碳钢），红色夹头夹对电极（铂电极），白色夹头夹参比电极（饱和甘汞电极）。工作电极、参比电极和辅助电极与电化学工作站的相应导线相连接，经指导教师检查后方可通电测量。

（2）按照实验 2 中开路电位的监测方法，测定工作电极的开路电位（试样入槽后 10 ~30min，电极电位基本上达到稳定；当在 2min 内电极电位变化不超过 1mV 时，即可认为已达到了稳定）。工作电极的电位稳定后，即可进行线性极化曲线测量。

（3）依次选择电化学工作站控制软件菜单栏里的"Experiment-Technique Actions：Corrosion-Linear Polarization Resistance（LPR）"，在弹出的参数设置页面设置好文件存储路径及文件名，然后在测试参数中设置初始电位（Initial Potential）为 -0.02V，在初始电位下拉菜单里选择相对于开路电位（vs OC）。设置最终电位（Final Potential）为 +0.02V，在最终电位下拉菜单里选择相对于开路电位。设置阶跃高度（Step Height）和阶跃时间（Step Time）分别为 0.2mV 和 1s，可得扫描速度为 0.2mV/s。再点击要执行的动作（Actions to be Performed）区域中的 Common，设置 Properties for Common 中的 Reference Electrode 为下拉菜单中的饱和甘汞电极（SCE），设置工作电极面积（Working Electrode Area）的具体数值，单击运行（Run），开始试验。

（4）实验结束后，取出试样，观察试样的表面状态；之后，整理实验台。

五、注意事项

（1）测定前仔细了解仪器的使用方法。

（2）电极表面一定要处理平整、光亮、干净，不能有点蚀孔。

（3）按照实验要求，严格进行电极处理。

（4）将研究电极置于电解槽时，要注意与鲁金毛细管之间的距离每次应保持一致。研究电极与鲁金毛细管应尽量靠近，但管口离电极表面的距离不能小于毛细管本身的直径。

（5）每次做完测试后，应在确认恒电位仪或电化学综合测试系统在非工作的状态下，关闭电源，取出电极。

六、实验报告要求

1. 实验报告

每人一份实验报告，报告应包括实验目的、实验原理、实验设备和材料、实验方法与步骤。

2. 实验数据处理与分析

（1）实验记录，见表5-4。

表 5-4　实验记录表

试样材质		试样暴露面积	
溶液		温度	
参比电极		辅助电极	
开路电位		初始电位	
终止电位		扫描速度	
实验现象			

（2）数据处理：

1）采用 Origin 软件画出 Cu 电极在 3%NaCl 溶液和含 0.5%乌洛托品的 3%NaCl 中的 E-i 曲线；

2）由线性极化曲线的斜率分别求出 Cu 电极在 3%NaCl 溶液和含 0.5%乌洛托品的 3%NaCl 中 R_p；

3）利用式（5-16）计算 Cu 在溶液中的自腐蚀电流密度 i_{corr}（铜在 3%NaCl 溶液中，$B = 5.5\text{mV}$）；

4）分别利用式（5-20）和式（5-21）计算乌洛托品的缓蚀效率。

$$\eta = \left(1 - \frac{R_p}{R_p'}\right) \times 100\% \tag{5-20}$$

或

$$\eta = \left(1 - \frac{i_{corr}}{i_{corr}'}\right) \times 100\% \tag{5-21}$$

式中　η——缓蚀效率，%；

$\quad R_p$——Cu 含 0.5%乌洛托品的 3%NaCl 中极化电阻，Ω；

$\quad R_p'$——Cu 在 3%NaCl 溶液极化电阻，Ω；

$\quad i_{corr}'$——Cu 含 0.5%乌洛托品的 3%NaCl 中自腐蚀电流密度，mA/cm^2；

$\quad i_{corr}$——Cu 在 3%NaCl 溶液中自腐蚀电流密度，mA/cm^2。

七、思考题

（1）分别用腐蚀电流密度和极化电阻计算所用缓蚀剂的缓蚀效率，二者有没有不同，原因何在？乌洛托品的缓蚀机理是什么？

（2）线性极化技术的原理是什么，在实际应用中有什么优点和局限性？为什么在线性极化技术中可以应用与工作电极相同材料的电极作为参比电极？

（3）现测得某一体系在 $\Delta E = 80\text{mV}$ 时的极化电流值 ΔI，能否根据 $R_p = \dfrac{\Delta E}{\Delta I}$ 求出极化电阻率值，从而求取腐蚀速度？为什么？

实验 5   金属电偶腐蚀实验

一、实验目的

（1）了解电偶腐蚀测试的原理和掌握测定电偶电流的方法。

（2）学会测定纯铝-铜、纯铝-铅、纯铝-石墨、纯铝-锌在 3% 的氯化钠水溶液中的电偶电流，排出电位序。

二、实验设备及材料

（1）实验设备：电化学工作站，恒温水浴锅，饱和甘汞电极，金相试样磨光机，烧杯，秒表。

（2）实验材料：

1）纯铜、铅、锌、石墨、Q235 碳钢、18-8 不锈钢和纯铝，试样尺寸为 ϕ6mm×12mm。

实验前，试样均需经过金相砂纸依次研磨、抛光、冲洗、除油、除锈、吹干等处理。除试样上部连接导线处和下部插入电解池内的暴露面外，其余均用 704 硅橡胶或环氧树脂密封。

2）3%氯化钠溶液。

三、实验原理

当两种不同的金属在腐蚀介质中相互接触时，由于腐蚀电位不相等，原腐蚀电位较负的金属（电偶对阳极）溶解速度增加，造成接触处的局部腐蚀。这就是电偶腐蚀（也称为接触腐蚀）。应用极化图有助于更清楚地看到电极的电化学参数在偶合前后的变化，如图 5-6 所示。假设有两个表面积相等的金属 A 和 B，金属 A 的电位比金属 B 的电位正，当它们各自放入同一介质（如酸溶液）中，未耦合时，金属 A 的腐蚀速度为 $i_{corr, A}$，金属 B 的腐蚀速度为 $i_{corr, B}$。然后，用导线连接金属 A 和金属 B 使之形成电偶对，此时腐蚀体系的混合电位为 E_g，金属 A 的腐蚀速度减少到 $i'_{corr, A}$，金属 B 的腐蚀速度增加到 $i'_{corr, B}$。根据混合电位理论测定电偶腐蚀的电化学技术，包括电位恒定，电流测定和极化测定。通过测定短路条件下混合电极两端的腐蚀电流即电偶电流的数值，根据电偶电流的数值，就可以判断金属的耐接触腐蚀的性能。

电偶电流与电偶对中阳极金属的真实溶解速度之间的定量关系较复杂（它与不同金属间的电位差、未耦合时的腐蚀速度、塔菲尔常数和阴阳极面积比等因素有关），但可以有如下的基本关系。

在活化极化控制的条件下，金属腐蚀速度的一般方程式为：

$$i = i_{corr} \left[\exp \frac{2.303(E - E_{corr})}{b_a} - \exp \frac{-2.303(E - E_{corr})}{b_c} \right] \tag{5-22}$$

如果某金属与另一电位较正的金属形成电偶，则这个电位较负的金属将被阳极极化，电位 E 将正向移到电偶电位 E_g，它的溶解电流将由 i_{corr} 增加到 i'_{corr}：

$$i'_{corr} = i_{corr} \exp\left[\frac{2.303(E_g - E_{corr})}{b_a}\right] \tag{5-23}$$

电偶电流实际上是电偶电位 E_g 处局部阳极电流和局部阴极电流之差：

$$i_g = i_{corr}\left[\exp\frac{2.303(E_g - E_{corr})}{b_a} - \exp\frac{-2.303(E_g - E_{corr})}{b_c}\right] \tag{5-24}$$

由式（5-24）可以获得两种极限情况：

（1）形成耦合电极后，若极化很大（即 $E_g \gg E_{corr}$），则：

$$i_g = i'_{corr} \tag{5-25}$$

在这种情况下，电偶电流数值等于耦合电极阳极的溶解电流。

（2）形成耦合电极以后，若极化很小（即 $E_g \approx E_{corr}$），则：

$$i_g = i'_{corr} - i_{corr} \tag{5-26}$$

这种情况下，电偶电流的数值等于耦合电极阳极的溶解电流在耦合前后之差。

对这两种极限情况的讨论，有助于理解处于两种极限之间的状态。如果直接由电偶电流去求出溶解速度，数值会不同程度地偏低。因此，若果需要求出真实的溶解速度，对电偶电流 i_g 进行修正是必要的。

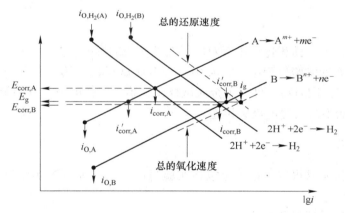

图 5-6　金属 A 和 B 形成电偶对时混合电位的性质

四、实验方法与步骤

（1）准备好各种待测试件，把已加工到一定光洁度的试件用细砂纸进行打磨，测量其尺寸，安装到夹具上，分别用丙酮和乙醇擦洗以清除表面的油脂，待用。

（2）按测定先后，分别将铝与铜、铝与铅、铝与石墨、铝与锌等所组成的电偶安装于盛有 3% 的氯化钠的适量水溶液的电解槽中。电偶对的试件应尽量靠近，把甘汞电极安装于两试件之间，便于测定耦合前后的各电位值。

（3）将铝试样设为工作电极 Ⅰ，并与工作站的工作电极夹相连接；将铜、铅、石墨、碳钢或不锈钢依次设为工作电极 Ⅱ，与接地的辅助电极夹相连接；饱和甘汞电极接参比电极夹。

（4）利用电化学工作站测量各电极耦合前的电极电位 E_a 和 E_c 及两电极未耦合时的相对电位差（测量方法参看第 5 章实验 2）。电偶腐蚀测量电极系统连接示意图如图 5-7

所示。

（5）待电极的腐蚀电位趋于稳定后，打开 P4000 控制软件，选择电偶腐蚀（Galvanic Corroison）或电化学噪音（Electro-chemical Noise）功能，在扫描属性窗口中设置好每点扫描时间和监测持续时间。再点击要执行的动作区域中的 Common，设置 Properties for Common 中的参比电极为下拉菜单中的饱和甘汞电极，设置工作电极面积的具体数值，单击运行开始试验，测定电偶对的电

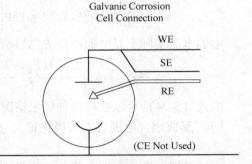

图 5-7　电偶腐蚀测量电极系统连接示意图

偶电流 i_g 随时间的变化情况。软件窗口将会显示偶接电位 E_g 和电偶电流 i_g，电流计数为正表示研究电极引线所接的工作电极 I 为阳极，接地线连接的工作电极 II 为阴极，负电流与此相反。

（6）更换电偶对，按上述步骤进行各电偶对电偶电流的测定。

（7）实验结束后，取出试样，观察试样的表面状态；之后，整理实验台。

五、注意事项

（1）注意电位差、面积比等因素对电偶腐蚀实验的影响。

（2）在电偶腐蚀实验过程中，将其中一种金属试样设为第一工作电极，与工作站的工作电极夹相连接；同时将另外一个金属试样作为第二工作电极，其必须要与接地的辅助电极夹相连接，而不是与对电极夹相连。

六、实验报告要求

（1）每人一份实验报告，报告应包括实验目的、实验原理、实验设备和材料、实验方法与步骤。

（2）实验数据处理与分析：

1）按表 5-5 和表 5-6 的内容记录电偶腐蚀实验的实验数据。

表 5-5　电偶对材质和尺寸参数

序号	试样材料	试样尺寸/cm	试样暴露面积/cm^2
1	铜		
2	铅		
3	石墨		
4	锌		
5	碳钢		
6	不锈钢		
7	铝		

表 5-6　电偶腐蚀实验数据表

介质成分：_____；温度：_____

电偶对名称	电极电位/mV			电偶间相对电位差/mV	时间	电偶电流 i_g/A
	阳极 E_a	阴极 E_c	电偶电位 E_g			
铝-铜						
铝-铅						
铝-石墨						
铝-锌						
铝-碳钢						

2）在同一张直角坐标纸上绘制出各组电偶电流 i_g 对时间的关系曲线。

3）将各组的电偶电流 i_g 除外以铝的电极表面积，排列出上述各种材料在 3% 的氯化钠水溶液中的电位序并与相关文献资料进行比较。

七、思考题

（1）电偶腐蚀电流为什么不能单独用普通的安培表来测量?

（2）如果要用电偶电流 i_g 值计算真实的溶解速度，应该如何进行校正? 试说明。

（3）电偶电流的数值受哪些因素影响?

实验 6　奥氏体不锈钢晶间腐蚀实验

一、实验目的

（1）了解奥氏体不锈钢发生晶间腐蚀的机制。

（2）掌握奥氏体不锈钢晶间腐蚀倾向的试验方法和评定过程。

二、实验设备及材料

（1）实验设备：PS-3005D-Ⅱ双路输出直流稳压电源，Olympus GX71 型金相显微镜，烧杯，导线若干。

（2）实验材料：

1）不锈钢试样四种，试样尺寸为 40mm×20mm×2mm。试样包括：①1100℃ 固溶处理的 1Cr18Ni9 不锈钢试样；②1100℃ 固溶，+650℃、2h 敏化处理的 1Cr18Ni9；③1100℃ 固溶，+650℃、2h 敏化处理的 1Cr18Ni9Ti 不锈钢试样；④1100℃ 固溶，+880℃、6h 稳定化处理的 1Cr18Ni9Ti。

实验前，试样需经过金相砂纸依次研磨、抛光、冲洗、除油、除锈、吹干等处理。

2）10% 草酸溶液，将 100g 草酸溶解于 900mL 蒸馏水中制成。

三、实验原理

晶间腐蚀是一种常见的局部腐蚀，是指金属材料在特定的腐蚀介质中沿着金属或合金的晶粒边界或它的邻近区域发生腐蚀，而晶粒本身的腐蚀很轻微，从而使材料性能降低的现象。不锈钢、铝及铝合金、铜合金、镁合金和镍合金都是具有较高晶间腐蚀敏感性的材料，其中尤以不锈钢的晶间腐蚀现象最为常见。引起不锈钢晶间腐蚀的常用介质，主要有两类：一类是氧化性或弱氧化性的介质如充气的海水或 $MgCl_2$ 溶液等；另一类是强氧化性的介质如 HNO_3 等。

18-8 不锈钢如 0Cr18Ni9，1Cr18Ni9，2Cr18Ni9 等是工程中常用的金属材料，这类钢的强度、塑性、韧性及冷加工性能良好。但是这种材料在敏化态或者焊接以后，一旦与腐蚀介质相接触，发现晶粒边界处的材料比晶粒本体腐蚀要来得快得多，造成所谓的"晶间腐蚀"。严重的晶间腐蚀将造成材料的晶间结合力丧失，进而使金属力学性能丧失。晶间腐蚀发生后，金属和合金虽然表面仍保持一定的金属光泽，也看不出被破坏的迹象，但晶粒间的结合力已显著减弱，强度下降，因此设备和构件容易遭到破坏。晶间腐蚀的隐蔽性强，突发性破坏几率大，因此有严重的危害性。

晶间腐蚀理论中比较典型的是贫化理论。现以奥氏体不锈钢为例介绍贫化理论。在含碳量较高的奥氏体不锈钢中，碳与 Cr 及 Fe 能生成复杂的碳化物 $(Cr，Fe)_{23}C_6$。这种碳化物在不锈钢高温淬火（固溶处理）时，形成固溶态而溶入奥氏体中，使铬在奥氏体内均匀分布，保证了合金基体各部分的含铬量都在钝化所需值（12%Cr）以上。然而，这种固溶处理所形成的过饱和固溶体是不稳定的。一旦在敏化温度（400~850℃）下保温，这种碳化物会沿着晶界首先沉淀析出。在所析出的碳化物 $(Cr，Fe)_{23}C_6$ 中碳与铬的质量比是 1：17，这就需要铬元素大量从固溶体中分离出来。由于奥氏体中铬的扩散速度远小于碳的扩散速度，所以生成碳化物所需的铬不能从晶粒内的固溶体中迅速扩散补充到晶界，只能由晶界附近区域中供给。结果使晶界贫铬区的含铬量低于维持钝化所需的最低 Cr 含量，形成一个贫铬区（见图 5-8）。问题是晶界贫铬区的电极电位比晶粒内部的电位要低，更低于碳化物的电位。因而，在腐蚀环境中贫铬区将优先成为小阳极，与整个合金基体组成电池，大大加速了沿晶界贫铬区的腐蚀，导致不锈钢产生严重的晶间腐蚀。

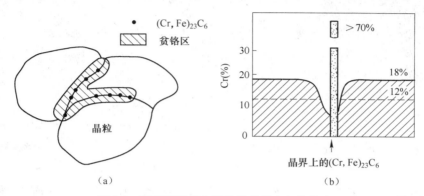

图 5-8　不锈钢晶界上碳化物的析出与铬分布

（a）$(Cr, Fe)_{23}C_6$ 的析出与贫铬区；（b）碳化物附近铬的分布

　　由于奥氏体不锈钢的晶间腐蚀是晶界产生贫铬而引起的，控制晶间腐蚀可从控制碳化物在晶界上的沉淀来考虑，所以常用的提高奥氏体不锈钢抗晶间腐蚀能力的方法包括：（1）重新固溶处理；（2）采用超低碳不锈钢；（3）稳定化处理。

　　晶间腐蚀是由于材料的晶粒和晶界，在电解质中的钝化行为不同所引起的。如果在某一介质中，晶粒处于钝化状态，而晶界处于活化状态，材料就要发生晶间腐蚀。材料的电化学行为除取决于它本身的化学成分和组织外，还取决于介质的氧化还原能力。因此，晶间腐蚀试验所用溶液的选取原则是：应能保证晶粒处于钝化状态，同时又要使具有晶间腐蚀倾向材料的晶界处于活化状态，这样才能保证在不发生均匀腐蚀的情况下，仅在晶界处产生腐蚀，显示出材料的晶间腐蚀倾向。

　　不锈钢晶间腐蚀的实验方法，通常分为化学浸泡法和电化学法两大类。常用的化学浸泡法，有 65%硝酸、硝酸-氢氟酸、硫酸-硫酸铁、硫酸-硫酸铜等方法；电化学法，常有 10%草酸电解浸蚀、动电位再活化等方法。

　　在本实验中，主要介绍草酸电解浸蚀法。草酸电解浸蚀试验的腐蚀电位大于 2.00V，在这种条件下，晶粒边界上的碳化物至少比晶粒本体的溶解速度快一个数量级。这样就可以在显微镜下观察到"沟状"的组织结构（即腐蚀沟）。

四、实验方法与步骤

　　（1）将直流稳压电源开机预热 10min，按要求连接电路，其中试样为阳极，另选一块钢片作为阴极或使用不锈钢钢板为阴极。

　　（2）向烧杯内添加 100～120mL 配制好的草酸溶液，实验温度为室温。

　　（3）调节电源电压和电流旋钮，使试样在 $1A/cm^2$ 的电流密度下阳极电解 1.5min。

（4）试验结束后，用流水洗净试样，并进行干燥处理。

（5）用金相显微镜观察试样浸蚀部位的形貌，放大倍数为150~500倍，按图5-9和表5-7的标准进行分析评定。

（6）更换试样，重复步骤（2）~（5）。

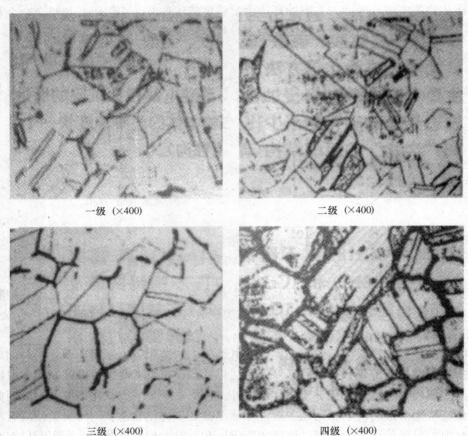

一级（×400）　　　　　二级（×400）

三级（×400）　　　　　四级（×400）

图5-9　试样晶间腐蚀形貌对照图

表5-7　试样晶间腐蚀倾向的等级评定标准

等级	组 织 特 征
一级	晶界没有腐蚀沟
二级	晶界有腐蚀沟，但没有一个晶粒被腐蚀沟包围
三级	晶界有腐蚀沟，个别晶粒被腐蚀沟包围
四级	晶界有腐蚀沟，大部分晶粒被腐蚀沟包围

五、注意事项

（1）试样准备过程中，使用砂轮机时要注意人和砂轮的位置，正确使用砂轮；使用水磨机时，注意砂纸的使用次序，每换一次砂纸务必旋转试样90°。用力要均匀，以免被处理的面不平。切忌随意用砂纸打磨试样表面，以致无法观察到实验现象。

（2）腐蚀过程中，注意连接好电路，在满足电流量程情况下方可打开直流稳压电源进行电解实验。

（3）金相显微镜下观察实验形貌时，要注意显微镜的放大倍数，绘制金相图时要有耐心。

六、实验报告要求

（1）每人一份实验报告，报告应包括实验目的、实验原理、实验设备和材料、实验方法与步骤。

（2）实验数据处理与分析：

1）根据金相显微镜观察到的试样腐蚀形貌，绘制金相显微组织图。

2）结合所绘金相图，根据图 5-9 和表 5-7 分别评定四种试样的晶间腐蚀倾向。

七、思考题

（1）根据实验结果，简述不锈钢的晶间腐蚀机理和防止方法。

（2）讨论草酸电解浸蚀试验与化学浸泡试验方法的关系，并分析各种不锈钢晶间腐蚀试验方法的优缺点和适用范围。

实验7　奥氏体不锈钢点蚀实验

一、实验目的

（1）掌握点蚀实验方法检测不锈钢耐蚀性实验技术。

（2）掌握化学浸泡法评价不锈钢点蚀性能的原理与方法。

（3）了解不锈钢点蚀发生的条件和原理。

二、实验设备及材料

（1）实验设备：FQY025 型盐雾试验箱，Olympus GX71 型金相显微镜，电子天平，电吹风，照相机，放大镜，量筒，游标卡尺，烧杯，玻璃棒。

（2）实验材料：

1）不锈钢。

2）$FeCl_3 \cdot 6H_2O$，浓盐酸（35%），NaCl 溶液，丙酮，六次甲基四胺，砂纸。

3）浸泡实验溶液，$FeCl_3 \cdot 6H_2O$ 和盐酸的混合溶液；盐雾试验采用溶液，NaCl 溶液。

三、实验原理

点蚀是一种典型的局部腐蚀，是指在金属表面的局部区域出现向深处发展的腐蚀小孔，其余区域不腐蚀或腐蚀很轻微的腐蚀现象。具有自钝化特性的金属或合金如不锈钢、铝和铝合金、钛和钛合金等在含氯离子的介质中，经常会发生点蚀。金属发生点蚀时，具有以下的特征：蚀孔小（一般直径只有数十微米）且深（深度等于或大于孔径），它在金属表面的分布有些较分散、有些较密集。孔口多数有腐蚀产物覆盖，少数呈开放式。点蚀的发生应具备三个基本条件即钝态金属、环境中存在卤素等有害离子、电位高于某个临界电位（称点蚀电位）。点蚀的发生过程，可分为形核（孕育）和发展（生长）两个阶段。

实际上，处于钝化的金属仍然有一定的反应能力，即钝化膜的溶解和修复处于动态平衡。当介质中含有活性阴离子（如氯离子）时，氯离子优先地有选择性吸附在钝化膜上，把氧原子排挤掉，和钝化膜中的阳离子结合可溶性氯化物，结果是在新露出的基底金属的特定点上生成小蚀坑，这些小蚀坑构成孔蚀核。

蚀孔内金属表面处于活态，电位较负；蚀孔外的金属表面处于钝态，电位较正，于是孔内外构成活态-钝态微电偶腐蚀电池，电池具有大阴极小阳极的面积比结构，阳极电流密度很大，蚀孔加深，孔外金属表面同时受到阴极保护，可继续维持钝态。孔内外发生的电化学反应如图 5-10 所示，孔内主要发生阳极溶解反应：

$$Fe \longrightarrow Fe^{2+} + 2e \tag{5-27}$$

$$Cr \longrightarrow Cr^{3+} + 3e \tag{5-28}$$

$$Ni \longrightarrow Ni^{2+} + 2e \tag{5-29}$$

若介质呈中性或弱碱性，孔外反应为：

$$O_2 + 2H_2O + 4e \longrightarrow 2OH^- \tag{5-30}$$

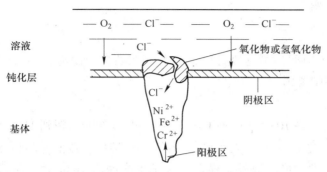

图 5-10　不锈钢在充气 NaCl 溶液中孔蚀示意图

　　孔内介质相对孔外介质呈滞流状态，溶解的金属阳离子不易往外扩散，溶解氧不易扩散进来。由于孔内金属阳离子浓度增加，氯离子迁入以维持电中性。这样使孔内形成金属氯化物的浓溶液，使孔内金属表面继续维持活态。由于氯化物水解的结果，孔内介质酸度增加，使阳极溶解速度加快。在介质重力的影响下，蚀孔进一步向深处发展。

　　在已发生点蚀破坏的金属表面上，分布着不同形状蚀孔（见图 5-11）。通常采用点蚀大小、尺寸、分布密度和点蚀深度等指标评估不锈钢发生点蚀的严重程度，如为了确定孔蚀密度，可以在低倍放大镜（如 20 倍）下数出试样表面蚀孔数量。利用 ASTM 46 标准可以对点蚀严重程度综合评级，其包括点蚀大小、分布密度和点蚀深度等指标评估（见图 5-12）。

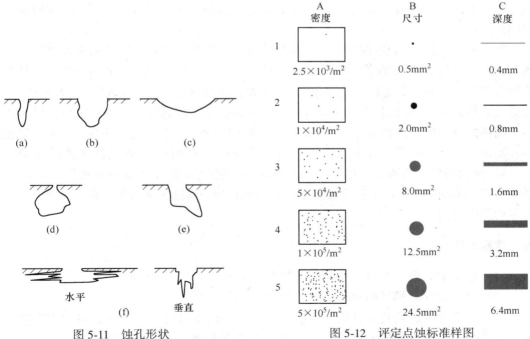

图 5-11　蚀孔形状

（a）窄而深；（b）椭圆；（c）宽而浅；（d）层下发展；
（e）底切；（f）形状由显微结构确定

图 5-12　评定点蚀标准样图

四、实验方法与步骤

1. 试样前处理

试样经 400~1000 号砂纸逐级打磨，打磨后在酒精中浸泡 5min 二次除油，用吹风机吹干后放入干燥器中备用。

2. 浸泡实验

（1）溶液配制。将 10g $FeCl_3 \cdot 6H_2O$ 和 4.5mL 浓盐酸稀释到 1L。

（2）浸泡。在 35℃ 条件下将试样浸泡在点蚀溶液中，浸泡时间为 2h。

（3）试样后处理。将浸泡后试样在去离子水中浸泡 1min 后，在酒精中浸泡 5min 脱水，用电吹风吹干后放入干燥器中备用。

3. 盐雾试验

（1）试验环境。盐雾试验按照 GB 10125—2012 所规定的条件进行，实验采用 FQY025 型盐雾试验箱，温度控制在 （35±2）℃；NaCl 溶液浓度为 （50±5）g/L；pH 值为 6.5~7.2；喷雾压力为 0.7~0.8MPa；沉降量为 0.05mL/（h·cm²），试验采用连续喷雾。

（2）喷雾实验。将试样放入盐雾实验机中，平面与垂直方向成 15°~30° 的角，连续喷雾 72h。

（3）试样后处理。盐雾实验结束后，在去离子水中浸泡 1min 后，在酒精中浸泡 5min 脱水，用电吹风吹干后放入干燥器中备用。

1）根据浸泡试验前后试样的重量，按腐蚀率 $=(m_0-m_1)/(S \times t)$ 计算材料的腐蚀率（g/（m²·h）），其中 m_0、m_1、S、t 分别是试样试验前质量、试验后质量、总面积和试验时间。

2）用金相显微镜观察试样表面点蚀孔的分布、密度、形状、尺寸和深度等特征，并进行拍照。测量点蚀深度时，可采用带有刻度微调的金相显微镜（50~500 倍，分别在孔底和表面聚焦，其读数差即为点蚀深度）。应测量足够多的蚀孔，以确定最大点蚀深度。在低放大倍数（如 20 倍）下数出试样表面上的蚀孔数，以确定点蚀平均密度，操作中可用带网格的透明纸盖在表面上，分别数出每一格中的蚀孔数，直至数完整个表面。根据观察和测试结果，按照图 5-11 和图 5-12 的标准样图对不锈钢材料的蚀孔特征进行分级。

3）由测得的点蚀深度，按"点蚀系数＝最大腐蚀深度/平均腐蚀深度"计算出点蚀系数。式中平均腐蚀深度根据腐蚀失重计算得到；最大腐蚀深度由最大孔深或十个最深孔的平均深度得到。

五、注意事项

（1）试样前处理及腐蚀后试样处理都需完全吹干。

（2）对实验前后试样拍照时要求放大倍数一致。

（3）正确使用砂轮及预磨机，注意安全。预磨机使用时，注意砂纸的使用次序，每换一次砂纸务必旋转试样 90°，用力要均匀，以免被处理的表面不平整。

（4）浸泡过程中，避免试样与容器之间的接触。

（5）保证溶液体积与试样表面积之比应大于或等于 20mL/cm²。

六、实验报告要求

1. 实验报告

每人一份实验报告，报告应包括实验目的、实验原理、实验设备和材料、实验方法与步骤。

2. 实验数据处理与分析

（1）浸泡实验：

1）腐蚀前后形貌：用相机记录不锈钢腐蚀前后形貌变化；

2）点蚀密度、点蚀大小：用放大镜和金相显微镜观察点蚀形状、点蚀密度、点蚀大小。

（2）盐雾实验：

1）腐蚀前后形貌：用相机记录不锈钢腐蚀前后形貌变化；

2）点蚀密度、点蚀大小：用放大镜观察和金相显微镜观察点蚀形状、点蚀密度、点蚀大小。

七、思考题

（1）简述不锈钢的点蚀机理并分析合金元素、热处理和表面状态对不锈钢点蚀性能的影响。

（2）在点蚀的化学浸泡法中，对试液的要求有哪些？

实验 8　临界点蚀电位的测定

一、实验目的

（1）初步掌握有钝化性能的金属在腐蚀体系中的临界孔蚀电位的测定方法。

（2）通过绘制有钝化性能的金属阳极极化曲线，了解击穿电位和保护电位的意义，并掌握应用其定性地评价金属耐孔蚀性能的原理。

（3）进一步了解恒电位技术在腐蚀研究中的重要作用。

二、实验设备及材料

1. 实验设备

电化学工作，饱和甘汞参比电极和铂辅助电极，电解池，温度计，量筒，烧杯，洗耳球，不锈钢镊子，酒精棉，水砂纸。

2. 实验材料

（1）18-8 不锈钢试件，尺寸为 $\phi20mm\times5mm$。除试样上部连接导线处和下部插入电解池内的暴露面外，其余均用 704 硅橡胶或环氧树脂密封。

（2）3.5%（质量分数）氯化钠水溶液。

三、实验原理

不锈钢、铝等金属在某些腐蚀介质中，由于形成钝化膜而使其腐蚀速度大大降低，而变成耐蚀金属。但是，钝态是在一定的电化学条件下形成（如某些氧化性介质中）或破坏的（如在氯化物的溶液中）。在一定的电位条件下，钝态受到破坏，孔蚀就产生了。因此，当把有钝化性能的金属进行阳极极化，使之达到某一电位时，电流突然上升，伴随着钝性被破坏，产生腐蚀孔。在此电位之前，金属保持钝态，或者虽然产生腐蚀点，但又能很快地再钝化，这一电位叫做临界孔蚀电位 E_b。E_b 常用于评价金属材料的孔蚀倾向性。临界孔蚀电位越正，金属耐孔蚀性能越好。

一般而言，E_b 依溶液的组分、温度、金属的成分和表面状态以及电位扫描速度而变化。在溶液组分、温度、金属的表面状态和扫描速度相同的条件下，E_b 代表不同金属的耐孔蚀趋势。

本实验采用恒电位手动调节，当阳极极化到 E_b 时，随着电位的继续增加，电流急剧增加，一般在电流密度增加到 $200\sim2500mA/cm^2$ 时，就进行反方向极化（即往阴极极化方向回扫），电流密度相应下降，回扫曲线并不与正向曲线重合，直到回扫的电流密度又回到钝态电流密度值，此时所对应的电位 E_{pr} 为保护电位。这样整个极化曲线形成一个"滞后环"把 E-i 图分为三个区（见图 5-13）：必然孔蚀区、可能孔蚀区和无孔蚀区。可见回扫曲线形成的滞后环可以获得更具体判断孔蚀倾向的参数。

四、实验方法与步骤

（1）待测试件准备：18-8 不锈钢试件的暴露的面用砂纸打磨光亮，测量尺寸，放入

60℃、30%的硝酸水溶液中钝化 1h，取出冲洗、干燥。分别用丙酮和无水乙醇擦洗以清除表面的油脂，待用。

（2）在电解池中注入配制好的 3.5%NaCl 溶液，固定好研究电极、辅助电极及参比电极，使鲁金毛细管的尖端对准研究电极暴露表面的正中央（距离 1~2mm）。测试前向溶液中通入纯氮进行半小时以上的预除氧。实验过程中保持对溶液连续通气。打开电化学工作站仪器预热 15min，连接好线路，经教师检查无误后，测定开路电位 E_{oc} 值，直到取得稳定值为止，记录。

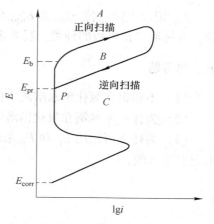

图 5-13　点蚀电位测定图

（3）选择动电位扫描方法，由自腐蚀电位 E_{corr} 开始，对研究电极以电位扫描速度 20mV/min 的动电位进行阳极极化。在点蚀电位以前，电流值增加很少，一旦到达点蚀电位 E_b，电流值便迅速增加。实验中可将电流密度为 $10\mu A/cm^2$ 或 $100\mu A/cm^2$ 的电位值作为临界点蚀电位 E_b，标记为 E'_{b10} 或 E'_{b100} 阳极电流密度达到 $500~1000\mu A/cm^2$ 时，立即进行反方向极化，直到回扫的电流密度又回到钝态时，回扫曲线与钝态曲线相交 E_{pr}，即可结束实验。

五、注意事项

（1）测定前仔细了解仪器的使用方法。

（2）试样表面一定要处理平整、光亮、干净，不能有点蚀孔。

（3）将研究电极置于电解槽时，要注意与鲁金毛细管之间的距离每次应保持一致。研究电极与鲁金毛细管应尽量靠近，但管口离电极表面的距离不能小于毛细管本身的直径。

（4）每次做完测试后，应在确认恒电位仪或电化学综合测试系统在非工作的状态下，关闭电源，取出电极。

六、实验报告要求

（1）每人一份实验报告，报告应包括实验目的、实验原理、实验设备和材料、实验方法与步骤。

（2）实验数据处理与分析：

试件材质_____　试件暴露面积_____

介质成分_____　介质温度_____

参比电极_____　参比电极电位_____

辅助电极_____　试件自腐蚀电位_____

1）根据所测得的阳极极化曲线，确定 18-8 不锈钢的 E_b 和 E_{pr}，讨论 18-8 不锈钢在含氯离子介质中的点蚀情况。

2）以阳极极化曲线上对应电流密度 10 或 $100\mu A/cm^2$ 的电位中最正的电位值（符号 E'_{b10} 或 E'_{b100}）来表示点蚀电位。

3）记录点蚀电位 E'_{b10} 或 E'_{b100} 的测量值，单位用"V"表示，记录到小数点后第三位，并标明参比电极的种类，脱氧用的气体种类和电位扫描速度。

七、思考题

（1）不锈钢在氯化钠水溶液中的滞后环曲线是否可以用恒电流法来测量？为什么？

（2）为什么不锈钢在氯化钠溶液中阳极极化曲线没有活化/钝化过渡区？

（3）为什么可以用 E_b 和 E_p 来评价材料的点蚀倾向？而不能用 E_b 和 E_p 来评价材料的耐点蚀性能？

实验 9　充电曲线法测定金属腐蚀速率

一、实验目的

（1）了解用充电曲线两点法测定钝态体系中金属的极低腐蚀速度的原理。

（2）掌握用充电曲线上的瞬时数据计算稳定下的极化电阻，进而求取腐蚀速度的方法。

（3）用充电曲线两点法测定不锈钢在硝酸水溶液中的腐蚀速度。

二、实验设备及材料

1. 实验设备

电化学工作站，电解槽，电吹风，烧杯。

2. 实验材料

（1）18-8 不锈钢试件，试样尺寸为 $\phi6mm\times12mm$。实验前，试样均需经过金相砂纸依次研磨、抛光、冲洗、除油、除锈、吹干等处理。除试样上部连接导线处和下部插入电解池内的暴露面外，其余均用 704 硅橡胶或环氧树脂密封。

（2）18%的硝酸水溶液，酒精，砂纸。

三、实验原理

大多数钝化体系，由于腐蚀速度很低，因而给测试工件带来不少困难。因为钝化体系的极化电阻很大，时间常数（RC）很大，达到稳态所需要的时间很长，因而不易测定稳态下的电化学参数，同时在这样长的实验周期中，自腐蚀电位的漂移亦会产生很大的测量误差。应用充电曲线法是解决这个问题的方法之一。充电曲线法可分为试差法、改进法、切线法和两点法等。在一般条件下，由于试差法用起来相当繁琐；而改进法在推导公式时又引入了一些近似条件；切线法在取斜率时不易准确。因此，相比之下，两点法较为简便。所以本实验选用两点法。

金属试件在腐蚀介质中，金属和电解质之间的接口可用图 5-14 所示的等效电路来表示，图中 C 是金属-电解质接口的总电容，包括双电层电容和钝态表面膜的电容。R 表示电化学反应电阻，即极化电阻。根据图 5-14 的等效电路，当外加恒定的极化电流 I 时，极化电位 φ 和时间 t 的关系应为：

$$\varphi = IR(1 - e^{-t/RC}) + \varphi_c e^{-t/RC}$$

$$(5\text{-}31)$$

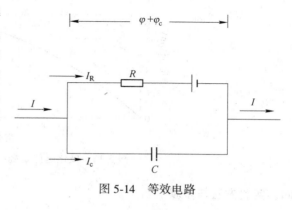

图 5-14　等效电路

当从自腐蚀电位 φ_c 开始极化时，即在坐标纸上是以 φ_c 为原点的，$\varphi_c = 0$，则

$$\varphi = IR(1 - e^{-t/RC}) \tag{5-32}$$

式中　I——极化电流，A；

　　　　R——极化电阻，Ω；

　　　　φ——极化电位，V；

　　　　φ_c——自腐蚀电位，V；

　　　　C——总电容，F；

　　　　t——时间，s。

式（5-31）和式（5-32）都是充电曲线方程式，均表示金属试件在恒电流极化时，极化电位和时间的函数关系。图5-15为金属在溶液中的 $\varphi\text{-}t$ 充电曲线。

充电曲线两点法的公式推导如下：

如图5-15所示，在同一条恒电流充电曲线上，当 $t=t_1$ 时，$\varphi=\varphi_1$，充电曲线方程式为

$$\varphi_1 = IR(1 - e^{-t_1/RC}) \tag{5-33}$$

当 $t=t_2=2t_1$ 时，$\varphi=\varphi_2$，则

$$\varphi_2 = IR(1 - e^{-2t_1/RC}) \tag{5-34}$$

以式（5-33）除以式（5-34），得

$$e^{-t_1/RC} = \frac{\varphi_2 - \varphi_1}{\varphi_1} \tag{5-35}$$

将式（5-35）代入式（5-33），得

$$R = \frac{\varphi_1^2}{I(2\varphi_1 - \varphi_2)} \tag{5-36}$$

这就是充电曲线两点法的基本原理。具体运用步骤如下：

（1）测定体系的恒电流充电曲线（选择适当的外加恒定电流 I 值，以使曲线较水平部分的电位不超过 10mV 为宜）。

（2）在曲线上分别选择 t_1 和 t_2 两点，令 $t_2=2t_1$，找出对于的 φ_1 和 φ_2。

（3）将 φ_1、φ_2 和 I 代入式（5-36），求出极化电阻 R 值。

（4）将 R 值代入线性极化方程式求出自然腐蚀电流密度 i_c 值。

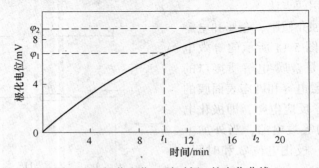

图5-15　极化电位 φ 随时间 t 的变化曲线

四、实验方法与步骤

（1）将已加工到一定光洁度的试件用细砂纸打磨，测量其尺寸，安装到夹具上，分

别用丙酮和乙醇除表面的油脂，待用。

（2）在电解槽中注入足够的 18% 硝酸水溶液，安装好工作电极、参比电极和辅助电极。他们为同材料的三电极系统。连接好线路，并测定自腐蚀电位 φ_c（相对于同材质电极）直至稳定为止。

（3）依次选择电化学工作站控制软件菜单栏里的 "Experiment-Technique Actions：Corrosion-Galvanostatic"，在弹出的参数设置页面设置好文件存储路径及文件名，然后设置阶跃属性中电流为某一值。这一电流值可根据试件表面积的大小大致确定（大约是几个毫微安每平方厘米）。设置扫描属性中的每点时间和持续时间（时间尽量设置较长）。单击运行（Run）开始试验。

（4）随着充电的进行，当电位变化很缓慢时，即可结束这次充电曲线测定。

（5）查看上次所选择的外加电流 I 的大小是否适当，如不合适就应当增大或减小。待自腐蚀电位稳定后，重复步骤（3）、（4）的操作，再进行充电曲线测定。

（6）实验结束后，取出试样，观察试样的表面状态；之后，整理实验台。

五、注意事项

（1）测定前仔细了解仪器的使用方法。

（2）试样表面一定要处理平整、光亮、干净，不能有点蚀孔。

（3）将研究电极置于电解槽时，要注意与鲁金毛细管之间的距离每次应保持一致。研究电极与鲁金毛细管应尽量靠近，但管口离电极表面的距离不能小于毛细管本身的直径。

（4）每次做完测试后，应在确认恒电位仪或电化学综合测试系统在非工作的状态下，关闭电源，取出电极。

六、实验报告要求

（1）每人一份实验报告，报告应包括实验目的、实验原理、实验设备和材料、实验方法与步骤。

（2）实验数据处理与分析：

试件材质_____   试件暴露面积_____

介质成分_____   介质温度_____

参比电极_____   辅助电极_____

试件自腐蚀电位_____

在直角坐标纸上绘制 ΔE-t 的充电曲线；计算极化电阻 R；给定 $b_a = \infty$ ，$b_c = 0.05\text{V}$，应用线性极化方程式计算 i_c 并换算成以 $g/(m^2 \cdot h)$ 和 mm/a 为单位元的腐蚀速度。

七、思考题

（1）充电曲线法是根据腐蚀体系的哪些特性而提出来的？

（2）分析充电曲线两点法测定腐蚀速率时的实验误差。

实验 10　缓蚀剂性能的循环伏安法评价

一、实验目的

（1）理解和掌握循环伏安法的基本原理和测试方法。
（2）掌握通过循环伏安图分析缓蚀剂的缓蚀性能和作用机理。

二、实验设备及材料

1. 实验设备

电化学工作站，参比电极（铂丝），辅助电极（铂片）。

2. 实验材料

（1）工业纯铁，尺寸 ϕ20mm×5mm。除试样上部连接导线处和下部插入电解池内的暴露面外，其余均用 704 硅橡胶或环氧树脂密封。

（2）0mmol/L、10mmol/L、30mmol/L、50mmol/L、70mmol/L 硫脲的 0.5mol/L H_2SO_4 溶液。

三、实验原理

循环伏安法（Cyclic Voltammetry，CV）属于线性电位扫描技术的一种，是重要的电化学动力学研究方法之一，常用于测定电极参数、判断电极过程的可逆性、控制步骤和反应机理等。该方法使用的仪器简单，操作方便，图谱解析直观，在电化学、无机化学、有机化学、生物化学、腐蚀科学等领域得到了广泛应用。

循环伏安法通常采用三电极系统，测量时将循环变化的电压施加于工作电极与参比电极之间，并同时记录工作电极上得到的电流与施加电压的关系曲线。循环伏安法的电压施加方式为三角波线性扫描，如图 5-16 所示。如以等腰三角形的脉冲电压加在工作电极上，得到的电流电压曲线包括两个分支，如果前半部分电位向阴极方向扫描，电活性物质在电极上还原，产生还原波，那么后半部分电位向阳极方向扫描时，还原产物又会重新在电极上氧化，产生氧化波。工作电极上响应电流随扫描电压的变化曲线，称为循环伏安图。对可逆

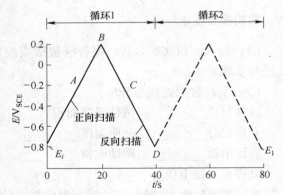

图 5-16　循环伏安法的电压施加方式

电极过程，氧化还原体系在电压完成一次循环扫描后，将获得如图 5-17 所示的氧化还原曲线，进而以此提供电活性物质电极反应的可逆性、反应历程、活性物质的吸附等信息。

通过循环伏安图，可得到阴极峰电流 i_{pc}、阳极峰电流 i_{pa}、阴极峰电位 E_{pc}、阳极峰电位 E_{pa} 及峰电流比值 i_{pa}/i_{pc}、峰电位间距 $\Delta E(E_{pa}-E_{pc})$ 等重要参数。确定峰电流的方法是沿基线做切线外推至峰下，从峰顶做垂线至切线，垂线的高度就是峰电流的大小；垂线

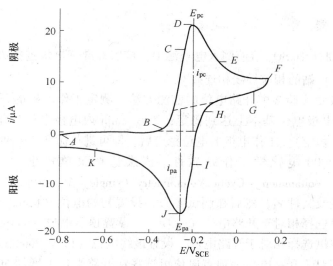

图 5-17 典型的循环伏安图

与横轴的交点处就是峰电位值。

1. 对可逆电极过程

（1） $\Delta E = 59/n$

（2） $i_p = 2.69 \times 10^5 A n^{3/2} D^{1/2} v^{1/2} C$

（3） $i_{pa}/i_{pc} = 1$

（4） $i_p \propto v^{1/2}$

（5） E_p 与 v 无关。

式中　ΔE——峰电位间距，mV；

　　　i_p——峰电流，A；

　　　A——电极面积，cm^2；

　　　n——电子转移数；

　　　D——扩散系数，cm^2/s；

　　　v——扫描速率，mV/s；

　　　C——浓度，mol/L。

2. 对准可逆电极过程

（1） $|i_p|$ 随增加 $v^{1/2}$ 但不成正比。

（2） $\Delta E > 59/n$，且随 v 增加而增加。

（3） E_{pc} 随 v 增加而负移。

3. 对不可逆电极过程

（1） 无反向峰。

（2） $i_p \propto v^{1/2}$。

在本实验中，将利用循环伏安法对添加缓蚀剂的纯铁/硫酸体系进行研究，以分析缓蚀剂的缓蚀性能和缓蚀机理。

四、实验方法与步骤

（1）将 0.5mol/L H_2SO_4 溶液倒入电解池中，按照标准三电极连接方法安装好电极系统，并与电化学工作站的相应导线相连接。

（2）按照第 5 章实验 2 中开路电位的监测方法，测定工作电极的开路电位（试样入槽后 10~30min，电极电位基本上达到稳定；当在 2min 内电极电位变化不超过 1mV 时，即可认为已达到了稳定）。工作电极的电位稳定后，即可进行循环伏安曲线的测定。

（3）打开 P4000 电化学工作站软件，依次选择菜单栏里的"Experiment-New-Technique Actions：Voltammetry- Cyclic Voltammetry（single）"，在弹出的参数设置页面设置好文件存储路径及文件名，然后在测试参数中设置初始电位（Initial Potential）并在初始电位下拉菜单里选择相对于开路电位（vs OC）。设置顶点电位（Vertex Potential）并在顶点电位下拉菜单里选择相对于开路电位。设置最终电位（Final Potential）并在最终电位下拉菜单里选择相对于开路电位。顶点电位可选择在开路电位上增加 500~800mV；初始电位可选择在开路电位上减少 500~800mV；最终电位可设置与初始电位相同。设置扫描速率可在 10mV/s，25mV/s，50mV/s，100mV/s 间进行选择。再点击要执行的动作区域中的 Common，设置 Properties for Common 中的 Reference Electrode 为下拉菜单中的饱和甘汞电极，设置工作电极面积的具体数值，单击运行（Run），开始试验。

（4）开始实验，测定循环伏安图。

（5）改变扫描速率，重复上述实验步骤，获得不同扫描速率下的循环伏安图。

（6）更换溶液种类，重复上述实验步骤，获得不同硫脲浓度下的循环伏安图。

（7）实验结束后，取出试样，观察试样的表面状态；之后，整理实验台。

五、注意事项

（1）测定前仔细了解仪器的使用方法。

（2）试样表面一定要处理平整、光亮、干净，不能有点蚀孔。

（3）每次做完测试后，应在确认恒电位仪或电化学综合测试系统在非工作的状态下，关闭电源，取出电极。

六、实验报告要求

1. 实验报告

每人一份实验报告，报告应包括实验目的、实验原理、实验设备和材料、实验方法与步骤。

2. 实验数据处理与分析

（1）利用软件进行数据处理，得到不同扫描速率、硫脲浓度下的循环伏安图。

（2）计算每种条件下的 i_{pc}、i_{pa}、E_{pc}、E_{pa} 及 i_{pa}/i_{pc}、ΔE 等数据。

（3）绘制同一扫描速率下 i_{pc}、i_{pa} 与硫脲浓度的关系曲线图，判断缓蚀剂的缓蚀性能。

（4）绘制同一硫脲浓度下 i_{pc}、i_{pa} 与扫描速率 $v^{1/2}$ 的关系曲线图，并综合分析缓蚀剂的作用机理。

七、思考题

（1）试从测试过程出发分析从循环伏安图上可得到哪些与实验体系有关的信息？如何利用循环伏安法判断电极过程的可逆性？

（2）若加快扫描速率，循环伏安图会产生什么变化？并通过实验加以验证。

（3）如何从扫描速率与峰值电流和峰值电位的关系判别电极反应的吸附、扩散和耦合等的化学反应特征信息？

实验 11　腐蚀电化学阻抗谱测试

一、实验目的

（1）了解交流阻抗的基本概念，并掌握测定交流阻抗的原理与方法。

（2）了解 Nyquist 图和 Bode 图的意义及简单电极反应的等效电路。

（3）应用交流阻抗技术测定碳钢在 NaCl 溶液中的交流阻抗，并计算相应的电化学参数。

二、实验设备及材料

1. 实验设备

交流阻抗功能的电化学工作站，铂电极，饱和甘汞参比电极，烧杯。

2. 实验材料

（1）Q235 碳钢，试样尺寸为 $\phi8mm\times20mm$。实验前，试样需经过金相砂纸依次研磨、抛光、冲洗、除油、除锈、吹干等处理。另外，除试样上部连接导线处和下部插入电解池内的暴露面外，其余均用 704 硅橡胶或环氧树脂密封。

（2）3% NaCl 或海水溶液，导线。

三、实验原理

电化学阻抗谱（Electrochemical Impedance Spectroscopy，EIS）又称复数阻抗法，即给电化学系统施加一个频率不同的小振幅的交流正弦电势波，测量交流电势与电流信号的比值（系统的阻抗）随正弦波频率 ω 的变化，或者是阻抗的相位角 ϕ 随 ω 的变化。由于扰动电信号是交流信号，所以电化学阻抗谱也叫做交流阻抗谱。测量的响应信号是交流电势与电流信号的比值，通常称之为系统的阻抗，随正弦波频率 ω 的变化，或者是阻抗的相位角随频率的变化。

电化学阻抗测量技术是利用波形发生器，产生一个小幅正弦电势信号，通过恒电位仪，施加到电化学系统上，将输出的电流/电势信号，经过转换，再利用锁相放大器或频谱分析仪，输出阻抗及其模量或相位角。通过改变正弦波的频率，可获得一些不同频率下的阻抗、阻抗的模量和相位角，作图即得电化学阻抗谱——这种方法就称为电化学阻抗谱法。由于扰动电信号是交流信号，所以电化学阻抗谱也叫做交流阻抗谱。

如果对系统施加一个正弦波电信号作为扰动信号，则相应地系统产生一个与扰动信号相同频率的响应信号。

通常，正弦信号 $U(\omega)$ 被定义为：

$$U(\omega) = U_0(\omega)\sin(\omega t) \tag{5-37}$$

式中　U_0——电压；

　　　　ω——角频率，$\omega = 2\pi f$, f 为频率；

　　　　t——时间。

如果对体系施加如式（5-37）的正弦信号，则体系产生如式（5-38）的响应信号

$$I(\omega) = I_0\sin(\omega t + \theta) \tag{5-38}$$

式中　$I(\omega)$——响应信号；

$\quad\quad I_0$——电压；

$\quad\quad \theta$——相位角。

式（5-37）与式（5-38）中的频率相同。而体系的复阻抗 $Z^*(\omega)$ 则服从欧姆定律：

$$Z^*(\omega) = \frac{U(\omega)}{I(\omega)} = |Z|e^{i\theta}$$

$$= |Z|\cos\theta + i|Z|\sin\theta = Z' + iZ'' \tag{5-39}$$

即

$$Z' = |Z|\cos\theta$$

$$Z'' = |Z|\sin\theta \tag{5-40}$$

其中，$i = \sqrt{-1}$，$|Z|$ 为模，Z' 为实部，Z'' 为虚部。

由不同的频率的响应信号与扰动信号之间的比值，可以得到不同频率下阻抗模值与相位角，并且上式可以进一步得到实部与虚部。通常通过研究实部和虚部构成复阻抗平面图及频率与模的关系图和频率与相角的关系图（二者合称为 Bode 图）来获得研究体系内部的有用信息。

1. 电荷传递过程控制的 EIS

如果电极过程由电荷传递过程（电化学反应步骤）控制，扩散过程引起的阻抗可以忽略，则电化学系统的等效电路（见图 5-18）可简化为：

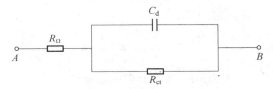

图 5-18　电化学控制体系的等效电路

R_Ω—溶液电阻；C_d—电极/溶液

相间的双层电容；R_{ct}—法拉第电阻或极化电阻

$$Z = R_\Omega + \cfrac{1}{j\omega C_d + \cfrac{1}{R_{ct}}} \tag{5-41}$$

$$Z_{Re} = R_\Omega + \frac{R_{ct}}{1 + \omega^2 C_d^2 R_{ct}^2} \tag{5-42}$$

$$Z_{Im} = \frac{\omega C_d R_{ct}^2}{1 + \omega^2 C_d^2 R_{ct}^2} \tag{5-43}$$

电极过程的控制步骤为电化学反应步骤时，Nyquist 图为半圆，据此可以判断电极过程的控制步骤。

2. 电荷传递和扩散过程混合控制的 EIS

平板电极上的反应：　　　　　　　$O + ne \longrightarrow R$

电极过程由电荷传递过程和扩散过程共同控制，电化学极化和浓差极化同时存在时，

$$Z = R_\Omega + \cfrac{1}{j\omega C_d + \cfrac{1}{R_{ct} + \sigma\omega^{-1/2}(1 - j)}} \tag{5-44}$$

$$Z_{Re} = R_\Omega + \frac{R_{ct} + \sigma\omega^{-1/2}}{(C_d\sigma\omega^{1/2} + 1)^2 + \omega^2 C_d^2(R_{ct} + \sigma\omega^{-1/2})^2} \tag{5-45}$$

$$Z_{\mathrm{Im}} = \frac{\omega C_{\mathrm{d}}(R_{\mathrm{ct}} + \sigma\omega^{-1/2})^2 + \sigma\omega^{-1/2}(\omega^{1/2}C_{\mathrm{d}}\sigma + 1)}{(C_{\mathrm{d}}\sigma\omega^{1/2} + 1)^2 + \omega^2 C_{\mathrm{d}}^2(R_{\mathrm{ct}} + \sigma\omega^{-1/2})^2} \tag{5-46}$$

（1）低频极限。当 ω 足够低时，实部和虚部简化为：

$$Z_{\mathrm{Re}} = R_{\Omega} + R_{\mathrm{ct}} + \sigma\omega^{-1/2}$$
$$Z_{\mathrm{Im}} = \sigma\omega^{-1/2} + 2\sigma^2 C_{\mathrm{d}} \tag{5-47}$$

消去 ω，得：

$$Z_{\mathrm{Im}} = Z_{\mathrm{Re}} - R_{\Omega} - R_{\mathrm{ct}} + 2\sigma^2 C_{\mathrm{d}} \tag{5-48}$$

Nyquist 图上扩散控制表现为倾斜角 $\pi/4$（45°）的直线（见图 5-19）。

（2）高频极限。当 ω 足够高时，相对于 R_{ct}，Warburg 阻抗已经变得不重要，含 $\omega^{-1/2}$ 项可忽略。于是，Nyquist 图如图 5-20 所示。

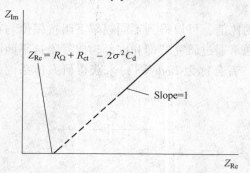

图 5-19　低频极限 Nyquist 图

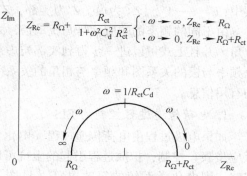

图 5-20　高频极限 Nyquist 图

（3）实际阻抗复平面图。电极过程由电荷传递和扩散过程共同控制时，其 Nyquist 图是由高频区的一个半圆和低频区的一条 45°的直线构成（见图 5-21）。

高频区为电极反应动力学（电荷传递过程）控制，低频区由电极反应的反应物或产物的扩散控制。

四、实验方法与步骤

（1）连接电极与电化学工作站，使各电极均进入 3%NaCl 或海水电解质溶液中，将绿色

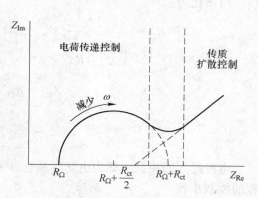

图 5-21　实际阻抗复平面图

夹头夹工作电极（碳钢），红色夹头夹对电极（铂电极），白色夹头夹参比电极（饱和甘汞电极）。工作电极、参比电极和辅助电极与 P4000 电化学工作站的相应导线相连接，经指导教师检查后方可通电测量。

（2）测定工作电极的开路电位（Eoc），打开软件，依次选择菜单栏里的"Experiment-Technique Actions：Impedance -Open Circuit"，在弹出的参数设置页面设置好文件存储路径及文件名，然后在测试参数中设置扫描属性（Scan Properties）中的每点扫描时间（Time Per Point）为 1s，持续时间（Duration）为 1800s。再点击要执行的动作（Actions to be Performed）区域中的 Common，设置 Properties for Common 中的 Reference Electrode 为下拉菜单中的饱和甘汞电极（SCE），单击运行（Run）开始试验。试样入槽后10~30min，电极电位基本上达到稳定；当在2min内电极电位变化不超过1mV时，即可认为已达到了稳定。工作电极的电位稳定后，即可停止开路电位监测，准备进行交流阻抗的测量。

（3）依次选择电化学工作站控制软件菜单栏里的"Experiment-Technique Actions：Impedance-Potentiostatic EIS"，在弹出的参数设置页面设置好文件存储路径及文件名，然后在测试参数中设置开始频率（Start Frequency）为1000000Hz，结束频率（End Frequency）为0.01Hz，振幅（Amplitude）为5mV或10mV。扫描属性（Scan Properties）中将点间距（Point Spacing）下拉菜单中选为Logarithimitic，点数（Number of Points）为30，每十进间距点数（Points Per Decade）为10。再点击要执行的动作（Actions to be Performed）区域中的Common，设置Properties for Common中的Reference Electrode为下拉菜单中的饱和甘汞电极（SCE），设置工作电极面积（Working Electrode Area）的具体数值，设置完毕后，单击运行（Run），开始由高频至低频扫描，记录交流阻抗图。

（4）实验结束后，取出试样，观察试样的表面状态；之后，整理实验台。

五、注意事项

（1）注意参比电极的影响。

（2）要尽量减少测量连接线的长度，减小杂散电容、电感的影响。

（3）扫描频率范围要足够宽，获得足够的高频和低频信息，特别注意低频段的扫描。

（4）测定阻抗谱图必须指定电极电势，因为电极所处电势不同，测得的阻抗谱必然不同。

六、实验报告要求

1. 实验报告

每人一份实验报告，报告应包括实验目的、实验原理、实验设备和材料、实验方法与步骤。

2. 实验数据处理与分析

（1）根据测量的获得的实验数据在复数平面图上绘出复数阻抗图（即 Nyquist 图）和 Bode 图。

（2）由 Nyquist 图和 Bode 图计算出模拟电解池和碳钢在海水中的 R_Ω，R_{ct}，C_d 和 i_{corr}。

七、思考题

（1）在绘制 Nyquist 图和 Bode 图时为什么所加正弦波信号的幅度要小于 10mV？

（2）为什么实际测量系统中绘制 Nyquist 图为什么往往得不到理想的半圆，绘制 Bode 图为什么往往得不到低频区的平台段？

（3）交流阻抗测得的极化电阻值，为什么可用线性极化方程式来计算其腐蚀速率？

实验 12　中性盐雾腐蚀实验

一、实验目的

（1）掌握 Q235 钢材的中性盐雾实验方法。

（2）掌握金属材料和表面层的耐蚀性评级方法。

二、实验设备及材料

1. 实验设备

盐雾试验箱（配空压机），吹风筒，放大镜，烧杯。

2. 实验材料

（1）Q235 钢板，尺寸为 10cm×5cm（厚度为 2~3mm）。

（2）（50±5）g/L 的 NaCl 溶液，透明的划有方格（5mm×5mm）的有机玻璃或塑料薄膜。

三、实验原理

根据所用溶液组分不同，盐雾试验可分为中性盐雾试验（NSS）、醋酸盐雾试验（ASS）和铜加速盐雾试验（CASS）。

1. 盐雾试验溶液的配制

配制盐雾试验溶液要用蒸馏水或去离子水。氯化钠中原则上不能含有铜和镍，含碘化钠（NaI）量应少于 0.1%。且折合干盐计算的总杂质不得超过 0.4%。氯化钠（NaCl）含量：（50±5）g/L；NSS 溶液配好后的 pH 值应在 6.0~7.0；试验温度为（35±2）℃否则应检查水中、盐中或者两者内的有害杂质。调整 pH 值可用分析纯的盐酸或氢氧化钠，在 NSS 试验溶液中加入醋酸把 pH 调整到 3.1~3.3 之间，便可配得 ASS 溶液。CASS 试液的 pH 值和 ASS 试液相同，所不同的仅是在 ASS 实验溶液基础上加入（0.26±0.02）g/L 氯化铜（$CuCl_2 \cdot 2H_2O$）来加速腐蚀，同时也要把实验温度提高到（50±2）℃。

2. 试样放置要求

（1）试样数量一般规定为 3 件。

（2）试样在箱内放置的位置，应使受试平板试样与垂直直线成 15°~30°角，试样的主要表面向上，并与盐雾在箱内流动的主要方向平行。

（3）试样支架必须用惰性的非金属材料制造，如玻璃、塑料或适当涂覆过的木料。如果试样需要悬挂，挂具材料不能采用金属，必须用尼龙、人造纤维、棉纤维或惰性绝缘材料。

（4）试样的切割边缘应涂适当材料加以保护。本评定方法只适用于试样主要面积大于 $100mm^2$，试样总表面积不小于 $5000mm^2$，若为单个试样，则试样主要表面面积为 $5000mm^2$，则应取含有足够数量的试样，使得试样总表面积不小于 $5000mm^2$。否则不可采用本评级法。

3. 腐蚀率的计算

（1）如果是测试原材料的耐腐蚀性能，则用失重法计算腐蚀率。

（2）如果是测试涂层、镀层或者测试其他表面处理层的耐腐蚀性则可用一块透明的划有方格（5mm×5mm）的有机玻璃或塑性薄膜，将其覆盖在试样的主要表面上，则试样表面被划分为若干方格，每方格以 $25mm^2$ 作为面积的计算单位。计算方格总数 N，以及在这些方格中含有一个或多个腐蚀点的方格 n。

$$腐蚀率(\delta) = \frac{n}{N} \times 100\%$$

（3）耐蚀性评级。根据腐蚀率与评定等级的关系见表 5-8 确定耐蚀性评定结果。

表 5-8　腐蚀率与评定等级

腐蚀率 $\delta/\%$	评定等级
0	10
$0.25 \leqslant \delta \leqslant 0.5$	9
$0.5 \leqslant \delta \leqslant 1$	8
$1 \leqslant \delta \leqslant 2$	7
$2 \leqslant \delta \leqslant 4$	6
$4 \leqslant \delta \leqslant 8$	5
$8 \leqslant \delta \leqslant 16$	4
$16 \leqslant \delta \leqslant 32$	3
$32 \leqslant \delta \leqslant 64$	2
$64 \leqslant \delta$	1

（4）评级说明：

1）主要表面：它是指经表面处理过的试样表面，或起重要作用的部分镀层表面。

2）腐蚀点：这是一种腐蚀缺陷，在试样表面，表面处理层被腐蚀穿透，出现金属基体的附属产物或镀层起皮。若表面处理层变色或其他外观损伤，但不穿透至基体，则在做耐蚀性评级时，不作为腐蚀点计算。腐蚀点的大小，是指被穿透的镀层面积大小，而不是伴随产生的锈迹面积大小。

四、实验方法与步骤

（1）把实验样品用砂纸打磨干净，将试样用水充分洗净，清洗方法视表面情况及污物的性质而定。

（2）吹干样品后在分析天平上准确称量，精确到 0.1mm。

（3）按要求把试样放入耐腐蚀箱内（注意：样品编号要注意不能重号、经腐蚀后要保持可以清晰地辨认出编号）。

（4）配制喷雾用的溶液，并将其灌入盐水箱内，接通腐蚀试验箱电源开关送电加热。待箱内温度显示在 35℃ 时；打开空压机电源开关让空压机工作。同时打开腐蚀试验箱喷雾开关，此时开始喷雾，并开始计时，本实验采用连续喷雾 2h 后，关机及关闭总电源开关（注意：国际标准要求连续喷雾 8h 或者 24h）。在试验中需按要求调整喷雾量的大小以便使集雾器的漏斗收集的盐雾沉降控制在 $(1.5 \pm 0.5)\,mL/(h \cdot 80cm^2)$ 内。

（5）待 24h 后（连续喷雾时间在内）打开箱盖，取出样品进行检查。

（6）把取出的样品再次清洗，除去样品表面的腐蚀产物。

（7）如果仍需继续做，则重复以上过程进行。

（8）如不重复做，则可把样品吹干或者经干燥器反复干燥后，在分析天平上称质量，精确到 0.1mm。

五、注意事项

（1）测定前仔细了解仪器的使用方法。

（2）注意被测试样的摆放：试样在箱内放置的位置，应使受试平板试样与垂直直线成 15°～30°角，试样的主要表面向上，并与盐雾在箱内流动的主要方向平行。

（3）试样支架必须用惰性的非金属材料制造。

六、实验报告要求

1. 实验报告

每人一份实验报告，报告应包括实验目的、实验原理、实验设备和材料、实验方法与步骤。

2. 实验数据处理与分析

（1）记录实验数据（见表 5-9）。

表 5-9　实验数据记录表

实验试样：_____　　实验温度：_____

实验溶液：_____　　实验时间：_____

试样编号	试样面积/cm²	初始重量/g	腐蚀后除锈重量/g	计算腐蚀速率/g · (h · cm²)⁻¹	备注
1					
2					
3					

（2）对试样腐蚀前后表面状态进行拍照，并描述腐蚀前后的变化，并采用失重法计算腐蚀速率。

（3）根据腐蚀速率，评价钢铁试样的耐蚀性等级。

七、思考题

（1）耐蚀性能检验主要有哪几种试验类型？

（2）人工加速腐蚀试验方法主要有哪几种？叙述一种人工加速腐蚀试验的检验方法。

（3）评定耐蚀性的等级要注意哪些方面的问题？

6 金属表面处理实验

实验 1 钢铁表面脱脂与除锈

一、实验目的

(1) 理解常用脱脂与除锈方法的基本原理。

(2) 掌握各类脱脂与除锈方法的配方和操作。

(3) 理解脱脂与除锈对钢铁零件表面处理的重要性。

二、实验设备及材料

(1) 实验设备：恒温水槽，分析天平，直流电源，超声波清洗机，烧杯，镊子。

(2) 实验材料：氢氧化钠，碳酸钠，硅酸钠，磷酸三钠，洗衣粉，OP 乳化剂，硫酸，盐酸，乌洛托品，若丁，除油液，纯水，无水乙醇，碳钢板，铝板，不锈钢电极，砂纸，脱脂棉，pH 试纸。

三、实验原理

钢铁零件涂装的一般过程包括：前处理，涂装及烘干三大工序，其中前处理工序主要有脱脂、除锈、表调、磷化。涂装的目的是防护和装饰，但其效果和涂装前的表面处理有紧密的关系。钢铁在加工、储运过程中，表面常带有油污和锈迹。油污和锈迹的存在会影响磷化的质量，降低涂层与基体间的结合力和耐蚀性，甚至引起涂层剥落，降低设备使用性能和寿命。因此，涂前表面处理是获得优良涂层，延长使用寿命的重要保障。钢铁零件经脱脂、除锈后，对表面的要求是：无油污，无水分，无锈迹及氧化物，无粘附性杂质，无酸、碱残留物。

1. 脱脂（除油）原理与方法

常用的脱脂（除油）方法有碱液清洗、有机溶剂清洗、表面活性剂清洗及电化学除油等。

(1) 碱液清洗除油。碱液清洗除油是以碱的化学作用为主的一种清洗方法。

1) 碱液清洗机理：对于动植物油脂，它的机理主要是皂化反应和溶解、乳化、分散作用。而反应生成的脂肪酸钠能溶解于水，并且脂肪酸钠由于带有亲水性的羟基和憎水性的烃基，又可以作为具有表面活性作用的乳化剂，故能达到除油的目的。而对于矿物油脂其所含的高级烷属烃混合物，不能与碱发生皂化反应，因而不能单纯用碱液除去，因此在清洗时，强碱应与硅酸盐、多聚磷酸盐等胶体性碱清洗剂并用，增加湿润与分散能力，靠强碱促使油污离开工作表面，靠胶体使其分散在溶液中。因此，碱液清洗时，常用的碱包括苛性钠、碳酸钠、硅酸钠、磷酸盐类等多种。

$$
\begin{array}{l}
RCO_2CH_2 \\
| \\
RCO_2CH \quad +3NaOH \xrightarrow{\text{高温}} 3RCO_2Na+ \\
| \\
RCO_2CH_2
\end{array}
\qquad
\begin{array}{l}
CH_2OH \\
| \\
CHOH \\
| \\
CH_2OH
\end{array}
$$

2）碱液清洗工艺：预除油（当工作表面附着的油污很厚时，通常采用这一步）→碱清洗→一次水洗（除去工件表层残留的清洗剂）→二次清洗→干燥（或转入下道工序）。

3）碱液清洗影响因素：碱液的组成，温度，碱度，机械作用。

由于碱洗过程是依靠皂化、乳化等多种作用，不能用某一单独的碱来达到上述性能。通常使用多种组分，有时还需添加表面活性剂等助剂。因此，碱液的组成是影响除油质量的主要因素。

较高的温度有利于皂化反应的进行，并且由于温度较高，可以使熔点高的油污软化，有利于浸润乳化的作用。一般清洗的温度为 70~100℃。

碱度的高低决定了皂化反应进行的程度，并且碱度高能使油污与溶液之间的表面张力降低，使油污易于乳化。

在清洗过程中加入搅拌等机械作用，有助于油污的去除，可以使乳化液均匀分布，从而提高乳化的效果。

此外，在碱液中加入适当的表面活性剂，可以降低界面张力，改善润湿性和乳化性。

（2）有机溶剂清洗除油。溶剂清洗主要是利用有机溶剂对油污的溶解特性来去除油污。去油常用的有机溶剂为乙醇、清洗用汽油、甲苯、丙酮、二甲苯、四氯化碳、三氯乙烯、丙酮等。这种方法的脱脂速度快，效率高，脱脂干净彻底，适用各类油脂。但由于毒性问题，除非特殊情况，目前很少使用。

（3）表面活性剂清洗除油。以表面活性剂为主所配成的清洗剂具有良好的去油污能力。主要是利用了表面活性剂表面张力低、浸透湿润性好、乳化能力强等特性。

表面活性剂除油的过程为：利用表面活性剂易吸附于工件-水溶液界面上并降低界面的张力的特点，表面活性剂优先润湿工件的表面，将油污与工件相隔离，从而使油膜卷离成油珠而离开工件表面。通过表面活性剂的乳化作用，在油-水界面上形成具有一定强度的界面膜，改变界面的状态，从而使油污质点分散在水溶液中，形成乳状液。或者通过表面活性剂的溶解作用，使不溶于水的油污溶于表面活性剂的胶团中，达到将油污转移到水溶液中的目的。当油-水界面膜达到一定的机械强度时，质点的碰撞不会使膜破裂，油污就不会再重新聚集起来，当油污质点被截留在溶液中时，即实现了去除油污的目的。

（4）电化学清洗除油。电化学除油原理：利用电化学反应在阴极上析出的氢气或阳极上析出的氧气，通过对工件表面的溶液进行机械搅拌，促进油污脱离金属表面。

电化学除油较常采用的是阴极除油，或者阴阳极交替使用除油。电化学反应的电解液一般使用 NaOH、Na_2CO_3、Na_3PO_4 及 Na_2SiO_3 等的水溶液。

在阴极除油过程中往往伴有氢气渗入金属，以至引起氢脆的现象。通常采用阴、阳极交替除油以达到防止氢脆的目的。

（5）超声波清洗除油。在除油过程中，引入超声波可以强化除油过程、缩短除油时间、提高除油质量。尤其对复杂外形零件、小型精密零件、表面有难除污物的零件有显著的除油效果。当超声波作用于除油液时，由于压力波的传导，使溶液在某一瞬间受到负应力，溶液中会出现瞬时的真空，出现空洞，溶液中蒸汽和溶解的气体会进入其中，变成气泡。气泡产生后的瞬间，由于受到正压力的作用，气泡受压破裂而分散，同时在空洞周围产生数千大气压的冲击波，这种冲击波能冲刷零件表面，促使油污剥离。超声波强化除油，就是利用了冲击波对油膜的破坏作用及空化现象产生的强烈搅拌作用。超声波除油所用的频率一般为 30kHz 左右。

2. 除锈原理与方法

涂装前除锈的目的是使被涂物表面光滑、清洁，增加涂料与被涂表面的附着能力，充分发挥涂料抵抗腐蚀因素的能力。

常用的表面除锈方法有化学浸泡法、超声波法、电化学除锈法、机械法以及手工除锈法等。

（1）化学浸泡法。化学浸泡法除锈是将金属工件浸泡在相应的除锈溶液中，利用溶液中的酸、碱等化学物质与工件表面的氧化皮及锈蚀产物等的化学反应，使氧化皮及锈蚀产物等溶解到溶液中，从而起到除锈的目的。

在选用化学浸泡法除锈时，还应该注意根据不同的材料选择合适的除锈溶液。另外，为了防止金属材料基体的过腐蚀，在除锈溶液中，往往需要添加一定种类及含量的缓蚀剂。

（2）化学浸泡加超声波法。在化学浸泡法除锈时，如果同时引入超声波，能够提高除锈的速度与效果。利用超声波振荡的机械能使除锈液中产生无数的小气泡，这些小气泡在形成、生长和闭合时产生强大的机械力，使工件表面的氧化皮、锈蚀污垢迅速脱离，从而加速除锈过程，使除锈更彻底。

（3）电化学法。在化学浸泡法除锈时，如果同时加入电流，同样能够提高除锈的速度与效果。借助于直流电（也可以用交流电），金属工件既可以在阳极上加工，也可以在阴极上加工。在电化学除锈时，电极上所发生的过程的实质是，当金属工件作为阳极进行电化学除锈时，氧化皮的除去是借助于金属的电化学和化学溶解，以及金属上析出的氧气泡的机械剥离作用进行的。当金属工件作为阴极进行电化学除锈时，氧化皮的除去是借助于猛烈析出的氢对氧化物的还原和机械剥落作用进行的。

（4）机械法。机械除锈（包括喷砂、喷丸、高压喷射等）是广泛采用的较为有效的除锈方法，特别是对于大型结构、设备的涂装前处理，采用机械除锈的方法除锈效果好、效率高。

四、实验方法与步骤

1. 除油实验

（1）碱液除油：

1）按表 6-1 选择配方，并按要求配制碱性溶液。

2）将刚配制完成的碱性溶液加热到 80~90℃，pH 值为 11~14。碱液浓度过高会引起金属锈蚀，特别是铝镁等材料。因此在配制碱液时要控制溶液的 pH 值。除油清洗黑色金属制件 pH 值不大于 13；铜制件 pH 值不大于 11.5；铝镁锌等制件 pH 值不大于 10。

表 6-1　碱液除油配方

实验药品	配方 1 /g·L^{-1}	配方 2 /g·L^{-1}	配方 3 /g·L^{-1}
氢氧化钠（NaOH）	50~100	20	20~30
碳酸钠（Na$_2$CO$_3$）	20~40	20	30~40
磷酸三钠（Na$_3$PO$_4$）	30~40	20	30~40
硅酸钠（Na$_2$SiO$_3$）	15~50	30	
表面活性剂		1~2	
洗衣粉/mL·L^{-1}			2~4
温度/℃	80~95	70~90	80~90

3）将带有油脂的工件放入碱性溶液中，停留 20~30min。

4）取出工件，先用热水洗一次，再用冷水洗干净。

5）用脱脂棉蘸无水乙醇擦拭冷水冲洗过的工件，再用电吹风吹干。

（2）溶剂除油。用蘸有乙醇或汽油等的纱布、毛巾、棉纱（当清洗氧气系统中忌油制件时，则采用绸布或玻璃纤维织物）擦拭制件，该法适用于大型制件的清洗。

（3）电化学除油：

1）按表 6-2 选择配方，并按要求配制电化学除油溶液。

2）把需除油的金属制件放在盛有碱性溶液的电解槽中作阴极或阳极，通入直流电。另外的电极可采用含碱稳定性高的金属钢板（1Cr18Ni9）或镀镍钢板。

表 6-2　电化学除油配方

实验药品	配方 1 /g·L^{-1}	配方 2 /g·L^{-1}	配方 3 /g·L^{-1}
氢氧化钠 NaOH	40~60	20~30	—
碳酸钠 Na$_2$CO$_3$	≤60	30~40	25~30
磷酸三钠 Na$_3$PO$_4$	15~30	40~50	25~30
硅酸钠 Na$_2$SiO$_3$	3~5	3~5	—
电流密度/A·dm^{-2}	2~5	3~5	2~5
阴极除油时间/min	—	（先）7	1~3
阳极除油时间/min	5~10	（后）3	—
电流密度/A·dm^{-2}	2~5	3~5	2~5

（4）超声波除油。采用超声波+丙酮除油 10min。

（5）干燥。根据情况可采用加热干燥、压缩空气吹干、擦干、晾干等方法进行干燥。

（6）检验。采用水膜法，检验除油效果。

2. 除锈实验

（1）化学酸洗除锈：

1）按照下列配方要求配制酸洗水溶液

①H$_2$SO$_4$，100mL/L；HCl，100mL/L；若丁，1g/L。

②HCl，100mL；H$_2$SO$_4$，100mL；乌洛托品，3~10g；H$_2$O，1L；T = 30~40℃；t = 3~10min。

2）按照上述除油方法进行除油处理。

3）将酸洗溶液加热到 40~60℃，保温。

4）将带锈工件放入酸洗溶液中，停留 10min 直到把锈除掉为止。

5）取出试样反复用水冲洗干净。

6）用脱脂棉蘸无水乙醇擦拭工件，并用电吹风吹干放入干燥器备用。

（2）超声波+酸洗除锈：

1）按照上述配方配制溶液。

2）按照上述除油方法除油。

3）在常温下采用超声波仪器进行除油。

4）取出试样后用纯水进行反复清洗。

5）使用压缩空气吹干表面，保存待用。

（3）电化学法除锈：

1）按照上述中配方配制溶液。

2）按照上述除油方法进行除油处理。

3）在常温下，工件接阳极或者阴极进行除油，另一极为不锈钢板，电流密度为 5~7A/dm²。

4）取出试样后用纯水进行反复清洗。

5）使用压缩空气吹干表面，保存待用。

（4）手工除锈。采用金相砂纸进行除锈。

（5）除锈质量检验。采用硫酸铜法检验除锈效果，将硫酸铜溶液刷在处理后的钢板表面，除锈完全的部分呈金属铜的颜色，而大于 0.5mm 残留氧化皮的部分呈暗色。硫酸铜溶液配制：在 1g/L 硫酸溶液中添加 4~8g/L 硫酸铜。

五、注意事项

（1）使用易燃、易爆、腐蚀性和剧毒试剂时，必须遵照有关规定。

（2）配制处理液时应节约使用实验药品，使用时按有关规则操作，保证安全。

六、实验报告要求

（1）每人一份实验报告，报告应包括实验目的、实验原理、实验设备及材料、实验方法与步骤、实验结果与分析。

（2）严格按照试验步骤进行实验操作，注意记录试验数据，分析试验结果，记录相关配方、操作条件、实验处理过程现象。

（3）分析影响脱脂、除锈的各种工艺因素。

（4）指出试验过程中存在的问题，并提出相应的改进方法。

七、思考题

（1）涂装工艺过程中，脱脂和除油质量对后续工序有哪些影响？

（2）电化学除油的应用限制是什么？

（3）如何正确选择脱脂剂和脱脂方法？

实验 2　钢铁氧化处理及耐蚀性能评价

一、实验目的

（1）掌握钢铁碱性和酸性化学氧化的原理。

（2）熟悉钢铁化学氧化膜耐蚀性评价方法。

二、实验设备及材料

（1）实验设备：烘箱（或电吹风），电炉，恒温水浴，电子天平，温度计，不锈钢镊子，烧杯。

（2）实验材料：氢氧化钠，亚硝酸钠，磷酸钠，硫酸铜，硝酸铜，对苯二酚，亚硒酸，硝酸，硫酸铜，磷酸，有机酸，十二烷基硫酸钠，氯化钠，添加剂肥皂，机油（10号），低、中、高碳钢片（100mm×50mm×（3～5）mm）。

三、实验原理

钢铁的氧化处理是使钢铁在含有氧化剂的溶液中进行处理，使钢铁表面上生成一层薄而致密的 Fe_3O_4 为主的氧化膜，从而提高其耐蚀性的表面处理方法。氧化处理后所形成的氧化膜一般为蓝黑色或深黑色，因此称为发蓝（或发黑）处理，膜的厚度一般为 0.5～1.5μm。钢铁氧化处理按化学处理的酸碱性分为碱性及酸性两类。

碱性氧化处理是将工件置于140℃左右的碱性溶液（由氢氧化钠、亚硝酸钠、磷酸三钠组成）中，经一定时间处理后形成。Fe_3O_4 氧化膜的生成过程，可用反应方程式表示如下：

$$3Fe + NaNO_2 + 5NaOH \Longrightarrow 3Na_2FeO_2 + NH_3 + H_2O \tag{6-1}$$

$$6Na_2FeO_2 + NaNO_2 + 5H_2O \Longrightarrow 3Na_2Fe_2O_4 + NH_3 + 7NaOH \tag{6-2}$$

$$Na_2FeO_2 + Na_2Fe_2O_4 + 2H_2O \Longrightarrow Fe_3O_4 + 4NaOH \tag{6-3}$$

钢铁碱性氧化处理工艺大致可分为前处理、化学氧化和后处理三个过程。

酸性氧化处理是在常温下对钢铁进行氧化处理，所得到的氧化膜主要成分不是 Fe_3O_4，而是 CuSe。酸性氧化处理剂的主要成分是 $CuSO_4$、SeO_2，及各种催化剂、缓冲剂、络合剂。其形成机理为：

首先 SeO_2 溶于水中生成亚硒酸（H_2SeO_3）：

$$SeO_2 + H_2O \longrightarrow H_2SeO_3 \tag{6-4}$$

钢铁工件浸入发黑液中时，溶液中的游离 Cu 与 Fe 发生置换反应，金属铜覆盖在工件表面，且伴随着 Fe 的溶解：

$$CuSO_4 + Fe \longrightarrow FeSO_4 + Cu \tag{6-5}$$

$$Fe + 2H^+ \longrightarrow Fe^{2+} + H_2 \tag{6-6}$$

金属 Cu 与 H_2SeO_3 发生氧化还原反应，生成黑色的 CuSe（硒化铜）膜，同时伴随着副反应发生，生成 $CuSeO_3$ 及 $FeSeO_3$ 的挂灰成分：

$$3Cu + 3H_2SeO_3 \longrightarrow CuSe + 2CuSeO_3 + 3H_2O \tag{6-7}$$

钢铁酸性氧化处理工艺为：前处理、化学氧化、空气氧化和后处理。

四、实验方法与步骤

1. 试样表面前处理

对钢铁试样进行碱洗除油、酸洗除锈和相应的水洗。

（1）碱洗除油：先将工件在 90～95℃ 的脱脂剂中进行碱洗除油，除去粘附在工件表面上的油迹。除油后，在流动的清水中清洗干净。脱脂液的成分及工艺条件：NaOH 50～60g/L，Na_2CO_3 70～80g/L，Na_2SiO_3 10～15g/L，温度为 95℃，时间为 30min。

（2）酸洗除锈：将除油清洗后试样放入酸洗液中除锈。酸洗液可采用 20% 的盐酸（HCl）+0.5% 的尿素［$(NH_2)CO$］缓蚀剂，酸洗时间 30s 以上，试样酸洗后先经清水冲洗，再在 3% 的碳酸钠溶液里中和。

2. 化学氧化处理

（1）按照表 6-3 选择一种碱性氧化处理的溶液配比及工艺参数，或按表 6-4 选择一种酸性氧化处理液配方。

表 6-3　碱性氧化溶液成分与工艺条件

成分及工艺条件	配方 1	配方 2	配方 3
氢氧化钠（NaOH）/g·L^{-1}	600～700	600～700	550～650
亚硝酸钠（$NaNO_2$）/g·L^{-1}	200～250	55～65	150～200
磷酸三钠（Na_3PO_3）/g·L^{-1}	—	20～30	—
重铬酸钾（$K_2Cr_2O_7$）/g·L^{-1}	25～35	—	—
温度/℃	130～135	130～135	135～145
时间/min	15	60	60

表 6-4　酸性氧化溶液成分与工艺条件

溶液成分及条件	配方 1	配方 2	配方 3	配方 4
硝酸铜/g·L^{-1}	1～3	—	—	—
对苯二酚/g·L^{-1}	2～4	—	0.1～0.3	—
亚硒酸/g·L^{-1}	3～5	2～3	2.5～3	14～15
硝酸/g·L^{-1}	3～4	—	—	0.8～1
硫酸铜/g·L^{-1}	—	1～3	2～2.5	10；12
磷酸/g·L^{-1}	—	2～4	—	—
有机酸/g·L^{-1}	—	1～1.5	—	5～6
十二烷基硫酸钠/g·L^{-1}	—	0.1～0.3	—	—
氯化钠/g·L^{-1}	—	—	0.8～1	—
添加剂/g·L^{-1}	适量	10～15	—	12～15
pH 值	1～3	2～3	1～2	2～2.5
温度/℃	常温	常温	常温	常温
时间/min	8～10	8～10	8～10	8～10

（2）配制氧化处理液。按选择的成分配制氧化处理液。碱性氧化溶液配制时，先将 NaOH 放入氧化槽（烧杯），加少量冷水，并加热至 100℃ 左右，溶解后再放入适量水；再加入 $NaNO_2$ 和 Na_3PO_4，补充水至所需要的量；然后加热至溶液沸腾（约 130℃）待用。酸性氧化溶液在常温下配制。

（3）氧化发蓝处理。把预先处理好的试样立即放进温度氧化处理液中，按工艺要求进行。工件表面逐渐形成黑色的氧化膜，并且随时间延长，膜的厚度逐步增加。碱性氧化时间不应少于 30min，酸性氧化时间 10min 为宜。酸性氧化处理后，试样需在空气中氧化 2~5min。

3. 氧化后处理

化学氧化后应对工件进行如下处理：

（1）清洗，分别用热水和流动清水洗净工件表面的氧化溶液。

（2）皂化，皂化是使氧化铁膜微孔内的铁转化成能浸润油而不被水浸润的硬脂酸铁，使其呈钝化状态，从而提高抗腐蚀能力。皂化的具体方法是：将工件置于 3%~5% 肥皂水溶液中加热至 80~90℃，加热时间为 3~5min，并使其干燥。

（3）浸油，为了提高膜的抗蚀力，填充孔隙，增强美观度，干燥后的工件应再浸入 105~110℃ 的机油（或变压器油）中 3~5min，以形成一层薄油膜。

4. 氧化膜的质量检查

质量检查包括：氧化膜的外观色泽、致密性、耐蚀性和耐磨性，以及清洗质量和工件尺寸。

（1）氧化膜的色泽。根据试样材料成分不同，可以是深蓝色、蓝黑色，若是铸铁工件和高合金工件可呈现棕黑色。

（2）氧化膜致密性检查。将未浸油的工件浸入 3% 的 $CuSO_4$ 溶液中保持 1min，以工件表面上不出现铜色斑点为合格。

（3）氧化膜耐蚀性检查。将未皂化浸油的工件浸入约 $0.2\% H_2SO_4$ 溶液中保持 2min 后，用水清洗，零件表面不变色为合格。

五、注意事项

（1）实验前，每个同学要求熟悉实验所用仪器的操作方法，必须严格遵守安全使用规则和操作规程，认真填写使用登记表。

（2）使用易燃、易爆、腐蚀性和剧毒试剂时，必须遵照有关规定。

（3）新配氧化处理液是混浊的。经 24h 后呈透明状绿色。

（4）酸性氧化处理过程中，酸的消耗将使碱度增加，应注意调整，使溶液保持在 pH <3 的水平上。

六、实验报告要求

（1）每人一份实验报告，报告应包括实验目的、实验原理、实验设备及材料、实验方法与步骤、实验结果与分析。

（2）严格按照试验步骤注意记录试验数据，分析试验结果，记录发蓝液配方、操作条件、发蓝处理过程现象、点滴实验液滴变红的时间，评价氧化膜的耐蚀性。

（3）分析影响碱性和酸性氧化膜质量的工艺因素。

（4）指出试验过程中存在的问题，并提出相应的改进方法。

七、思考题

（1）进行填充处理有何意义？

（2）简述钢铁发蓝的基本原理和应用。

（3）钢铁发蓝处理氧化膜主要缺陷有哪些？

实验3 钢铁表调与磷化处理

一、实验目的

（1）掌握表调磷化的原理、工艺与操作方法。

（2）了解磷化膜质量的评价方法和控制因素。

二、实验设备及材料

（1）实验设备：扫描电镜，LK9805电分析仪，水浴（可用烧杯和电炉），天平，烘箱（或电吹风），石棉网，温度计，钢质镊子，试管，滴管，烧杯，搅拌棒。

（2）实验材料：氢氧化钠，碳酸钠，硅酸钠，硫酸，盐酸，磷酸锰铁盐，磷酸二氢锌，硝酸锌，亚硝酸钠，氟化钠，氧化锌，重铬酸钾，硫酸铜，氯化钠，酚酞指示剂，溴酚蓝指示剂，草酸，胶体磷酸钛，砂纸，滤纸，棉球，pH试纸。

三、实验原理

1. 磷化原理

磷化处理是指把钢铁零件浸入含有含磷酸二氢盐的酸性溶液中，发生化学反应，在工件表面生成一层难溶于水的磷酸盐保护膜的一种表面化学处理方法，所生成的膜称为磷化膜。磷化膜的主要成分由磷酸盐 $Me_3(PO_4)_2$ 或磷酸氢盐 $MeHPO_4$ 的晶体组成，根据工件材质和磷化液组成与工艺条件不同，磷化膜的外观可由暗灰色到黑灰色。

涂装前进行磷化处理的主要作用：（1）在彻底脱脂、除锈的基础上，提供清洁、均匀、无油脂的表面；（2）磷化膜的多孔结构以及涂膜树脂和磷酸盐晶体间的化学作用，增加了基材表面积，增强了有机涂膜对基材的附着力；（3）提供稳定的不导电的隔离层，一旦涂膜破损，它具有抑制腐蚀的作用，尤其是对阳极切口。

根据工作温度，磷化处理可分为：高温磷化（90~98℃），中温磷化（50~70℃）和常温磷化（15~30℃）。实施磷化的方法主要有浸渍法和喷淋法。不管采用哪种方法进行磷化处理，其磷化处理液都含有三种主要成分：（1）成膜物质，如磷酸二氢盐 $Me(H_2PO_4)_2$，Me 为 Mn、Zn、Fe 等，其作用是形成磷酸盐成膜物质；（2）游离态磷酸（H_3PO_4），作用是维持溶液 pH 值；（3）促进剂，如亚硝酸盐、硝酸盐等，其作用主要是促进磷化膜的生长，加快磷化速度。

磷化的基本原理可用过饱和理论来解释。即构成磷化膜的离子积达到该种不溶性磷酸盐的溶度积时，就在金属表面沉积形成磷化膜。

磷化液的主要成分为磷酸二氢盐（$Me(H_2PO_4)_2$），在含有氧化剂及各种添加剂的酸性磷化液中，磷酸二氢盐要发生离解，产生金属离子 Me^{2+} 和磷酸根离子 PO_4^{3-}，但此时离子积未达到不溶性磷酸盐的溶度积，并不产生膜的沉积：

$$Me(H_2PO_4)_2 \longrightarrow Me^{2+} + H_2PO_4^- \tag{6-8}$$

$$\llcorner\!\!\rightarrow HPO_4^{2-} + H^+ \tag{6-9}$$

$$\llcorner\!\!\rightarrow PO_4^{3-} + H^+ \tag{6-10}$$

在适当的温度下使磷化液与被处理的金属（钢铁）表面接触时，发生金属的溶解反应。

$$Fe + 2H^+ \longrightarrow Fe^{2+} + H_2 \uparrow \tag{6-11}$$

由于式（6-11）反应，铁与磷化液界面处 H^+ 不断被消耗，引起 pH 值上升。这样又促进了式（6-8）、式（6-9）、式（6-11）的离解反应。于是，界面处的 Me^{2+} 与 PO_4^{3-} 浓度不断上升，直至离子积达到不溶性磷酸盐的溶度积，即 $[Me^{2+}] \times [PO_4^{3+}] > LMe_3(PO_4)_2$ 时，就产生 $Me_3(PO_4)_2$ 不溶性磷酸盐的沉积，覆盖在金属表面，形成磷化膜。

但是，在上述反应中，由于式（6-11）产生的 H_2 吸附在金属表面，造成所谓的阴极极化，使磷化反应的进行受到阻碍。因此，要添加一定量的氧化剂作为阴极去极化剂，以保证磷化反应在规定的时间内完成。式（6-11）反应中产生的 H_2 被氧化剂氧化成水而除去。

2. 磷化膜质量评定

外观目视：用肉眼观察，好的磷化膜外观均匀完整细密、无金属亮点、无白灰。锌系磷化为灰色膜，铁系磷化为彩虹色膜。

微观结构观察：以电子显微镜将磷化膜表面放大到 100~1000 倍，观察结晶的形状、尺寸大小及排布情况。结晶形状以柱状晶为好。结晶尺寸小些为好，一般控制在几十个微米以下，最好的可达 $2~5\mu m$。排布越均匀，孔隙率越小越好。

厚度（或重量法）测定：厚度可用显微镜观察膜的截面面测定及用测厚仪测量。因薄膜磷化太多在 $3\mu m$ 以下，测厚仪精度有限，有时误差较大，采用重量法测定较为准确。对于钢板上的磷化膜方法是将磷化板浸在 75℃、5% 的铬酸溶液中 10~15min 以除去磷化膜，根据除去膜层前后的重量差求得膜重。单位一般以 g/m^2 表示。

腐蚀性能测定法，磷化的质量通常可采用硫酸铜点滴试验检查，但作为涂装前磷化的质量，可将磷化膜与其后的涂层复合起来进行试验，如在涂装后进行盐雾试验、耐温热试验或循环周期试验等。

3. 表调作用

表调是将工件浸入表调剂中，使金属表面微观状态得到改变的工序，表调剂所含胶体以微粒形式吸附在金属表面，成为一层分布均匀、数量较多的磷化结晶的晶核。在磷化前对工件进行表调处理，可以促使磷化过程中形成结晶细小的、均匀、致密的磷化膜。对于磷化前进行过酸洗或高温强碱清洗的工件，表调的作用非常大。常用的表调剂有胶体钛盐、草酸、多磷酸盐等。

四、实验方法与步骤

1. 磷化工艺流程

化学除油→水洗→酸洗除锈→水洗→表调→磷化处理→水洗→磷化后处理→水洗→干燥。

2. 试件预处理

采用化学除油方法进行除油处理，采用酸浸法或机械方法进行试件除锈，配方、方法步骤参看第 6 章实验 1，并将除油除锈后的试件进行表调处理。

3. 磷化溶液的配制

表列出几种磷化处理的条件。按表选取高温、中温、低温配方和工艺。并进行如下操作：

（1）磷化液的配制。将配制好的硝酸锌和磷酸二氢锌进行搅拌混合。定容 100mL，对磷化液进行"铁屑处理"，直到磷化液的颜色变成稳定的棕绿色或棕黄色时为止。

（2）磷化液游离酸和总酸度的调整（见表6-5）：

表 6-5　几种磷化处理配方及工艺条件

配方含量/g·L⁻¹	高温磷化			中温磷化			常温磷化		
	1	2	3	4	5	6	7	8	9
磷酸二氢锰铁盐 $Mn(H_2PO_4) \cdot Fe(H_2PO_4)_4$	30~40	—	30~40	30~45	—	30~40	40~65	—	—
磷酸二氢锌 $Zn(H_2PO_4)_2 \cdot 2H_2O$	—	30~40	—	—	30~45	—	—	60~70	50~70
硝酸锌 $Zn(NO_3)_2 \cdot 6H_2O$	—	55~65	30~50	100~130	80~100	80~100	50~100	60~80	80~100
硝酸锰 $Mn(NO_3)_2 \cdot 6H_2O$	15~25	—	—	20~30	—	—	—	—	—
亚硝酸钠 $NaNO_2$	—	—	—	—	—	1~2	—	—	0.2~1
氟化钠 NaF	—	—	—	—	—	—	3~4.5	3~4.5	—
氧化锌 ZnO	—	—	—	—	—	—	4~8	4~8	—
温度/℃	94~98	88~95	92~98	55~70	60~70	50~70	20~30	20~30	15~35
时间/min	15~20	8~15	10~15	10~15	10~15	10~15	30~45	30~45	20~40
游离酸度"点"	3.5~5	6~9	10~14	6~9	5~7.5	4~7	3~4	3~4	4~5
总酸度"点"	36~50	40~58	48~62	85~110	60~80	60~80	50~90	70~90	75~95

配制好的磷化液还需进行酸度调整，当游离酸度低时，可加入硝酸锌。当加入磷酸锰铁盐和磷酸二氢锌约 5~6g/L 时，游离酸度升高 1 "点"，同时总酸度升高 5 "点"左右；加入硝酸锌大约 20~22g/L，硝酸锰大约为 40~45g/L 时，总酸度可升高 10 "点"；加入氧化锌 0.5g/L，游离酸度可降低 1 "点"；总酸度可用水稀释来降低。（"点"是当分析游离度和总酸度时，用 0.1mol/L 的氢氧化钠溶液去中和磷化液所消耗的氢氧化钠毫升数。1 "点"指消耗 0.1mol/L 氢氧化钠溶液 1mL）。

4. 磷化处理

将磷化液加热至工作温度时，再把处理好的试件放入溶液中进行磷化，磷化过程中将温度控制在规定范围内。

5. 磷化膜填充处理

用浓度 3%~5% 的 $K_2Cr_2O_7$ 溶液在 90~95℃ 时填充 20~25min（为防止溶液曝沸，需要在溶液中加入沸石）。

6. 点滴测试

将一滴硫酸铜溶液滴在冲洗干净且晾干的试件上，观察点滴实验滴液变红的时间。若磷化膜不合格（参看表6-6），可清除掉，重新进行磷化处理，直至合格为止。实验完毕，试件保存好。

7. 磷化形貌观察

在扫描电镜下观察磷化膜形貌，判断磷化膜结晶形态与结晶颗粒大小。

表 6-6　磷化处理常见问题及产生原因

现象	产　生　原　因
磷化膜结晶粗糙多孔	（1）游离酸含量高
	（2）硝酸根含量不足
	（3）零件表面有残酸
	（4）亚离子含量过高
膜层过薄，无明显结晶	（1）总酸度含量高，加水稀释浓度或加磷酸盐调整好酸的比值
	（2）零件表面有硬化层，用强酸腐蚀
	（3）亚铁含量低，补充磷酸二氢铁
	（4）温度低
磷化膜耐蚀性差和生锈	（1）磷化晶粒过粗或过细，调整游离酸和总酸度的比值
	（2）游离酸含量过高
	（3）溶液中磷酸盐含量不足
	（4）零件表面有残酸，应洗净
表面有白色沉淀	（1）酸比太高
	（2）铁、锌、P_2O_5含量高
磷化膜不易形成	（1）溶液中游离酸浓度太低
	（2）P_2O_5含量低，补充磷酸盐

五、注意事项

（1）实验前，每个同学要求熟悉实验所用仪器的操作方法，注意事项等；必须严格遵守安全使用规则和操作规程，认真填写使用登记表。

（2）使用易燃、易爆、腐蚀性和剧毒试剂时，必须遵照有关规定。

（3）节约使用电、气、水、火、实验药品和材料等；使用时按有关规则操作，保证安全。

六、实验报告要求

（1）每人一份实验报告，报告应包括实验目的、实验原理、实验器材和试剂、实验材料、实验方法与步骤、实验结果与分析。

（2）严格按照试验步骤注意记录试验数据，分析试验结果，记录所设计的磷化工艺的操作过程、磷化液的组成配比、磷化液参数的调整、磷化工艺流程、磷化膜的表面状态描述、磷化膜耐蚀性能说明。

（3）指出试验过程中存在的问题，并提出相应的改进方法。

七、思考题

（1）影响磷化膜形成质量的工艺因素有哪些？

（2）钢铁磷化在工业上有何用途，简述磷化的基本工艺过程。

（3）磷化膜的主要缺陷有哪些？从磷化原理上分析产生这些缺陷的原因。

实验 4　刷涂与空气喷涂

一、实验目的

（1）了解油漆涂层常用制备方法的原理、特点及应用。

（2）熟悉手工刷涂操作及获得较好质量涂层的方法。

（3）掌握空气喷涂的设备组成、喷枪构造及操作维护方法。

（4）了解空气喷涂工艺条件及影响漆膜质量的因素。

二、实验设备及材料

（1）实验设备：涂-4黏度计，吸上式空气喷枪，空气压缩机，空气过滤器，水帘式喷漆室，烘箱，漆刷存储箱，刷子，烧杯，量杯，秒表，玻璃棒。

（2）实验材料：钢铁试片（尺寸200mm×100mm×（0.5~2）mm），油基涂料，醇酸底漆，环氧底漆，醇酸磁漆，有机溶剂。

三、实验原理

1. 手工刷涂原理与施工

刷涂是人工使用刷子蘸取涂料并将涂料涂布到工件表面形成涂层的一种涂装方法。主要用于油性漆、油性磁漆等初期干燥较慢的涂料涂装。刷涂适用于各种形状的被涂物，节省涂料，使用工具简单，涂装不受场地的限制；但劳动强度大，生产效率低，漆膜外观装饰性能差。

刷涂的原理：漆刷上含有大量的刷毛，涂料就被容留在这些刷毛间的空隙里。当涂刷涂料时，压力就便涂料从刷毛间挤出来。漆刷向前移动将涂料层摊开，这样一部分涂料就会涂布在工件表面上，另一部分则遗留在漆刷上。进行刷涂时，由于漆刷对湿漆膜施加作用力，会使湿漆膜表面产生刷痕，为了使刷痕在漆膜干燥前消失，要求涂料具有非常好的流平性，低黏度的涂料促进流平，但增加流挂的可能性。而触变性涂料在涂刷后流动性降低，既能使涂料流平，又不会产生流挂。

刷涂施工时，漆刷最先接触到工件的部分涂料是最多的，再刷其他地方时涂料就少了，因此必须重复刷，以将涂料刷匀，一个平面涂好后还应向横向和竖向再刷一次，以防涂层流挂。

2. 空气喷涂原理与操作

空气喷涂是靠压缩空气的气流使涂料雾化成雾状，在气流带动下，喷涂到被涂物表面上，形成一层均匀致密的方法。空气喷涂通常使用0.3~0.4MPa的压缩空气，以很高速度从喷枪嘴流过，使喷嘴周围形成局部真空，当涂料进入该真空空间时，被高速气流雾化，喷射工件表面，形成漆膜。空气喷涂法具有涂装效率高，作业性好，可获得均匀美观的漆膜，但涂料利用率低，漆雾飞散多，对操作人员有一定危害。

空气喷涂设备主要包括：喷枪，空气压缩机，油水分离器，输漆装置，胶皮管，喷漆室。

空气喷枪的结构见图 6-1。常用的喷枪由枪头、调节部件和枪体三部分组成。枪头由空气帽、喷嘴、针阀等组成。

空气帽有中心孔、侧面孔、辅助空气孔。中心孔用于雾化涂料，侧面孔用于改变漆雾图案的形状，辅助空气孔使涂料漆雾颗粒更细，粒径分布更均匀，喷幅更宽。

喷枪在操作时，以手扣压扳机，使压缩空气的通道首先开放，继而使漆嘴通道开放。压缩空气由管道通向喷头，此时涂料从喷嘴流出，将涂料吹散到工件上。放松扳机时，出漆嘴的小孔被顶针封闭，压缩空气通道也被堵住。喷涂结束后，回收未用完的涂料，并清洗喷枪。清洗喷枪时，可将稀释剂倒入漆罐中，扳动扳机，溶剂由喷枪口喷出，使输漆管道得以清洗。然后用带溶剂的毛刷仔细洗净空气帽、喷嘴及枪体。

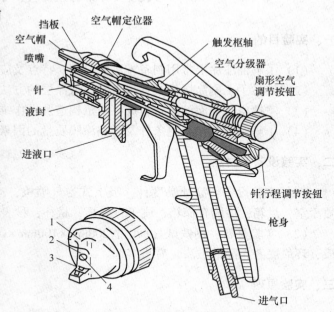

图 6-1　空气喷枪的剖视截面和喷枪喷嘴
1—翼形物成角；2—角形收缩喷嘴口；
3—侧孔口；4—在流体喷嘴四周的环孔

空气喷涂漆膜的质量主要决定于涂料的黏度、工作压力、喷枪与被涂面的距离，以及操作者的技术熟练程度。具体如下：

（1）涂料黏度过大，雾化不好，漆膜粗糙无光，黏度过小，则产生流挂。涂料黏度可用稀释剂调整，适宜的涂料黏度为 16~35s（涂-4 杯）。（2）喷涂压力过高，涂料雾化越细，但涂料飞散多；若压力不足，喷雾变粗，漆膜产生橘皮、针孔等缺陷，在达到要求的条件下，压力应尽可能低。（3）喷枪与被涂物面的距离太近，湿漆膜太厚，易产生流挂、橘皮等现象；距离太远，漆膜变薄，涂料损失大，漆膜易脱落，而且漆膜不平整，严重时大大降低光泽。（4）喷枪运行要匀速，并与工件喷涂面垂直。喷枪的移动要求速度恒定，速率一般在 30~60cm/s 内，当运行速度低于 30cm/s 时。漆膜太厚，易产生流挂；当运行速度大于 60cm/s 时，漆膜太薄，不易流平。

四、实验方法与步骤

1. 手工刷涂法制备涂层

（1）试片前处理：将试样进行除油、除锈、表调、磷化操作。

（2）调整涂料黏度：在室温条件下，将采用的涂料黏度调整到刷涂的黏度，一般在 40~100s 范围内。

（3）刷涂操作：按如下步骤进行。

1）将漆刷在已调好黏度的涂料沾少许涂料，一般是漆刷毛长的 2/3。

2）在试样表面依次按照先斜后直，先上后下，先左后右的原则进行刷涂，刷涂后可获得均匀、光滑、光亮的漆膜。

3）刷涂后的漆膜试片进行干燥，可采用 60~100℃，1h 进行低温干燥，或自干 24h。

4）刷涂后的漆刷，用溶剂清洗干净，晾干后存放于漆刷储存箱。

5）检验分析漆膜质量，看是否有针孔、起泡、流挂、橘皮等漆膜缺陷。

2. 空气喷涂法制备涂层

（1）试片进行前处理：将试样进行除油、除锈、表调、磷化操作。

（2）调整涂料黏度：在室温条件下，将采用的涂料黏度调整到喷涂黏度，一般 10~30s 范围内。

（3）开启压缩机，开启喷漆室水泵及风机，使喷漆室水帘和抽风系统处于工作状态。

（4）调整好喷枪的压力、喷出量、喷雾图样幅度。选择好喷枪，将选择好的喷枪的压力、喷出量、喷雾图样幅度调整好。

（5）手持喷枪与工件表面距离一般 15~25cm，在其表面进行喷涂。应注意的是喷涂距离不能过大或过小，过大会形成膜过厚、易流挂、过小漆膜过薄、无光。

（6）喷涂后的漆膜进行干燥，可用烘箱 70~110℃ 干燥 1h，或自干 24h。

（7）检验分析漆膜质量，看是否有针孔、起泡、流挂、橘皮等漆膜缺陷。

（8）对试验后的设备清理：喷涂完成后，用溶剂清洗喷枪和涂-4 黏度计，将剩余涂料封盖保存起来，并对其他设备进行清理，放归原处。

五、实验注意事项

（1）刷涂和喷涂前，调整好涂料黏度，对制备表观优良的涂膜非常重要。

（2）喷涂前应注意调整喷枪喷幅，喷涂时应控制好运枪的速度和角度。

（3）控制合适温度进行涂层干燥。

六、实验报告要求

（1）每人一份实验报告，报告应包括实验目的、实验原理、实验设备及材料、实验方法与步骤、实验结果与分析。

（2）严格按照试验步骤注意记录试验数据，分析试验结果。对于刷涂实验，记录涂料刷涂黏度，漆刷及烘烤过程漆膜变化；对于喷涂实验，记录涂料黏度、喷涂的压力、涂料喷出量，喷涂及烘烤过程漆膜变化，并用专业语言描述刷涂与喷涂涂层的外观质量及存在的缺陷。

（3）指出试验过程中存在的问题，并提出相应的改进方法。

七、思考题

（1）影响空气喷涂漆膜质量的主要因素有哪些？

（2）为什么在空气喷涂时要进行雾幅搭接控制，如何进行？

（3）空气喷涂与高压无空气喷涂在原理、设备和应用方面有何不同？

实验 5　阴极电泳涂装

一、实验目的

（1）熟悉电泳涂装的原理及工艺过程。
（2）掌握电泳涂装的工艺条件及控制。
（3）掌握阴极电泳涂装的操作及电泳漆膜检测方法。

二、实验设备及材料

（1）实验设备：实验用电泳槽，电泳直流电源，电子天平，烘箱，电导率仪，pH计，漆膜测厚仪，盐雾试验箱，附着力测定仪，冲击试验器。

（2）实验材料：钢板试样（100mm×50mm×1mm），不锈钢阳极板，环氧型或聚氨酯型阴极电泳漆，除油、除锈、表调、磷化所需药品，去离子水。

三、实验原理

1. 电泳涂装原理

电泳涂装是将被涂工件浸于水溶性涂料中，工件作阴极（或阳极），另设一与其相对应的阳极（或阴极），在两极间通直流电，在电场力作用下，水溶性涂料中的带电胶体粒子发生定向移动，使涂料涂布在被涂工件的表面的一种涂装方法。阴极电泳工件作为阴极，涂料为阳离子型，阳极电泳则是工件作为阳极，涂料为阴离子型。

电泳涂装过程伴随电解、电泳、电沉积、电渗等四种电化学物理现象。对于阴极电泳涂装，电泳涂装过程如下。

电解：导电液体在通电时产生分解的现象。在电泳过程中水发生电解，在阴极上放出氢气，在阳极上放出氧气。阴极、阳极反应式见式（6-12）和式（6-13）：

$$\text{阳极反应：} \qquad 2H_2O \longrightarrow 4H^+ + 4e^- + O_2\uparrow \qquad (6\text{-}12)$$

$$\text{阴极（被涂工件）：} 2H_2O + 2e^- \longrightarrow 2OH^- + H_2\uparrow \qquad (6\text{-}13)$$

电泳：在导电介质中的带电荷的胶体粒子在电场的作用下，带正电荷胶体树脂粒子和颜料粒子由电泳过程移向阴极。

电沉积：涂料胶体粒子在电极上的沉析现象，如图6-2所示。在阴极电泳时带正电荷的粒子在阴极上凝聚，带负电荷的粒子（离子）在阳极聚集。电沉积的第一步是水的电解，阴极上最初反应形成氢气和氢氧根离子（OH^-），这使阴极表面区产生高碱性界面层，当阳离子（树脂和颜料）与氢氧根离子反应生成不溶性涂膜沉积，见式（6-14）。

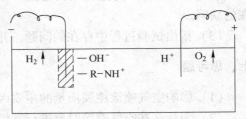

图 6-2　电沉积原理图

$$R-NH^+ + OH^- \longrightarrow R-N + H_2O\text{（电泳膜沉积）} \qquad (6\text{-}14)$$

电渗：刚沉积到被涂物表面上的涂膜是半渗透的膜，在电场的持续作用下，涂膜内所含的水分从涂膜中渗析出来移向槽液，使涂膜脱水，这种现象称为电渗。电渗使涂膜致密化。

2. 电泳涂装工艺参数与控制

电泳涂装工艺一般由前处理、电泳涂装、电泳后清洗、电泳涂膜的烘干等四道主要工序组成。

为获得优良的电泳涂层，电泳前必须对工件表面进行除油、除锈、表调、磷化处理，并进行充分的水洗。涂装前磷化宜采用薄膜磷化，因为薄的磷化膜通常是紧贴金属表面成长起来的一次结晶膜，与基体金属结合牢固，力学性能好。另外，薄的磷化膜电阻小，吸涂料量少，有利于电沉积，易获得外观光亮平整的涂膜。

电泳涂装工序是将工件浸入电泳槽中按规定的电泳条件通电一定时间，使槽液中的成膜物质泳涂到工件表面上，随后取出送去冲洗。电泳涂装过程中，槽液的组分和各种工艺条件的改变，都将影响到电泳涂膜的质量。因此，必须控制好电泳涂装的工艺参数，主要包括：槽液固体分、槽液 pH 值、电泳电压、槽液温度、电泳时间、电导率、泳透力和极比等。

阴极电泳的固体一般控制在 18%~20%。固体分过高会使电沉积速度加快，漆膜厚且臃肿；固体分低，使电沉积性能变差，漆膜变薄，泳透力降低，槽液稳定性变差。

pH 值是电泳涂装中的重要工艺参数，对槽液的稳定性和涂膜质量影响很大。阴极电泳槽液的 pH 值为 5.5~6.5。pH 值过高，使树脂的水溶性和电沉积性变差，漆膜附着力减小；pH 值过低会使再溶解加剧，漆膜变薄，漆膜丰满度差。

电泳电压对电泳膜的影响很大，电压升高，电沉积速度加快，泳透力提高，膜厚度增加。电泳工作电压应介于临界电压和破坏电压之间。电压过高使电流增大，电解反应加剧，电极表面产生大量气体，使漆膜粗糙甚至被击穿。电压过低，泳透力变差，甚至泳不上漆。为获得优良的涂膜外观和较高的泳透力，一般起始电压低一些，以减轻电极反应；随后电压高一些，以提高内腔缝隙表面的泳涂质量。对于阴极电泳涂料，根据所用树脂种类不同，电压范围不同。环氧树脂型涂料一般控制在 80~350V，聚氨酯型涂料一般在 20~100V。

阴极电泳槽液温度，一般控制在 (28±1)℃范围内。随槽液温度升高，涂膜厚度增加，但易使有机物的水溶液变质加速，对槽液的稳定性不利。

电泳时间指被涂物浸在槽液中通电（成膜）时间，通常限定在 2~4min。随泳涂时间的增长，涂膜厚度增厚，泳透深度增大，适当提高泳涂电压可缩短泳涂时间，达到同样膜厚。

电导率对电泳涂料的稳定性、涂膜质量和泳透力有直接影响。电导率增加，电沉积速度加快，泳透力降低。电导率过大，电解反应加剧，涂膜易出现针孔弊病，甚至不能形成完整涂膜。因此，必须控制电导率在正常工艺范围内。

泳透力是电泳涂装中背离电极的工件表面（内腔、凹面、缝隙）泳上漆膜的能力，直接影响工件各部位涂膜的均性。泳透力与电泳电压、时间及固体分成正比，与温度、极间距成反比。

极比是电极面积与被涂工件面积之比。极比及极间距对电泳涂膜的厚度、外观质量有较大影响。极比增大，泳透力增大，电沉积量增加。但极比过大，也会出现异常附着。实际生产中一般采用 1∶1 左右，对于汽车电泳，极比控制为 1∶4。

电泳后清洗的目的是去除电泳过程中工件表面粘附的电泳浮漆，防止产生再溶解、二次流痕等涂膜弊病，高电泳涂膜外观质量。电泳后清洗需用超滤液清洗，最后用去离子水清洗。

电泳涂装后的涂膜需要进行烘干处理，在规定的烘干温度下保持一定时间，使涂膜完全固化。生产上通常采用远红外辐射+对流烘干方式，加热温度 160~180℃，时间 30min。

电泳涂层的检验，是对漆膜的外观、厚度、耐蚀性、附着力和耐冲击性能进行检测。

四、实验方法与步骤

1. 试样前处理

对钢铁试样进行碱洗除油、酸洗除锈、表调、磷化和相应的水洗（配方和操作请参考第 6 章实验 1、实验 3）。

2. 配制电泳漆液

按照生产厂家的使用说明书要求配制电泳漆液。将电泳原漆调制成符合工艺要求的电泳工作液，满足固体分含量、pH 值、电导率要求。

（1）取电泳原漆 1 份，去离子水 4~6 份，将所需量的原漆加入清洗干净的电泳槽中，通过搅拌逐渐加入去离子水。

（2）开启循环搅拌系统，并继续加水至操作体积。

（3）检查工作液固体分含量、pH 值、电导率等指标，达到工艺要求。

3. 电泳涂装

按工艺要求进行电泳涂装。

（1）把预先处理好的试样放进电泳槽中，接好电极连线，开启电泳电源，由小到大初步调节电泳电压，直至工作电压（环氧型 200~300V，聚氨酯型 30~60V）电泳时间 2~3min。

（2）电泳完成后，关闭电源，取出试件，并立即清洗。

4. 漆膜烘干

将清洗干净的试件脱水后，放入烘箱进行烘干处理。对于环氧型涂料，温度为 170~180℃，时间 30~40min；对于聚氨酯型涂料，温度为 150~160℃，时间 30~40min。

5. 电泳涂层检测

观察漆膜的外观是否平整、光滑、均匀，有无漆膜缺陷。用磁性测厚仪测量漆膜厚度。用盐雾试验检测漆膜耐蚀性。用附着力测定仪检测漆膜附着力。用冲击试验器检测漆膜耐冲击性能。

五、注意事项

（1）电泳过程中为减少电极反应，提高漆膜质量，初期可采用较低电压，当开始成膜后，可将电泳电压提高至工作电压，以增加漆膜厚度和泳透力。

（2）电泳前实施的前处理对电泳漆膜影响很大，实验中应予以重视。

（3）电泳涂装完成后，应尽快进行清洗，去除表面浮漆，时间过长（超过 1min）可能清洗不干净。

六、实验报告要求

（1）每人一份实验报告，报告应包括实验目的、实验原理、实验设备及材料、实验方法与步骤、实验结果与分析。

（2）严格按照试验步骤注意记录试验数据，分析试验结果，记录电泳槽液配方、工艺条件、电泳过程中的现象、电泳涂膜质量与评价方法。

（3）分析影响电泳漆膜质量的工艺因素。

（4）指出试验过程中存在的问题，并提出相应的改进方法。

七、思考题

（1）电泳涂装有哪些优点和局限性？

（2）电泳涂装中需要控制的工艺参数有哪些？

（3）阴极电泳为什么需要设置阳极液系统？

实验 6　粉末静电喷涂

一、实验目的

（1）熟悉粉末静电喷涂的原理及工艺过程。

（2）掌握粉末静电喷涂的工艺条件及控制。

（3）掌握粉末静电喷涂的操作及涂层检测方法。

二、实验设备及材料

（1）实验设备：喷粉室，高压静电发生器，粉末静电喷枪，粉末回收装置，供粉装置，烘箱，空压机，电子天平，漆膜测厚仪，盐雾试验箱，附着力测定仪，冲击试验器。

（2）实验材料：钢板试样（100mm×50mm×1mm），环氧粉末，环氧聚酯粉末或聚酯粉末，除油、除锈、表调、磷化所需药品。

三、实验原理

1. 粉末静电喷涂原理

粉末静电喷涂是在压缩空气和高压电场的共同作用下，将粉末涂料均匀地吸附于金属工件表面，并在高温下流平固化成膜的一种先进的涂装工艺。

粉末静电喷涂的原理是以接地的工件为阳极，喷枪（雾化器）接阴极，接上高压直流电源，在工件和喷枪（雾化器）之间形成高压静电场，使喷枪极针与极环间空气被电离，产生电晕放电，粉末在压缩空气助推下通过电晕放电区与电离的空气负离子接触后带上负电荷，在静电场作用下，移动奔向工件，并沿电力线方向被高效地吸附在工件表面上。

粉末静电喷涂过程可以分为三个阶段：第一阶段，带负电荷的粉末在静电场中沿着电力线飞向工件，均匀地吸附于正极的工件表面；第二阶段，工件对粉末的吸引力大于粉末之间相互排斥的力，粉末密集地堆积，形成一定厚度的涂层；第三阶段，随着粉末沉积层的不断加厚，工件对粉末的吸引力减小，当工件对粉末吸引力与粉层对粉末的排斥力相等时，工件将不再吸附飞来的粉末。因此，当粉末层达到一定的厚度时，就不再继续增加厚度，粉末静电喷涂能够得到厚度均匀的漆膜。吸附在工件表面的粉末经加热后，就能使原来"松散"堆积在表面的固体颗粒熔融固化成均匀、连续、平整、光滑的涂膜。

2. 粉末静电喷涂工艺参数与控制

粉末静电喷涂工艺参数主要包括：喷涂电压、供粉气压、喷粉量、喷涂距离以及固化温度和时间等，它们对粉末涂层的质量影响很大，具体控制要求如下。

（1）喷涂电压。应在一定范围内，喷涂电压增大，粉末附着量增加，但当电压超过 90kV 时，粉末附着量反而随电压的增加而减少。喷涂电压过高，会造成涂层击穿，影响涂膜质量，喷涂电压控制在 60~80kV 为宜。

（2）供粉气压。供粉气压对喷粉效率有较大影响。当喷粉量不变，在其他喷涂条件相同的情况下，供粉器的供粉气压增大，沉积效率反而下降。

（3）喷粉量。涂层厚度的初始增长率与喷粉量成正比，但随喷涂时间的增加，喷粉量对粉层厚度增长率的影响开始变小，并使沉积效率下降。一般喷涂施工中喷粉量控制在 $100\sim200g/min$ 较为合适。

（4）喷涂距离。当喷涂电压不变时，喷涂距离增大会使电场强度变小，粉末的沉积效率降低，涂膜厚度减小。一般喷涂距离保持在 $150\sim300mm$ 为宜。

（5）固化温度和时间。固化温度和时间均与粉末的成分有关，应根据所用粉末的成分特性予以确定，如环氧树脂粉末涂料的固化温度为 $160\sim180℃$，时间 $15\sim30min$，而聚酯粉末的固化温度为 $190\sim220℃$，时间 $10\sim20min$。固化时间必须在工件涂膜的温度达到规定温度后开始计时，时间过短则涂膜固化不完全，涂膜性能特别是力学性能变差，时间过长，会引起热老化使涂膜产生色变，物理性能也会下降。

四、实验方法与步骤

1. 试样前处理

对钢铁试样进行碱洗除油、酸洗除锈、表调、磷化和相应的水洗（配方和操作请参考第6章实验1、实验3）。

2. 粉末喷涂

（1）首先检查粉末设备各系统链接状态，开启喷房抽风系统，开启空压机，将前处理后的试样烘干水分，悬挂于喷粉室挂架上，准备实施喷涂。

（2）开启静电发生器开关，再开启供粉装置开关。设定静电电压和供粉气压参数。静电电压可设置为 $60\sim80V$，供粉气压设置为 $0.05\sim0.15MPa$。

（3）扣压手提静电喷枪的扳机，使粉末从喷枪头部喷出，调整喷涂电压和喷粉量，使喷出的粉末呈均匀的雾状为宜。

（4）随后对试样进行喷涂，使雾化粉末均匀喷洒在工件表面。喷涂时，枪头与工件表面垂直并保持 $150\sim250mm$ 距离往复连续实施喷涂，喷涂时，移动速度要均匀一致。

（5）喷涂结束后，取下试件，放入烘箱中进行固化。清洗喷枪，回收粉末，并关闭喷粉设备。

3. 涂层固化

按照粉末性质，选择固化温度和时间。对于环氧粉末，温度 $160\sim180℃$，时间 $15\sim30min$；对于聚酯环氧粉末，温度 $180\sim220℃$，时间 $10\sim20min$；对于聚酯粉末涂层，温度 $190\sim220℃$，时间 $10\sim20min$。

4. 涂层检测

对固化后的试件涂层进行外观，厚度、附着力、耐冲击性和耐腐蚀性检测。

五、注意事项

（1）手提高压静电喷枪操作时，开启高压不应超过 $80kV$，并保持喷涂距离不低于 $100mm$，防止喷枪产生反电晕放电，击穿涂层。

（2）实施喷涂前，应先调节各喷涂参数，使喷出的粉末呈均匀的雾状后，再喷涂工件。

六、实验报告要求

（1）每人一份实验报告，报告应包括实验目的、实验原理、实验设备及材料、实验方法与步骤、实验结果与分析。

（2）严格按照试验步骤，注意记录试验数据，分析试验结果，记录粉末静电喷涂的工艺条件、喷涂过程中的现象、粉末涂层的质量与评价方法。

（3）分析影响涂层质量的各种因素。

（4）指出试验过程中存在的问题，并提出相应的改进方法。

七、思考题

（1）粉末静电喷涂中影响涂层质量的因素有哪些？

（2）粉末静电喷涂与油漆静电喷涂在原理和设备组成上有什么不同？

（3）分析粉末静电涂层存在的主要缺陷和预防方法。

实验 7　硝基清漆配制及涂装

一、实验目的

（1）了解硝基清漆的配方原理。

（2）了解混合溶剂的选择原则。

（3）掌握清漆配制过程。

二、实验设备及材料

（1）实验设备：多功能分散搅拌器，分散罐，烧杯，黏度计。

（2）实验材料：1/2 秒硝化棉，醋酸乙酯，醋酸丁酯，丙酮，正丁醇，二甲苯，邻苯二甲酸二丁酯，丙烯酸树脂，乙醇，环己酮。

三、实验原理

硝基漆是较早使用的一类溶剂挥发性涂料，最早的轿车面漆即是使用硝基漆。硝基漆有干燥迅速，漆膜光泽明亮，坚硬耐磨、耐水、耐油、耐弱酸碱，附着力好等优点，但也存在固体份低、溶剂消耗量大等缺点，如何进行配方设计是非常关键的。

硝基漆所用主要成膜物为含氮量在 11.2%～12.2% 之间的硝化棉，而硝化棉的溶解需根据要求选择恰当的混合溶剂，既是如此，纯粹的硝化棉涂料，漆膜性脆，附着力不好。因此常拼入其他树脂和增塑剂或增韧剂。因此，硝基清漆的组成，归纳起来，有六个主要部分：（1）硝化棉，漆膜的主要成膜基料；（2）树脂，增加漆膜硬度、光泽、附着力等；（3）增塑剂，增加涂膜柔韧性；（4）溶剂，是挥发部分的主要成分，具有溶解硝化棉的能力；（5）助溶剂，它本身不溶解硝化棉，但当与酯类或酮类等混合使用时，能提供一定程度的溶解力；（6）稀释剂，它不能溶解硝化棉，与溶剂、助溶剂混合使用时起稀释作用，可降低成本。

硝基清漆的配制不需要研磨，只要将配方中所列的漆料、溶剂和助溶剂加入调漆槽中搅拌均匀，经过过滤就可以了。一般硝基漆配制，首先将硝化棉溶解或是做成漆片（色片，色漆用时），配制时溶解漆片调制而成。

溶剂作为涂料的组分之一，在涂料中尤其是挥发干燥型涂料起着不可缺少的作用。首先，对于大多数涂料而言，涂料作为一种可用一定方式施工的液体成膜材料需以溶剂作分散介质，以使成膜物呈现需要的状态。在表现分散作用的同时，溶剂以能提供对成膜物的溶解能力和适宜的挥发的速度而对涂料的储存、施工及漆膜的光泽、附着力、表面状态等产生影响。其次，要求溶剂具有不与涂料中其他组分发生作用的独立稳定性。除此之外，使用溶剂尽可能满足毒性小、安全、刺激性小或无刺激及无难闻气味的要求，并有来源丰富、价格便宜等优点。

涂料用溶剂的选择对涂料的外观表现及对涂料的品质会产生重要影响，因此，在选择涂料用溶剂时应小心考虑，一般选择过程表现为：首先是考虑对树脂的溶解性及其相互间的混溶性；其次考虑溶剂或混合溶剂的挥发速度；再次是考虑其他因素。

在考虑对漆用树脂的溶解性及其相互间的混溶性时，可依据以下三条规律选择：（1）极性相似原则；（2）溶剂化原则；（3）浓度参数相近原则。

对于混合溶剂，除了根据上述要求选择真溶剂外，还应从价格、毒性、气味等方面选择稀释剂，可以和溶剂混合的稀释用量通常是这样确定的，所得混合溶剂的平均浓度参数应在树脂浓度参数的 50%~80% 范围内。

在确定漆用溶剂的各种类型（包括稀释剂）后，将反映选择漆用混合溶剂限制条件的各式组成联立方程式，利用线型回归分析，通过计算求解，并综合考虑作为漆用溶剂的其他特性，即可获得最经济和性能最佳的漆用混合溶剂。

四、实验方法与步骤

1. 混合溶剂配方

（1）醋酸乙酯 10%，醋酸丁醇 25%，正丁醇 5%，丙酮 5%，二甲苯 55%。

（2）醋酸乙酯 20%，醋酸丁醇 25%，环己酮 10%，二甲苯 45%。

按上述试剂配方量加入，混合搅拌均匀为无色透明液即可。

2. 硝基清漆配方

硝化棉 50g，丙烯酸树脂或醇酸树脂 10g，邻苯二甲酸二丁酯 5g，醋酸丁酯 10g，醋酸乙酯 8g，丁醇 2g，丙酮 3g，二甲苯 12g。

首先按配方量称取硝化棉，溶解在混合溶剂（混合溶剂按配方量配制好）中，配成固含量 15% 的硝化棉液体基料，然后加入丙烯酸树脂或醇酸树脂，邻苯二甲酸二丁酯，在搅拌下溶解，最后加入其他溶剂充分溶解调匀，过滤静置一夜后，测其黏度。

五、注意事项

注意硝化棉的易燃性。

六、实验报告要求

（1）每人一份实验报告，报告应包括实验目的、实验原理、实验设备、仪器设备及材料、实验方法与步骤、实验结果与分析。

（2）简述配制过程操作工艺，分析配制的硝基清漆，混合溶剂各组成在配方中所起性能说明。

七、思考题

（1）什么是硝基涂料？有哪些性能？应用如何？

（2）硝基涂料是怎样分类的？各类的漆膜性能、用途如何？

实验 8　铁红醇酸底漆配制及涂装

一、实验目的

（1）了解铁红醇酸底漆的配方的具体组成。

（2）掌握底漆配制工艺。

二、实验设备及材料

（1）实验设备：多功能分散研磨机，分散罐，刮板细度计，黏度计。

（2）实验材料：醇酸树脂，铁红，滑石粉，浅铬黄，干料（环烷酸铅、环烷酸锰、环烷酸钴、环烷酸锌、环烷酸钙），二甲苯。

三、实验原理

底漆是涂料施工配套整个涂层中联结上下的重要涂层。要求它对底材的表面（金属或木材表面）有很牢固的附着力，对上层面漆有很好的结合力，并且底漆本身有很理想的机械强度。使整套涂层很牢固的附着在物件上，并抵抗外来的冲击、曲折、磨损等破坏条件。根据这些应用方面的要求，底漆配方拟定要考虑以下几个方面因素：

（1）底漆中所用的漆料：要求漆料对金属表面有很好的湿润性能，成膜后有很理想的机械强度。

（2）底漆所用的颜料：底漆用的着色颜料的要求不在于耐光性和颜色的鲜艳方面，而在于其对金属是否有钝化的作用、制漆稳定性和所能达到的遮盖能力。

（3）颜料与漆料不挥发份体积的比例（体积比），即 PVC 值，底漆漆膜一般的光泽以半光为佳。从面漆与底漆配套性能，底漆的光泽越小，面漆与底漆的附着力越强，底漆光泽最好应控制在 20～30 之间。

（4）总颜料份中颜料与体质颜料的加入；从原则上讲，颜料的加入量以满足一道涂层盖底为依据，这一使用量就是遮盖力。此外可用体质颜料补充，达到半光为止。

四、实验方法与步骤

1. 铁红醇酸底漆配制

（1）按照表 6-7 称量原料备用。

表 6-7　称量原料重量比

原料	重量比/%	原料	重量比/%
醇酸树脂	33.23	环烷酸锰（3%）	0.17
铁红	26.73	环烷酸钴（3%）	0.02
滑石粉	11.68	环烷酸锌（3%）	0.17
铬黄	11.63	环烷酸钙（2%）	0.53
环烷酸铅（8%）	1.2	二甲苯	14.64

（2）将各种颜料烘干，过300目筛备用。

（3）称取醇酸树脂，加入已称量的颜料中分散湿润搅拌均匀，如黏度大，需加二甲苯调整黏度，搅拌混合均匀。

（4）将混合均匀的漆料中，加入研磨介质进行研磨，在研磨过程中一定要通冷却水，防止漆料过热，影响漆质量。

（5）在研磨过程中，检测漆细度。细度到50μm以下，停止研磨，然后加入干料，用二甲苯调整黏度，黏度控制在60~120s范围。配制底漆工作完毕。

2. 醇酸底漆空气喷涂

（1）对试片进行表面处理（除油、除锈）。

（2）将涂料黏度调整到喷涂的黏度，一般在25~30s范围内。

（3）开动压缩机，调整好喷枪的压力、喷出量、喷雾图样幅度。

（4）手持喷枪与工件表面距离一般为15~25cm，平行运行，搭接宽度为有效幅度的1/4~1/3。

（5）喷涂后的漆膜试片，根据涂料种类可自干或烘干。

（6）喷涂后的喷枪、涂-4杯黏度计或旋转黏度计的转子用溶剂清洗干净，保存起来。

五、注意事项

实验结束后一定及时将喷枪清洗干净。

六、实验报告要求

（1）每人一份实验报告，报告应包括实验目的、实验原理、实验设备及材料、实验方法与步骤。

（2）实验数据处理与分析：

1）记录醇酸底漆的配方组成及百分比。

2）记录分散研磨工艺参数。

3）记录喷涂参数。

七、思考题

（1）在配制底漆时光泽为什么选择低光泽？

（2）底漆与面漆的细度控制在多少微米，为什么？

（3）底漆的颜/基比控制在多少？面漆的颜/基比控制在多少范围？

实验 9　乳胶漆的制备实验

一、实验目的

（1）加强对水性建筑涂料的理解。
（2）熟悉水性涂料的配方组成。
（3）掌握内墙乳胶漆涂料的制备工艺。

二、实验设备及材料

（1）实验设备：砂磨机，高速分散机，刮刀，刷子。
（2）实验材料：苯-丙乳液，钛白粉，立德粉，重钙，滑石粉，瓷土，乙二醇，消泡剂，砖块，水泥砂浆，腻子灰，羟乙基纤维素，六偏磷酸钠，醋酸苯汞，去离子水，氨水（或碳酸钠）。

三、实验原理

近年来，水性漆的发展十分迅速，因为以合成树脂代替油脂，以水代替有机溶剂是涂料工业发展的两个主要方向。凡是用水作溶剂或分散在水中的漆都可称之为水性漆。水性漆包括水溶性漆和水乳胶漆两种，树脂能溶解于水中形成均一的胶体溶液者称为水溶性树脂；以微细的树脂粒子团（粒子团直径在 $0.1 \sim 1 \mu m$）分散在水中成为乳液者称为乳胶。乳胶的体系是由连续相（亦称外相——水）、分散相（亦称内相——树脂）及乳化剂三者组成。根据制备方法的不同乳胶液又分为分散乳胶和聚合乳胶两种。分散乳胶是指在乳化剂的存在下依靠机械的强烈搅拌使树脂、油等分散在水中形成乳液，或酸性聚合物加碱中和而分散在水中形成乳液。聚合乳胶是在乳化剂存在下在机械搅拌的过程中不饱和单体聚合而成的小粒子团分散在水中组成的乳液。乳胶漆（也叫乳胶涂料）是水分散性涂料，它是以合成树脂乳液为基料，填料经过研磨分散后加入各种助剂配制而成的涂料。近年来，随着我国建筑业的发展，乳胶漆的用量逐年扩大，质量不断提高，新品种不断增加。乳胶漆具备了与传统墙面涂料不同的众多优点，如易于涂刷、干燥迅速、漆膜耐水、耐擦洗性好等。

乳胶粒子与颜料粒子相互分散在一起形成水乳胶漆，施工后在水的挥发作用下乳胶粒子破乳，由成膜助剂使之交联，形成坚韧的漆膜。乳胶漆涂料的成膜分为三个过程，乳胶颗粒紧密堆积，乳胶颗粒融结、聚合物链端相互扩散。乳胶漆涂布于基底上，涂料中挥发分（主要为水分）外蒸内吸，涂料固含量不断增加，颗粒相互接近最后达到最紧密的堆积。干燥继续进行，覆盖于乳胶颗粒表面的吸附层被破坏，裸露的聚合物颗粒表面直接接触，在聚结溶剂的溶解溶胀作用下，颗粒软化变形融结而成连续薄膜。乳胶颗粒融结同时和之后，聚合物表面的链端分子相互渗透、扩散，涂膜进一步均匀化。

四、实验方法与步骤

乳胶漆的制造过程主要包括两个部分，色浆的研磨分散和乳胶漆的调配。

（1）按表 6-8 标准配方称取各原料备用。

表 6-8　原料备用配方

原料	配方/%	原料	配方/%
苯-丙乳液	25	乙二醇	2
钛白	10	202 消泡剂	0.3
重钙	12	羟乙基纤维素	0.2
立德粉	20	六偏磷酸钠	0.4
滑石粉	5	醋酸苯汞	0.1
瓷土	3	去离子水	22

（2）先在高速分散罐内盛适量水，之后加入羟乙基纤维素，将搅拌设备开启至 100～200r/min，待羟乙基纤维素分散均匀后，再分别加入乙二醇、消泡剂、六偏磷酸钠、醋酸苯汞助剂搅拌，持续搅拌 10min 以上保证助剂分散均匀。

（3）开动高速搅拌，按先体轻后体重的次序加入粉料，将搅拌设备转速调至 800～1000r/min，高速搅拌分散至细度合格（约 60μm），搅拌时间约 30～40min，分散罐夹套通冷却水，使漆浆温度不超过 45℃。

（4）随后在搅拌状态下，继续在分散罐内加入乳液搅拌 30min 左右，用氨水（或碳酸钠）调节涂料 pH 值到 8～9。取样测固体份、黏度、pH 值，合格后，经振动筛过滤，装入塑料桶或内涂防腐涂料的铁皮桶内。

（5）取出部分涂料用水稀至施工黏度刷涂在腻子较干的砖块上，等自然干燥后进行检测。

（6）分散罐、振动筛等设备用后均进行清洗，清洗水留作调漆用，不能排入下水道，以减少污染。

五、注意事项

（1）配料物质的量准确，原料型号与配方要求一致。

（2）在制备乳胶漆时，加料顺序很重要，如果分散剂和润湿剂投料顺序在颜料和填料以后，色浆就很难打细，即使是再补加分散剂也没有效果。又如乳液不能和颜料、填料配在一起，防止乳液中的水被颜料、填料吸收而破坏乳液。在打浆时不宜加入乳液，以防砂磨机或分散机的剪切力破坏乳液。

（3）在整个制漆过程中应该防止机械油或植物油混入乳胶漆内，特别是分散机或调料机的搅拌轴轴承处最容易漏油，应加强维修。乳胶漆中混入机械油、植物油会造成涂刷后漆膜质量问题。

六、实验报告要求

（1）每人一份实验报告，报告应包括实验目的、实验原理、实验设备及材料、实验方法与步骤。

（2）实验数据处理与分析：

1）记录实际称重的结果，并计算乳胶漆颜基比。

2）按表6-9进行测量记录。

表6-9　测量结果记录表

项　　目	测量结果
黏　度	
固含量	
pH 值	
附着力	
硬　度	
光　泽	
耐湿擦/次	

七、思考题

（1）乳胶漆最大的优点是什么？

（2）本实验所制的乳胶漆性能如何，价格应居何种档次，适合于哪方面的内墙涂料？

实验 10 电镀锌实验

一、实验目的

（1）掌握常用镀锌工艺及锌酸盐镀锌液的配方组成。

（2）掌握镀锌液中各成分的主要作用及对电镀质量的影响。

（3）了解镀锌时温度和电流密度的相互关系，杂质的危害及清除措施。

二、实验设备及材料

（1）实验仪器：盐雾试验箱，稳压电源，分析天平，毫安表、毫伏表，千分尺，温度计，计时器，烧杯。

（2）实验材料：Q235 钢（30mm×20mm×2mm），纯锌片（30mm×20mm×2mm）。在进行镀锌前，碳钢和锌片均依次经过切割、除油、除锈、打磨、水砂纸研磨、清洗、吹干等处理。

氢氧化钠，纯净水，氧化锌，DPE-Ⅲ添加剂，三乙醇胺，磷酸，硝酸，铬酐，醋酸，硫酸钠。

三、实验原理

电镀锌的实验装置如图 6-3 所示。

锌的标准电位比铁负，对钢铁基体而言，锌是典型的阳极性镀层，可提供可靠的电化学保护。所以镀锌层广泛用作黑色金属的保护层。电镀锌是生产上应用最早、最广泛的电镀工艺之一，占电镀总产量的 60% 以上。由于电镀锌具有成本低、抗蚀性好、美观和耐储存等优点，因此在机电、轻工、仪器仪表、农机、建筑五金和国防工业中得到广泛的应用。

但是锌在 70℃ 以上的水中电位反而比铁正，锌就失去了电化学保护作用，因此在大气中只有在没有有机挥发气氛或在空气干燥的空气中，锌镀层才是可靠

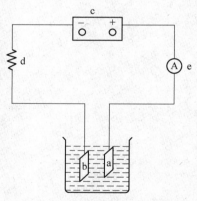

图 6-3 电镀锌的实验装置图
a—阳极（锌片）；b—阴极（碳钢试样）；
c—电源；d—变阻器；e—电流表

的防护性镀层。实际使用的锌镀层是经过钝化处理的，只要将镀锌层在含铬酸的溶液中钝化，即可在镀锌层表面获得一层化学稳定性较高的各种色彩的复杂铬酸盐薄膜，防护能力、装饰效果均有明显提高。

按电解液的性质可分为碱性镀液、中性或弱酸性镀液和酸性镀液等三类；或是按是否含有氰化物分为氰化物镀液和无氰镀液。氰化物镀锌电解液为碱性，又可细分为高氰、中氰和微氰三种；无氰镀液有碱性锌酸盐镀液、铵盐镀液和硫酸盐镀液（酸性）及氯化钾镀液（微酸性）等。其中，碱性锌酸盐镀锌液中因不含剧毒的氰化物，镀层光亮细致，钝化膜色泽均匀，抗蚀性好，电解液对设备腐蚀性小，故应用广泛。镀锌时，氧化锌是镀液中的主盐，NaOH 作为络合剂，有下列反应：

$$ZnO + 2NaOH + H_2O \Longrightarrow Na_2Zn(OH)_4$$
$$Na_2Zn(OH)_4 \Longrightarrow 2Na^+\left[Zn(OH)_4\right]^{2-}$$

由于溶液中 NaOH 含量过量，故 $\left[Zn(OH)_4\right]^{2-}$ 不稳定常数较小，溶液较稳定。其电极反应是：

$$\left[Zn(OH)_4\right]^{2-} \longrightarrow Zn(OH)_2 + 2OH^- \text{（配位数下降）}$$
$$Zn(OH)_4 + 2e \longrightarrow \left[Zn(OH)_4\right]^{2-}_{ad} \text{（吸附）}$$
$$\left[Zn(OH)_4\right]^{2-}_{ad} \longrightarrow Zn\downarrow + 2OH^- \text{（沉淀）}$$

附加：
$$2H^+ + 2e \longrightarrow H_2\uparrow \text{（析氢）}$$

阳极：锌阳极电化学溶解

$$Zn + 4OH^- - 2e \longrightarrow \left[Zn(OH)_4\right]^{2-}$$
$$2H^+ + 2e \longrightarrow H_2$$

当电流密度较高，阳极电位变正，阳极 OH^- 放电析氧。

$$4OH^- + 4e \longrightarrow O_2\uparrow + 2H_2O$$

典型锌酸盐镀锌的配方与工艺条件（见表 6-10）。

表 6-10　典型锌酸盐镀锌的配方与工艺条件

溶液组成及工艺条件	配方 1	配方 2	配方 3
$ZnO/g \cdot L^{-1}$	8~12	10~15	10~12
$NaOH/g \cdot L^{-1}$	100~120	100~130	100~120
DE 添加剂$/mL \cdot L^{-1}$	4~6	—	4~5
$C_9H_6O_2/g \cdot L^{-1}$	0.4~0.6	—	—
混合光亮剂$/mL \cdot L^{-1}$	0.5~1	—	—
DPE-Ⅲ 添加剂$/mL \cdot L^{-1}$	—	4~6	—
三乙醇胺$/mL \cdot L^{-1}$	—	12~30	—
KR-7 添加剂$/mL \cdot L^{-1}$	—	—	1~1.5
温度/℃	10~40	10~40	10~40
阴极电流密度$/A \cdot dm^{-2}$	1~2.5	0.5~3	1~4

镀锌后，为提高锌镀层的耐蚀性，并赋予锌以美丽的装饰外观和耐污染能力，需进行钝化处理，使锌层表面形成一层致密的稳定性高的薄膜。典型低铬彩虹色钝化的配方和工艺条件见表 6-11。

表 6-11　典型低铬彩虹色钝化的配方和工艺条件

溶液组成和工艺条件	配方 1	配方 2	配方 3	配方 4
$CrO_3/g \cdot L^{-1}$	5	6	3~5	5
$HNO_3/g \cdot L^{-1}$	3	5	—	3
$H_2SO_4/g \cdot L^{-1}$	0.1~0.15	0.6	—	—
$ZnSO_4 \cdot 7H_2O/g \cdot L^{-1}$	—	—	1~2	—

溶液组成和工艺条件	配方 1	配方 2	配方 3	配方 4
$Na_2SO_4/g \cdot L^{-1}$	—	—	—	0.6~1
$CH_3COOH/mL \cdot L^{-1}$	—	—	—	5
pH	1.2~1.6	1~1.6	1~1.6	0.8~1.3
温度/℃	室温	室温	室温	室温
时间/s	8~12	10~45	10~30	15~30

四、实验方法与步骤

（1）按照表 6-10 的配方将计算量的 NaOH 倒入槽中，注入总体积 1/5 的水（冬季用热水）迅速搅拌溶解。

（2）将计算好量的氧化锌用少量水调成糊状，在不断搅拌下逐渐加入热碱液中，直至搅拌到全部溶解，将镀液稀释至总体积。

（3）待溶液冷却到 40℃ 以下时，加入 2~3g/L 锌粉（无锌粉可用 0.2g/L 的硫化钠代替），充分搅拌 20~30min，静置 4~8h 后虹吸过滤。

（4）加入计算量的主添加剂和光亮剂，充分搅拌均匀，即可用于试镀。

（5）用千分尺和分析天平准确测定阴阳极的面积和质量，并根据拟获得的镀锌层厚度、阴极电流密度计算电镀时间和阴极电流。然后按图 6-3 接好线路，通电后开始电镀。

（6）镀锌结束后，切断电源，取出阴极。用清水冲洗干净、电吹风吹干后，观察镀层的外观形貌；并用千分尺和分析天平准确测量镀层的厚度和质量增加量。

（7）电镀后的试样经清洗和电吹风吹干后，按表 6-11 中的钝化液配方配好钝化液，将样品放入钝化液中，注意调整好 pH 值、温度、钝化时间进行钝化，钝化后需在空中保留时间 5~10s，最后清洗吹干老化（60℃），得到多彩钝化膜。

（8）将钝化后的镀锌试样放入到 35℃ 盐雾沉降量 1~2mL/（h·80cm²）、试液为 5% NaCl 的盐雾试验箱中进行盐雾实验，观察并记录镀锌层开始腐蚀的时间，判断镀锌层的耐蚀性。

五、注意事项

（1）电镀时需注意电流密度与温度之间的匹配。

（2）控制电镀阴阳极面积比为 $S_阴 : S_阳 = 1 : (1.5~2)$。

（3）锌酸盐镀液对杂质较敏感，电镀时，应确保阳极锌纯度，尽可能减少 Cu、Pb、Fe 等杂质含量。

六、实验报告要求

（1）每人一份实验报告，报告应包括实验目的、实验原理、实验设备及材料、实验方法与步骤。

（2）实验数据处理与分析：

1）观察电镀、钝化前后镀锌层的颜色和外观特征（见表 6-12）。

表 6-12　电镀、钝化前后镀锌层的颜色和外观特征记录表

试样编号	颜色和外观特征描述		
	电镀前	电镀后	钝化后
1			
2			
3			

2）计算电镀前后镀锌层的质量变化，并计算镀锌层的厚度（见表 6-13）。

表 6-13　电镀前后镀锌层的质量变化和镀锌层的厚度记录表

试样编号	电镀前质量/g	电镀后质量/g	镀锌层厚度/μm
1			
2			
3			

3）记录镀锌层开始腐蚀的时间，判断镀锌层的耐蚀性。

七、思考题

（1）说明镀锌层钝化膜形成机理。

（2）试分析镀液各成分的主要作用以及对镀层质量的影响。

（3）试分析镀锌工艺条件对镀层质量的影响。

（4）镀锌的方法有哪些，碱性无氰镀锌有什么优点？

实验 11　电镀铜实验

一、实验目的

（1）掌握硫酸盐镀铜的镀液成分和工艺条件控制方法。

（2）掌握镀液的维护和光亮剂失调后的故障处理方法。

二、实验设备及材料

（1）实验设备：加热电炉，直流电源，检流计，电子天平，温度计，玻璃棒，烧杯，量杯。

（2）实验材料：$CuCN$，$NaCN$，Na_2CO_3，$CuSO_4 \cdot 5H_2O$，H_2SO_4，去离子水，导线，压延磷铜板阳极，铁片试样。

三、实验原理

铜镀层对钢铁工件而言是阴极性镀层，化学稳定性差，不宜做防护性镀层，但铜镀层具有致密、韧性好、可降低整体镀层内应力的优点是一种使用最广泛的电镀底层和中间层。

硫酸盐镀铜是酸性镀铜中应用最广泛的工艺。其主要特点是成分简单，镀液稳定，整体能力较好，阴极电流效率较高，生产成本低，沉积速度快，且市售有主光亮剂+整平表面活性剂组成的组合光亮剂，为光亮镀铜提供了条件。主要的缺点是分散能力较差，钢铁件需预镀。

预镀液配方（配方一）及工艺条件如下：

配方一：硫氰化铜，5g/L；氰化钠，23g/L；游离氰化钠，6g/L；碳酸钠，15g/L。

工艺条件：温度 $40 \sim 60\,^{\circ}\mathrm{C}$，$D_k = 1 \sim 3\mathrm{A/dm^2}$，$D_a = 0.5\mathrm{A/dm^2}$。

预镀完毕清洗后，用硫酸盐普通镀铜液，配方二和工艺条件如下：

配方二：$CuSO_4 \cdot 5H_2O$，$150 \sim 220\mathrm{g/L}$；H_2SO_4，$50 \sim 70\mathrm{g/L}$。

工艺条件：$T = 15 \sim 50\,^{\circ}\mathrm{C}$；$D_k = 1 \sim 3\mathrm{A/dm^2}$。

镀液中需加入各类添加剂，如加入 R-SH 型复合添加剂，通过较强的吸附作用来促进铜的电沉积过程，提高阴极极化，增大形核几率使镀层细化，又由于浓差扩散控制因素而具有整平作用。由于硫酸盐镀铜为单盐型镀液，其主要组成为 Cu^{2+}、SO_4^{2-}、H^+、Cl^- 以及一些有机物，故电极反应有：

阴极：　　　　　　　　　$Cu^{2+} + 2e \longrightarrow Cu$

阳极：　　　　　　　　　$Cu - 2e \longrightarrow Cu^{2+}$

阳极还能发生：　　　　　$Cu - e \longrightarrow Cu^+$

及歧化反应：　　　　　　$Cu^{2+} + Cu \longrightarrow 2Cu^+$

要避免铜离子因易在阳极表面生成"铜粉"（CuO）进入镀液而使阴极表面产生粗糙，无光泽作用。

镀液中 $CuSO_4$ 为主盐，硫酸的加入可提高镀液的导电性和电流效率，且能防止铜盐水解，保证镀液稳定，少量 Cl^- 存在可消除（$Cu^{2+} + 2Cl^- \Longrightarrow CuCl_2\downarrow$）$Cu^{2+}$ 的不利影响。

普通硫酸盐镀铜操作参数范围较宽，关键在于电流强度与镀液的操作温度、硫酸铜含量、搅拌强度均有关系，需互相配套调整。阳极需采用含 P 0.04% ~ 0.3% 之间的压延磷铜板，以克服阳极过易钝化和 Cu^{2+} 过多的情况。

硫酸盐光亮镀铜液出现的故障大部分是由于光亮剂失调所致，光亮剂的消耗量与电镀时通入的电量、阳极溶解状况和其他工艺条件都有关系，由于有机物分解产物的积累，会使镀层光亮范围缩小，光亮度下降，如不调整光亮剂含量来恢复，则必须进行净化处理，除去镀液中的有机杂质。其处理方法是：镀液加温到 60 ~ 70℃，边搅拌边加入 1 ~ 2mol/L、30% 的双氧水，充分搅拌 1h，再加入 3 ~ 5g/L 活性炭粉末，搅拌 30min 静止后过滤，再补充配方量的各种光亮剂。

四、实验方法与步骤

（1）按配方一、配方二分别配制好 1000mL 的氰化物预镀铜液和硫酸盐镀铜液。

（2）将试样铁片清理干净，压延磷酸铜板为阳极，铁片做阴极，加热预镀液至 60℃。连接导线，控制 $D_k = 1 ~ 3A/dm^2$ 采用周期换向电流以改善镀液的整平能力，换向周期为 15 ~ 20s，$D_a = 0.5 ~ 1.0A/dm^2$。

（3）预镀好的工件取出清洗干净，不让 CN^- 带入镀液。由于预镀液的分散能力很好，阳极电流效率在 10% ~ 60% 之间，只能得到很薄的镀层（小于 2.5μm），一般控制在 0.5 ~ 1.0μm，有时可加入 $NaHSO_3$ 来改善镀层性质。

（4）将预镀件放入硫酸铜镀液中，有机添加剂可加入市场上购入的组合光亮剂，通过移动阴极来搅拌，温度控制 20℃ 左右，$D_k = 2 ~ 3A/dm^2$。

（5）镀铜时常见故障：镀层烧焦；起麻点等就需考虑下列因素；硫酸铜含量过低；温度过低；氧离子浓度过高；电流过大；光亮剂失调；氰化预镀后清洗不彻底而带入氰银等。可依实际情况，适当调整工艺配方操作等要领。

五、注意事项

（1）硫酸盐镀铜液对大多数金属离子杂质敏感性较小，一般不会因 M^+ 存在而产生故障，但 Sn、Ag、Mg 影响较大，要尽量防止它们进入镀液。

（2）氰化物有毒，使用时需佩戴电动送风过滤式防尘呼吸器，手戴橡胶手套，使用完后彻底清洗使用器皿。

六、实验报告要求

（1）每人一份实验报告，报告应包括实验目的、实验原理、实验设备及材料、实验方法与步骤。

（2）实验数据处理与分析：

1）观察电镀、钝化前后镀铜层的颜色和外观特征并记录（见表 6-14）。

表 6-14　电镀、钝化前后镀铜层的颜色和外观特征记录表

试样编号	颜色和外观特征描述		
	电镀前	电镀后	钝化后
1			
2			
3			

2）计算电镀前后镀铜层的质量变化，并计算镀铜层的厚度并记录（见表6-15）。

表 6-15　电镀前后镀铜层的质量变化和镀铜层的厚度记录表

试样编号	电镀前质量/g	电镀后质量/g	镀锌层厚度/μm
1			
2			
3			

3）记录镀铜层开始腐蚀的时间，判断镀铜层的耐蚀性。

七、思考题

试分析氰化物镀铜的电极过程，硫酸盐镀铜的电极过程。

实验 12　电镀铬实验

一、实验目的

（1）掌握钢铁件表面镀铬的原理及镀液的配制及实验工艺要点。

（2）掌握中间层的设置和作用，辅助阳极的设置，温度、电流密度的控制调节和杂质元素对镀层的影响。

二、实验设备及材料

（1）实验设备：直流电源，电流检流计，电子天平，烧杯，量杯。

（2）实验材料：Q235 钢（30mm×20mm×2m），Pb-Sn 板，在进行镀铬前，碳钢均依次经过切割、除油、除锈、打磨、水砂纸研磨、清洗、吹干等处理。

铬酐，硫酸，草酸。

三、实验原理

1. 镀铬过程与其他镀种相比的特点

（1）镀铬的阴极效率极低，通常只有 13%～18%，且有三个异常现象：电流效率随 CrO_3 浓度升高而下降，随温度升高而下降，随电流密度增加而提高。

（2）在铬酸电解液中，必须添加定量的局外离子，如 SO_3^{2-}、SiF_4^{2-}、F^- 等，才能实现金属铬的电沉积过程。

（3）镀铬所使用的阴极电流密度很高。

（4）镀铬电解液的分散能力极差，需采用像形阴极、保护阳极和辅助阳极才能得到厚度比较均匀的镀层。

（5）镀铬不采用金属铬作阳极而采用铅或 Pb-Sb、Pb-Sn 合金作为不溶性阳极，沉积消耗的铬酐靠添加来补充。

2. 镀铬原理

（1）在常规镀铬电解液中，是由 CrO_3 和 H_2SO_4 和一定量 Cr^{3+} 组成的。CrO_3 溶于水时，随着铬酐的浓度和 pH 不同，溶液中六价铬的存在形式不同，有下列平衡存在：

$$2H_2CrO_4 \longrightarrow H_2CrO_7 + H_2O$$

在阴极，当有较高电压的直流电源作用下，在有较大的阴极极化时，先析出的 H_2 消耗大量 H^+，使阴极附近 pH 上升，CrO_4^{2-} 浓度上升更快，发生了 CrO_4^{2-} 还原为 Cr 的反应。

$$CrO_4^{2-} + 6e + 8H^+ \longrightarrow Cr\downarrow + 4H_2O$$

必须提及的是：根据阴极胶体膜的理论，要使零件镀上铬镀层，阴极表面上需先生成一层胶体膜，而这种膜的生成必须有 Cr^{3+} 和 CrO_4^{2-} 存在时，才有可能，而 SO_4^{2-} 的溶膜作用又是铬沉积不可缺少的条件。

（2）在阳极，采用不溶性 Pb-Sn 合金的原因：

1）用铬作阳极，阳极溶解效率高，造成电解液中 Cr^{6+} 大大上升电解液变得不稳定。

2）铬阳极溶解成不同价态，并以 Cr^{3+} 为主，造成镀液中 Cr^{3+} 大大上升。

3）镀铬过程难以正常进行。

4）金属铬的脆性大，难以加工成各种形状，在阳极上有下列反应产生

$$2H_2O - 4e \longrightarrow O_2\uparrow + 4H^+（主反应）$$

$$2Cr^{3+} + 6H_2O - 6e \longrightarrow 2CrO_3 + 12H^+$$

$$Pb + 2H_2O - 4e \longrightarrow PbO_2 + 4H^+$$

电镀时，为维护 Cr^{3+} 的浓度，应保持阳极面积与阴极面积的比值为 2：1 或 3：2。

3. 镀铬液配方

装饰性镀铬液配方主要是包含铬酐、硫酸、三价铬和草酸等，其中铬酐是镀铬液主要成分，硫酸为催化剂，应保持 $CrO_3/SO_4^{2-} = 100$：1。这时电流效率最高。Cr^{3+} 是阴极形成胶体膜的主要成分，只有当镀液中含有一定量的 Cr^{3+} 时，铬的沉积才能进行，加草酸作还原剂可使 Cr^{6+} 还原成 Cr^{3+}，以保证镀液中 Cr^{3+} 的量。根据镀铬种类的不同，温度和电流密度可调整至相互适应。

四、实验方法与步骤

（1）对钢铁样品表面进行镀前处理，干净待用。

（2）按表 6-16 配方配制好电镀液，为确保一定量的 Cr^{3+} 浓度，新配的镀铬液须采用大阴极进行电解处理或添加一些老镀液，或添加草酸作还原剂。使部分 Cr^{6+} 还原成 Cr^{3+}。

表 6-16　装饰性镀铬液配方及工艺条件

主要成分和工艺参数	含量及范围
铬酐 CrO_3	230~270g/L
硫酸 H_2SO_4	2.3~2.7g/L
三价铬 Cr^{3+}	2~4g/L
草酸	2g/L
温度 T	48~53℃
电流密度 D_k	15~30A/dm²
电镀时间 t	5min
镀层厚度 D	0.3~1μm

（3）如因 Cr^{3+} 浓度过高而使 SO_4^{2-} 含量相对不足，阴极膜增厚，使镀液导电性和槽电压升高，产生粗糙、灰色的镀层时，可用小面积阴极和大面积阳极；保持阳极电流密度为 $1~1.5A/dm^2$ 进行电解处理来降低镀液中 Cr^{3+} 浓度；处理时间根据 Cr^{3+} 含量来定，从数小时到数昼夜不等，镀液 50~60℃ 时，处理效果较好。

（4）镀铬电流密度 D_k 在 15~30A/dm² 变化，温度在 48~53℃ 调整。当工艺条件一经确定，在整个电沉积过程中，尽可能保持工艺条件的恒定，特别是温度，变化不要超过 ±1℃。宜用较低温度和较高的电流密度为佳。

（5）实验结果以得到光亮平整的镀层为目标。

五、注意事项

（1）使用后的镀铬液要及时装入指定废液桶，禁止直接排入下水系统造成环境污染。

（2）严格控制电流密度和电镀温度参数。

六、实验报告要求

（1）每人一份实验报告，报告应包括实验目的、实验原理、实验设备及材料、实验方法与步骤。

（2）实验数据处理与分析：

1）观察电镀、钝化前后镀铬层的颜色和外观特征（见表 6-17）。

表 6-17　电镀、钝化前后镀铬层的颜色和外观特征记录表

试样编号	颜色和外观特征描述		
	电镀前	电镀后	钝化后
1			
2			
3			

2）计算电镀前后镀铬层的质量变化，并计算镀铬层的厚度（见表 6-18）。

表 6-18　电镀前后镀铬层的质量变化和镀铬层的厚度记录表

试样编号	电镀前质量/g	电镀后质量/g	镀锌层厚度/μm
1			
2			
3			

3）记录镀铬层开始腐蚀的时间，判断镀铬层的耐蚀性。

七、思考题

（1）简述镀铬过程的特点。

（2）用阴极胶体膜理论，来解释 SO_4^{2-} 离子作用及影响。

实验 13   化学镀镍实验

一、实验目的

(1) 掌握化学镀镍的基本原理、工艺及应用范围。

(2) 利用化学镀镍技术在钢铁表面制备镍磷合金层。

(3) 掌握化学镀 Ni-P 层的结构与性能。

二、实验设备及材料

(1) 实验设备：盐雾试验箱，金相显微镜，X 射线衍射仪，扫描电子显微镜，恒温磁力加热搅拌器，千分尺，分析天平，温度计，计时器，烧杯。

(2) 实验材料：Q235 钢（30mm×20mm×2m）。在进行镀镍前，碳钢均依次经过切割、除油、除锈、打磨、水砂纸研磨、清洗、吹干等处理。

$NiSO_4 \cdot 7H_2O$，$NaH_2PO_2 \cdot H_2O$，$NaC_2H_3O_3 \cdot 3H_2O$，$Na_3C_6H_5O_7 \cdot 2H_2O$，$Na_3C_2H_3O_3$。

三、实验原理

在直流电的作用下，电解液中的金属离子还原，并沉积到零件表面形成具有一定性能的金属镀层的过程，称为电镀；而化学镀是一种不使用外电源，只是依靠金属的催化作用，通过可控制的氧化还原反应，使镀液中的金属离子沉积在镀件表面的方法，因而化学镀也被称为自催化镀或无电镀。

与电镀相比，化学镀有以下特点：

(1) 镀覆过程不需外电源，前期处理工艺较简单，在金属和非金属材料上都能进行镀覆。

(2) 由于不存在电流分布的问题，均镀能力好。对于形状复杂有内孔内腔的镀件，镀层均匀，具有仿型镀特点。

(3) 由于其自催化的特点，可使镀件表面形成任意厚度的镀层。

(4) 镀层的空隙率低、致密性好、硬度高、耐蚀和耐磨性好。

(5) 镀液通过维护调整能反复使用，但使用周期是有限的。

(6) 其不足之处是化学镀液中同时存在氧化剂（金属离子）与还原剂，处于热力学不稳定状态，镀液的稳定性差，沉积速度慢，工作温度高。

由于化学镀既可以作为单独的加工工艺来改善材料的表面性能，也可以用来获得非金属材料电镀前的导电层，因而化学镀在电子、石油化工、航空航天、汽车制造、机械等领域有着广泛的应用。目前，工业上应用最多的是化学镀镍和化学镀铜。

化学镀镍溶液，一般包含镍盐、还原剂、络合剂（配合剂）、缓冲剂、pH 调节剂、稳定剂、润滑剂和光亮剂等。其中镍盐是镀层的金属供体，常采用硫酸镍或氯化镍。最常用的还原剂是次亚磷酸盐，所得镀层是 Ni-P 合金。次亚磷酸钠的用量与镍盐浓度的最佳摩尔比为 0.3~0.45。络合剂的作用是避免化学镀槽液自然分解并控制镍只能在催化表面上进行沉积反应及反应速率。常用的络合剂有乳酸、苹果酸、琥珀酸等。缓冲剂是为了防止 pH 的明显变化，常用的缓冲剂有醋酸钠、硼酸等。稳定剂的作用是为了控制镍离子的还原和使还原反应只在镀件表面上进行，并使镀液不会自发反应。常用的稳定剂有硫化合物（硫化硫酸盐、硫脲）等。加速剂的作用是提高沉积速度。常用的加速剂有乳酸、醋酸、琥珀酸及它们的盐类和氟化物。为了提高表面的装饰性，还需要添加苯二磺酸钠、硫脲、镉盐等光亮剂和润滑剂。化学镀镍配方和工艺规范见表 6-19 和表 6-20。

表 6-19　酸性化学镀镍配方和工艺规范

成分和操作条件	配方 1	配方 2	配方 3	配方 4	配方 5
$NiSO_4 \cdot 7H_2O/g \cdot L^{-1}$	30	25	20	23	21
$NaH_2PO_2 \cdot H_2O/g \cdot L^{-1}$	36	30	24	18	24
$NaC_2H_3O_3 \cdot 3H_2O/g \cdot L^{-1}$	—	20	—	—	—
$Na_3C_6H_5O_7 \cdot 2H_2O/g \cdot L^{-1}$	14	—	—	—	—
$Na_3C_2H_3O_3/g \cdot L^{-1}$	—	30	16	—	—
$C_4H_6O_3/g \cdot L^{-1}$	15	—	18	—	—
$C_4H_6O_4/g \cdot L^{-1}$	5	—	—	12	—
$C_3H_6O_3(88\%)/mg \cdot L^{-1}$	15	—	—	20	30
$C_2H_6O_2/mg \cdot L^{-1}$	5	—	—	—	2
铅离子$/mg \cdot L^{-1}$	—	2	1	1	1
$CS(HH_2)_2/g \cdot L^{-1}$	—	3	—	—	—
其他$/mg \cdot L^{-1}$	MoO_3，5	—	—	—	—
pH	4.8	5.0	5.2	5.2	4.5
温度/℃	90	90	95	90	95
沉积速度$/\mu m \cdot h^{-1}$	10	20	17	15	17
磷含量/%	10~11	6~8	8~9	7~8	8~9

表 6-20　碱性化学镀镍配方和工艺规范

成分和操作条件	配方 1	配方 2	配方 3	配方 4
$NiSO_4 \cdot 7H_2O/g \cdot L^{-1}$	—	—	—	42
$NiCl_2 \cdot 6H_2O/g \cdot L^{-1}$	45	30	24	—
$NaH_2PO_2 \cdot H_2O/g \cdot L^{-1}$	11	10	20	27
$NH_4Cl/g \cdot L^{-1}$	50	50	—	32
$Na_3BO_3 \cdot 10H_2O/g \cdot L^{-1}$	—	—	38	—
$Na_3C_6H_5O_7 \cdot 2H_2O/g \cdot L^{-1}$	100	—	60	60
$(NH_4)_3C_6H_5O_7/g \cdot L^{-1}$	—	65	—	—
pH	8.5~10.0	8~10	8~9	7.5~8.0
温度/℃	90~95	90~95	0~13	85
沉积速度$/\mu m \cdot h^{-1}$	10	8	17	18~20

化学镀镍的基本原理是以次磷酸盐为还原剂，将镍盐还原成镍，且沉积的镍膜具有自催化性，从而使得沉积反应能自动进行下去。但关于化学镀镍的具体反应机理尚无统一认识，如原子氢态理论、氢化物理论和电化学理论等。其中为大多数人接受的是原子氢态理论：

（1）在加热过程中，次磷酸盐在水溶液中脱氢，形成亚磷酸根，同时分解析出初生态原子氢 [H]。

$$H_2PO_2^- + H_2O \longrightarrow HPO_3^{2-} + 2[H] + H^+$$

（2）原子氢吸附催化金属表面使之活化，使溶液中的镍阳离子还原而沉积在金属表面。

$$Ni^{2+} + 2[H] \longrightarrow Ni + 2H^+$$

（3）同时原子态氢又与 $H_2PO_2^-$ 作用使磷析出，还有部分原子态氢复合生成氢气逸出。

$$H_2PO_2^- + [H] \longrightarrow H_2O + OH^- + P$$
$$2[H] \longrightarrow H_2 \uparrow$$

（4）镍原子和磷原子共同沉积而形成 Ni-P 镀层。因此，化学镀镍过程的总反应为：

$$Ni^{2+} + H_2PO_2^- + H_2O \longrightarrow HPO_3^{2-} + 3H^+ + Ni$$

$$3P + Ni \longrightarrow NiP_3$$

化学镀镍层的后处理，包括去氢、钝化和热处理。去氢处理（150～200℃，1～3h）的目的是消除镀层中的氢和内应力，降低镀层的脆性，提高镀层与基体的结合力。钝化处理（如重铬酸盐处理），可进一步提高镀层的耐蚀性。化学镀镍层常呈非晶态，适宜温度的热处理可使镀层发生晶化，并析出 Ni_3P、Ni_2P 和 Ni_5P_2 等过渡相，提高镀层的硬度和耐磨性。

四、实验方法与步骤

（1）选取表 6-19 和表 6-20 中的合适配方，计算所需的化学药品用量。用 30% 的蒸馏水溶解镍盐，并用适量蒸馏水分别溶解药品。在磁力搅拌下，将络合剂（乳酸、苹果酸、琥珀酸等）和缓冲剂（醋酸钠、硼酸等）溶液相互混合，然后将镍盐溶液加入并充分搅拌。在搅拌状态下，加入除还原剂外的其他溶液；接着在剧烈搅拌下，将次亚磷酸钠（还原剂）加入溶液中。用蒸馏水稀释至规定体积，再用酸或氨水调节至要求的 pH。

（2）将镀液放入恒温水浴中，加热镀液至规定温度。把碳钢试件放入镀液中，施镀一定时间（30min，60min，90min）后取出镀件，用冷水清洗 2min 并吹干。

（3）利用千分尺和分析天平测量施镀前后试样的厚度和质量变化，从而计算镀层的厚度；或将施镀后试样的剖面做成金相试样，用金相显微镜测量镀层的厚度。

（4）利用扫描电子显微镜观察和测量镀层的表面形貌和成分；并用 X 射线衍射分析镀层的物相组成。

（5）对化学镀镍层进行不同温度的热处理（200～600℃），然后分别观察和测定镀层的形貌、成分和结构。

（6）将镀镍试样放入到 35℃ 盐雾沉降量 1～2mL/（h·80cm²）、试液为 5%NaCl 的盐雾试验箱中进行盐雾实验，观察并记录镀镍试样开始腐蚀的时间，判断镀镍层的耐蚀性。

五、注意事项

（1）严格控制锡、铅、镉、锌等金属离子和某些有机或无机含硫化合物的含量，因为它们都是化学镀镍的催化剂毒物。

（2）控制好乳酸、醋酸、琥珀酸等络合剂的用量，它们含量的改变会影响溶液的稳定性和沉积速度。

（3）为防止溶液局部过热而自发分解，溶液最好采用水套加热方式。如果采用电加热器直接加热，溶液必须要进行连续搅拌。

六、实验报告要求

（1）每人一份实验报告，报告应包括实验目的、实验原理、实验设备及材料、实验方法与步骤。

（2）实验数据处理与分析：

1）测量化学镀镍前后的试样质量和厚度变化，并计算化学镀镍层的厚度。

2）测量化学镀镍层的形貌、成分和结构，并分析热处理温度对镀层形貌、成分和结构的影响。

3）比较不同镀液下化学镀镍层的耐蚀性。

七、思考题

（1）化学镀为什么不需外加电流就能施镀？

（2）影响化学镀的因素有哪些，采用何种方法加以调整？

（3）根据试验结果分析热处理对试样组织和性能的影响。

实验14　镀液性能测试实验

一、实验目的

（1）掌握电镀溶液的分散能力、电流效率的测定方法。

（2）了解电镀溶液中添加剂的作用和杂质对镀层的影响。

二、实验设备及材料

（1）实验设备：直流稳压电源，塑料镀槽。

（2）实验材料：普通镍镀液，库仑镀液，导线。

三、实验原理

1. 镀液分散能力的测定原理

镀液的分散能力是指电解液所具有的使镀层厚度均匀分布的能力。测定的方法有多种，方法不同用来表达分散能力的公式也不同。因此，为了比较不同镀液分散能力的大小，必须采用同一种方法测量才有意义。本实验采用远阴极和近阴极的方法（见图6-4），远阴极和近阴极与阳极的距离比为$K = L_2/L_1$，用这种方法所测得的分散能力可用式（6-15）表达。

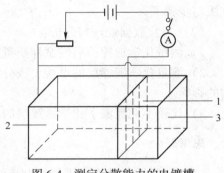

图6-4　测定分散能力的电镀槽
1—阳极；2—远阴极；3—近阴极

$$T_p = \frac{K - \dfrac{m_1}{m_2}}{K - 1} \times 100\% \qquad (6\text{-}15)$$

式中　T_p——分散能力，%；

　　　K——远阴极和近阴极与阳极距离之比；

m_1，m_2——近阴极上和远阴极上金属的增重。

2. 电镀效率的测定原理

根据法拉第定律，在电镀镍时，通过电镀槽的电量若为1F（96500C），则应得镍镀层0.5mol（58.69/2g）。而实际上沉积的镍不到0.5mol，这是由于在电镀过程中，阴极上进行的反应不只是$Ni^{2+} + 2e^- \rightleftharpoons Ni$，还有$2H^+ + 2e^- \rightleftharpoons H_2$副反应的存在，使得用于沉积金属的电流只是通过总电流的一部分，而其余部分消耗在副反应上，所以电流效率达不到100%。电流效率计算公式（6-16）如下：

$$\eta = \frac{W_{\text{实}}}{W_{\text{理}}} \times 100\% = \frac{Q}{Q_{\text{总}}} \times 100\% \qquad (6\text{-}16)$$

在实际测定镀液的电流效率时，与被测镀槽串联一个铜库仑计（见图6-5）。因为铜库仑计上铜阴极的电流效率为100%，所以根据铜阴极上镀层重量可以得到理论上的金属镀层的重量或通过电极的总电量。当采用铜库仑计时，电流效率的计算公式（6-16）可表达为：

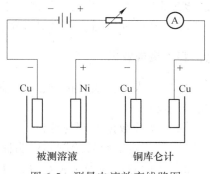

$$\eta = \frac{Q}{Q_{总}} \times 100\% = \frac{W \cdot M_{Cu}}{M \cdot W_{Cu}} \times 100\% \quad (6\text{-}17)$$

式中　W——被测金属镀层的重量；

M——被测金属的摩尔质量；

W_{Cu}——库仑计阴极上铜镀层质量；

M_{Cu}——铜的摩尔质量（注：被测金属和铜的摩尔质量的值均随所取的基本单元而定）。

图 6-5　测量电流效率线路图

四、实验方法与步骤

1. 配制电镀镍溶液

2. 梯形槽实验

将铜阴极和镍阳极均用金相砂纸打磨光亮，用水冲洗干净。在 267mL 梯形槽中注入一定量的普通镀镍溶液，装上阳极、阴极试片，接通电源，控制电流在 1A，电镀 5min 后，取出阴极试片用水冲洗，观察其外观，并将试片各区域的镀层外观按下述符号记录下来，如图 6-6 所示。

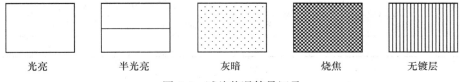

光亮　　　半光亮　　　灰暗　　　烧焦　　　无镀层

图 6-6　试片状况符号记录

3. 镀液分散能力的测定

取两片铜片，用金相砂纸打磨光亮。用水冲洗，做好近、远阴极标记，吹干后分别准确称重。将镍阳极和两片铜阴极放在长方槽中，并使 $L_2/L_1 = 2$。将普通镀镍溶液注入长方槽中，接通电源，电流密度控制在 $1A/dm^2$。电镀 30min 后，取出阴极用水冲洗、吹干，用分析天平分别称出远、近阴极重量。

4. 电流效率的测定

将被测镀液和铜库仑计的阴、阳极（被测镀液为铜阴极、镍阳极，铜库仑计阴、阳极均为纯铜）用金相砂纸打磨，冲洗干净。两阴极吹干后分别准确称重。接好线路，镀槽中注入镀液，接通电源，电流密度控制在 $1A/dm^2$，电镀 30min 后，取出两阴极洗净、吹干，分别准确称取重量。

五、注意事项

（1）电解液化学品有一定的腐蚀和污染，实验和观察过程中应避免手、皮肤直接接触。

（2）镀液分散能力和电流效率测定中不是电流为 1A，而是电流密度控制在 $1A/dm^2$

（应该根据实验中试片浸入到镀液中的实际面积进行计算）。

（3）实验完成后，镀液必须倒回原瓶中重复使用。

六、实验报告要求

（1）每人一份实验报告，报告应包括实验目的、实验原理、实验设备及材料、实验方法与步骤。

（2）实验数据处理与分析：

1）用规定的符号绘制和标明梯形槽的阴极镀层外观图，并分析所观察现象的原因。

2）实验数据列表见表 6-21，计算镀液的分散能力，并说明镀液分散能力的优劣。

表 6-21   实验数据记录表 1

电极种类	镀前质量/g	镀后质量/g	增重/g	分散能力
远阴极				
近阴极				

3）实验数据列表见表 6-22，计算电流效率。写出普通镀液电解池阴、阳电极所发生的半反应，并分析电流效率不为 100% 的原因。

表 6-22   实验数据记录表 2

电流密度 /$A \cdot dm^{-2}$	库仑计阴极质量/g			被测镀液阴极质量/g			电流效率
	镀前	镀后	增重	镀前	镀后	增重	

七、思考题

（1）普通镀液使用一段时间后就需更换新的镀液，电镀废液可以直接倒入下水道吗，为什么？电镀废液在排放之前应如何处理？

（2）通常镀液由哪几种成分构成？分析该实验普通镀镍溶液中各成分的作用。

实验 15　镀层性能测试实验

一、实验目的

（1）了解电镀层性能的基本要求、常用方法，种类和操作要领。

（2）掌握各镀层应有的正常外观，允许缺陷、不允许缺陷及避免产生缺陷的工艺措施要领。

二、实验设备及材料

（1）实验设备：TT2600 型磁性测厚仪，2000mL 烧杯，10 倍放大镜。

（2）实验材料：$K_3[Fe(CN)_6]$，NH_4Cl，$NaCl$，蒸馏水，检测滤纸。

三、实验原理

1. 外观检查

镀层（包括电镀层、化学镀层、磷化膜、氧化膜等）的外观检查是镀层质量最基本、最常用的检验方法。外观不合格的镀层就无需进行其他项目的测试。

检查镀层外观的方法，是在天然散射光或无反射光的白色透明光线下用目测直接观察。光的照度应不低于 300lx（即相当于零件放在 40W 日光灯下距离 500mm 处的光照度）。检查的内容，包括镀层种类的鉴别、镀层的宏观结合力、镀层的颜色、光亮度、均匀性以及镀层缺陷等。

镀层质量要求如下：

（1）镀层的种类应符合技术要求。普通镀层的颜色和光泽等外观质量情况，可直接鉴别。必要时，可采取化学定性分析。对特殊的或合金镀层，需要进行光谱化学分析鉴别。

（2）各类镀层应共有特定的颜色光泽、均匀、细致。结合力好，光亮镀层应有足够的光亮度。

（3）镀层不允许有针孔、条纹、起泡、起皮、结瘤、脱落、开裂、剥落、烧焦、暗影、粗糙、树脂状、海绵状沉积、不正常色泽及应有镀覆而没有镀覆等缺陷。

（4）轻微的挂黑接触印和水迹印及其他一些不影响镀层使用性能的镀层缺陷允许存在。

2. 镀层厚度的测定

镀层厚度的高低，往往会影响零件的耐蚀性，装配性、导电性以及产品的可靠性和使用寿命。

镀层厚度测定方法很多，习惯上的分类有两种：一种是根据镀层是否因测试而破坏，分为无损法和破坏法；另一种是根据试验方法的原理，分为化学法和物理法。机械量具法、磁性法、涡流法、β射线反散射法、X 射线分光法等属于无损测厚法；而计时液流法、点滴法、溶解法、库仑法、金相显微镜法等属于破坏测厚法。

TT2600 型磁性测厚仪运用电磁原理设计而成，而镀层的存在改变了永久磁铁与基体之间的磁引力或磁通络的磁阻，改变的大小随镀层的厚度而改变存在着函数关系。厚度值可在仪器上直接显示。该方法操作简便，测量迅速，可进行无损测量。若提高仪器重现性，应对仪器进行校正。

3. 镀层孔隙率的测定

从镀层表面直至基体金属的大小孔道称为孔隙。镀层孔隙率的多少直接影响防护层的防护能力（主要针对阴极性镀层）。镀层的耐蚀性能不但与镀层的种类、性质和结构有关，而且取决于镀层上孔隙的多少。孔隙率的大小是衡量镀层质量的重要指标。测定镀层孔隙率的方法，有贴滤纸法、烧浸法和涂膏法。具体方法和要求可按有关标准的规定进行。

贴滤纸法：适用于钢、铜及其合金、铝及其合金上的单层或阴极性镀层的孔隙率测定。测定方法是：室温下，在试样表面上，贴置浸有一定检测试液的滤纸，若镀层存在孔隙或裂缝与基体金属或底层金属镀层产生化学反应，生成与镀层有明显色差的化合物并渗透到滤纸上，使之呈现出有色斑头，根据有色斑头数确定孔隙率。

基体金属为 Fe；镀层为 Cr 或 Ni/Cr 或 Cu/Ni/Cr；溶液配方为铁氰化钾（$K_3[Fe(CN)_6]$）10g/L，氯化铵（NH_4Cl）30g/L，氯化钠（NaCl）60g/L。蒸馏水若干，贴置时间 10min。

检验程序如下：

（1）表面要用有机试剂或氧化镁膏仔细除油污，用蒸馏水洗净，然后用滤纸吸干或放在清洁的空气中晾干。镀后检验，不必除油；

（2）将浸润上述试剂所配制的检验液的滤纸贴在受检试样样品表面上，滤纸底下不得残留空气泡，待滤纸贴至 5~10min 后，揭下滤纸用蒸馏水冲洗，置于洁净的玻璃板上晾干；

（3）为了显示到镍层的孔隙，可将带有孔隙的斑点的滤纸，放在清洁的玻璃板上，在滤纸上均匀滴加二甲基乙二醛肟的氨水溶液数滴（溶液配制方法是将 2g 二甲基乙二醛肟溶于 500mL 的 25%氨水中）。这时滤纸上显示至镍底层的黄色斑点转变为玫瑰色，洗净后贴在玻璃板上。经这样处理后，滤纸上原来显示的有色斑点转变为无色，这样反应处理测出的镍镀层孔隙更为准确。

四、实验方法及步骤

（1）取实验样品一组，10 倍放大镜目测观察镀层是否灰暗、脱落、严重条纹、无镀层等缺陷。

（2）用磁性测厚仪测镀层厚度，测三个值取其平均值表示厚度测量结果。

（3）按配方配制 1000mL 检测液，用滤纸浸透，置于被测样品表面放置 10min；测量色斑头数，算出单位面积上孔隙率多少。

五、实验报告要求

（1）每人一份实验报告，报告应包括实验目的、实验原理、实验设备及材料、实验方法与步骤。

（2）实验数据处理与分析：

1）记录镀层表面状态。

2）记录镀层厚度测量结果并计算平均值。

3）计算孔隙率。

六、思考题

（1）镀层性能测试包括哪些项目？

（2）镀层外观检查的主要内容有哪些？

实验16　铝合金阳极氧化实验

一、实验目的

（1）掌握铝及其合金的阳极氧化处理、氧化膜封闭处理、氧化膜着色处理的操作方法。

（2）了解铝及其合金氧化膜封闭处理的意义。

（3）了解铝及其合金氧化膜着色处理的原理。

二、实验设备及材料

（1）实验仪器：直流稳压稳流电源，水浴锅，电子天平，电解槽，烘箱，温度计，钢质镊子，试管，滴管，烧杯。

（2）实验材料：铝片，铅电极，H_2SO_4，HNO_3，$NaOH$，苯，无水酒精，导线。

可选用的无机着色液见表6-23。

表6-23　无机着色液

染出颜色	1号/$g \cdot L^{-1}$	2号/$g \cdot L^{-1}$
蓝或天蓝	10~50 亚铁氰化钾	10~100 氯化铁
橙黄色	50~100 硝酸银	5~10 铬酸钾
金黄色	10~50 硫代硫酸钠	10~50 高锰酸钾
白色	30~50 氯化钡	30~50 硫酸钠
褐色	10~50 铁氰化钾	10~100 硫酸铜

有机着色液：0.2%的茜素红水溶液。

氧化膜质量检验液：$K_2Cr_2O_7$ 3g，HCl 25mL，H_2O 75mL。

三、实验原理

将铝及铝合金置于适当的电解液中作为阳极进行通电处理，此过程称为阳极氧化。经过阳极氧化，铝表面能生成几十至几百微米的氧化膜。这层氧化膜的防腐性，耐磨性以及装饰性（新生成的氧化膜可以用有机或无机着色剂使铝的表面着色）等比原来的金属都有明显的改善与提高。铝的阳极氧化着色技术广泛应用于铝材加工、装饰材料、飞机、汽车及精密仪器零件制备上。

在铝的阳极氧化的工艺过程中，铅作为阴极，铝作为阳极，一定浓度的 H_2SO_4 溶液作为电解液，电解氧化过程发生的反应是：

阴极：$\qquad\qquad 2H^+ + 2e \Longrightarrow H_2 \uparrow$

阳极：$\qquad\qquad 2OH^- - 2e \Longrightarrow [O] + H_2O$

$$3[O] + 2Al \Longrightarrow Al_2O_3$$

在氧化过程中，H_2SO_4 还会使 Al_2O_3 膜部分溶解，所以要控制氧化条件，使氧化膜的生成速度大于溶解速度，才可得到一定厚度的氧化膜。

氧化膜的厚度检验，可用 $K_2Cr_2O_7$ 和 HCl 氧化膜质量检验液，利用 Al 和 $K_2Cr_2O_7$ 反应，生成绿色 $CrCl_3$ 的快慢进行比较，其反应如下：

$$Al_2O_3 + 6HCl \rightleftharpoons 2AlCl_3 + 3H_2O$$

$$2Al + 6HCl \rightleftharpoons 2AlCl_3 + 3H_2\uparrow$$

$$2Al + K_2Cr_2O_7 + 14HCl \rightleftharpoons 2AlCl_3 + 2CrCl_3 + 2KCl + 7H_2O$$

四、实验方法与步骤

1. 准备工作

取铝片，测出电解时浸入电解液中的表面积（cm^2），按下列程序进行表面处理。

（1）有机溶剂除油：用镊子夹棉花球蘸苯擦洗铝片，再用酒精擦洗，最后用自来水冲洗（除油后的铝片不能再用手去拿）。

（2）碱洗：将除油后的铝片浸入 60~70℃ 的 $2mol/dm^3$ 的 NaOH 溶液中，约 1min 取出用水冲洗干净。

（3）酸洗：将铝片放在 10% HNO_3 溶液中浸 1min，中和零件表面的碱液，取出后用自来水冲洗，然后放在水中待用。

（4）硫酸阳极氧化溶液配制：先将欲配制 3/4 体积的蒸馏水加入烧杯中，将计量的硫酸在强搅拌下缓缓加入，然后加蒸馏水至所需体积，搅拌均匀并使其冷却至规定温度。

2. 阳极氧化

以铅作阴极，铝片作阳极，连接电解装置（见图 6-7），电解液为 15%H_2SO_4液，接通直流稳压稳流电源，使电流密度保持在 15~20mA/cm^2 范围内，电压为 15V 左右。通电40min（电解液温不得超过 25℃），切断电源，取出铝片用自来水冲洗，洗好后在冷水中保护，要在 30min 以内进行着色处理。阳极氧化处理工艺也可从表 6-24 中选取。

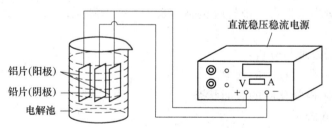

图 6-7　铝的阳极氧化装置

表 6-24　硫酸阳极氧化的配方及工艺条件

配方及工艺条件	直流法		交流法
	1	2	
硫酸/g·L^{-1}	50~200	160~170	100~150
铝离子 Al^{3+}/g·L^{-1}	<20	<15	<25
温度/℃	15~25	0~3	15~25
电流密度/A·dm^{-2}	0.8~1.5	0.4~6	2~4
电压/V	18~25	16~20	18~30
时间/min	20~40	60	20~40
搅拌	压缩空气	压缩空气	压缩空气
阴：阳极面积	1.5:1	1.5:1	1:1

3. 氧化膜质量检查

将铝片干燥后，分别在没有氧化和已被氧化之处各滴 1 滴氧化膜质量检验液。检验液的颜色由于 Cr^{6+} 被还原成 Cr^{3+}，而由橙色变为绿色。绿色出现的时间越迟，氧化膜的质量越好。若液滴干枯尚未变色，可再滴一滴，直到液滴变绿色。

4. 着色的封闭处理

经氧化处理后的铝片用无机化合物（或有机染料）着色。用无机化合物着色时，按无机着色液依次（先 1 号，后 2 号）在彼此相互作用并形成不溶性的有色化合物的盐类溶液中分别进行，在室温下于溶液中浸 5~10min，即可取出，用水将铝片洗净，再放入另一种溶液中浸 5~10min，取出后用水洗净。

将着色的铝片用水洗净后，放在热水（蒸馏水）中进行封闭处理，在 95~100℃ 及 pH＝6.7~7.5 下封闭 10~30min 即可得到更加致密的氧化膜。

5. 不合格膜层的褪除

褪膜液及操作条件为：NaOH，20~35g/L；Na_2CO_3，25~35g/L；温度 40~55℃；时间不大于 3min。

五、注意事项

（1）配制硫酸溶液时，切不可将水往硫酸中加，以免出现危险，溅到皮肤上发生严重烧伤。

（2）铝的阳极氧化装置中铝为阳极，铅为阴极，勿接反。

六、实验报告要求

（1）每人一份实验报告，报告应包括实验目的、实验原理、实验设备及材料、实验方法与步骤。

（2）实验数据处理与分析：

1）记录阳极氧化过程中的现象。

2）观察记录阳极氧化膜的表面状态。

3）记录于表 6-25 中。

表 6-25　实验数据记录表（室温　℃）

No.	氧化处理时间 T/min	封闭情况	膜厚 δ/μm				从检验液滴滴入至变绿色的时间 t_1/min			
			1	2	3	平均	第一滴	第二滴	第三滴	平均
1										
2										
3										

七、思考题

（1）氧化膜的封闭处理方法有哪些？

（2）氧化膜的着色方法有哪些？

（3）分析讨论阳极氧化处理、封闭处理对膜厚和耐蚀性的影响。

实验 17　镁合金的阳极氧化实验

一、实验目的

（1）掌握镁合金阳极氧化工艺及配方组成。

（2）掌握镁合金阳极氧化溶液中各成分和工艺参数的主要作用及对氧化膜质量的影响。

（3）掌握阳极氧化膜性能检测指标和方法。

二、实验设备及材料

（1）实验设备：扫描电镜，电化学工作站，直流电源，磁力搅拌器，电子天平，饱和甘汞参比电极，铂电极，电解槽，烧杯。

（2）实验材料：AZ31 镁合金试板，不锈钢板，氢氧化钾，硅酸钠，无水碳酸钠，四硼酸钠，氟化钾，去离子水，丙酮，3.5%氯化钠溶液，导线。

三、实验原理

对镁合金阳极氧化时，镁作为阳极，不锈钢、铁、镍或导电性电解池本身为阴极。水溶液电解伴随着许多过程。阳极表面既可能析出氧气也可能是镁的氧化，阴极表面既可能析出氢气也可能是阳离子的还原。电解槽通电后，阴离子向阳极移动，阳离子向阴极移动，当电压达到一定值时，阳极上形成氧化膜。且随着氧化时间的延长，膜的厚度不断增加，外加电压也增大。当外加电压大于膜的击穿电压时，膜被击穿，在试样上可以观察到火花产生，同时伴随着气体析出。击穿电压仅与电解液的组成、浓度和被氧化的金属基体有关，浓度越大，击穿电压越低。产生火花时，一方面可以使膜快速生长，同时使膜孔隙增大，对膜的耐蚀性不利；另一方面，在通常的镁阳极氧化过程中，等离子放电的火花发生位置在工件表面 70nm 之内，这种局部高热能冲击可能对工件的力学性能不利。

四、实验方法与步骤

1. 试样预处理

先用线切割机器将镁合金切成 1.5cm×1.5cm 的小方块，然后用焊条将导线与试样焊接起来，最后用环氧树脂和固化剂按比例混合后将试样封好只留出一个工作面。待完全固化后，在水磨机上用 400 号、600 号、800 号、1000 号水磨砂纸逐级打磨至试样表面光滑且划痕方向一致，然后在 75℃下利用超声波清洗器清洗 5min，酒精清洗后冷风吹干待用。

2. 阳极氧化溶液配方与配制

设定初始电解液配方组成为 Na_2SiO_3 70g/L，$Na_2B_4O_7$ 60g/L，KOH 60g/L，Na_2CO_3 30g/L（若总溶液 100mL，则 Na_2SiO_3 7g，$Na_2B_4O_7$ 6g，KOH 6g，Na_2CO_3 3g）。在该配方的基础上，其他参数不变，改变碳酸钠的含量，分别为 10g/L、20g/L、30g/L、40g/L、50g/L，定为第一组。在初始配方的基础上，其他参数不变，改变硅酸钠的含量，分别为 50g/L、60g/L、70g/L、80g/L、90g/L，定为第二组。

按每组的配方要求用电子天平分别称取药品，然后逐一加入去离子水中，磁力搅拌5~10min 配制成阳极氧化电解液。

3. 镁合金阳极氧化膜的制备

阳极氧化时采用稳流的直流电源，镁合金试样为阳极，阴极为不锈钢片，采用稳流模式，温度为室温。初步选定的电参数为：电流密度 $0.015A/cm^2$，氧化时间 2min。

（1）电参数控制为电流密度 $0.015A/cm^2$，氧化时间 2min。将试样放入盛放有第一组和第二组电解液的电解池中进行阳极氧化，研究不同碳酸钠和硅酸钠含量对阳极氧化膜性能的影响。

（2）将试样放入盛有初始配方电解液（Na_2SiO_3 70g/L，$Na_2B_4O_7$ 60g/L，KOH 60g/L，Na_2CO_3 30g/L）的电解池中进行阳极氧化，将电流密度分别调整为 $0.005A/cm^2$、$0.01A/cm^2$、$0.015A/cm^2$、$0.02A/cm^2$、$0.025A/cm^2$，时间均保持 2min，研究不同电流密度对氧化膜性能的影响。

4. 镁合金阳极氧化膜膜层性能测试

用扫描电镜观察试样的表面形貌，并通过该设备自带的能谱仪对膜层的成分进行分析。

采用电化学实验测试阳极氧化膜层的耐腐蚀性能。将经氧化处理后的不同试样全浸到浓度为 3.5% 的氯化钠介质中，采用电化学工作站测量试样的极化曲线和交流阻抗，并与空白镁合金试样进行对比分析。

五、注意事项

（1）阳极氧化电源为高压危险仪器，学生应在教师的指导下操作，严禁私自使用。

（2）在实验过程中，出现异常现象应先关闭设备电源，设备稳定后取出试样。

（3）实验所需导线浸泡在电解液下的部位，要做绝缘处理。

六、实验报告要求

（1）每人一份实验报告，报告应包括实验目的、实验原理、实验设备及材料、实验方法与步骤。

（2）实验数据处理与分析：

1）观察测定阳极氧化膜层的表面形貌和腐蚀速率。

2）综合分析电解液各组分和电参数对膜层性能的影响规律。

七、思考题

（1）简述镁合金阳极氧化的原理，并分析阳极氧化工艺的特点。

（2）影响镁合金阳极氧化膜层形貌特征和腐蚀性能的主要因素有哪些？

（3）查阅国内外文献资料，讨论电解液组成和电参数对镁合金阳极氧化膜层物相组成和性能的影响。

实验 18　涂料性能测试实验

一、实验目的

（1）了解涂料黏度的测定意义。

（2）了解涂料细度的意义。

（3）掌握涂料黏度、涂料固体含量、挥发物和不挥发物、干燥时间和遮盖力的测定方法。

二、实验设备及材料

（1）实验设备

涂-4 黏度计，刮板细度计，黑白格玻璃板，鼓风恒温烘箱，电子天平，干燥试验器，坩埚钳，玻璃干燥器，玻璃，马口铁或平底圆盘，细玻璃棒，脱脂棉球，定性滤纸，保险刀片，秒表，玻璃培养皿，玻璃表面皿，磨口滴瓶。

（2）实验材料

马口铁板：50mm×120mm×（0.2～0.3）mm；65mm×150mm×（0.2～0.3）mm。

紫铜片：T_2，硬态，50mm×100mm×（0.1～0.3）mm。

铝板：LY12，50mm×120mm×1mm。

铝片盒：45mm×45mm×20mm［铝片厚度（0.05～0.1）mm］。

玻璃板：100mm×100mm×（1.2～2）mm，100mm×250mm×（1.2～2）mm。

木板：100mm×100mm×（1.5～2.5）mm。

三、实验原理

1. 涂料黏度的测定

本实验测定涂料的黏度，采用涂-4 黏度计。涂-4 黏度计测定的条件黏度是：一定量的黏度样，在一定的温度下规定直径的孔所流出的时间，以秒表示。

2. 涂料细度的测定

细度也称研磨细度，其测定原理是将涂料铺展为厚度不同的薄膜，观察在何种厚度下显现出粒子。细度主要是检查色漆或漆浆内颜料，体质颜料等颗粒的大小或分散的均匀程度，以微米（μm）来表示。涂料细度的优劣影响漆膜的光泽，透水性及储存稳定性。当然，由于品种不同，底漆、面漆所要求的细度是不一样的。根据产品的技术指标来定细度。

3. 涂料固体含量的测定

固体含量的测定属于涂料组成分析项目，是以涂料在一定温度下加热焙烘、干燥后剩余物质质量与试样质量的比值（质量百分数）来表示。

4. 涂料挥发物和不挥发物的测定

采用烘干的方法，将样品烘干前、后的质量差及样品烘干后的质量分别与样品烘干前的质量进行比较，以质量分数表示涂料挥发物和不挥发物的含量。

5. 涂料干燥时间的测定

涂料从流体层变成固体漆膜的物理化学过程称为干燥。本实验利用这一过程通过物理机械方法来测定漆膜干燥时间。干燥过程又可分为表面干燥、实际干燥和完全干燥几个阶段。对于施工部门来说，漆膜的干燥时间越短越好，以免沾上雨露尘土，并可大大缩短施工周期；而对涂料制造来说，由于受使用材料的限制，往往要求一定的干燥时间，才能保证成膜后质量，由于涂料的完全干燥需时间长，故一般只测定表面干燥和实际干燥两项。在规定的干燥条件下，表层成膜的时间为表干时间，全部形成固体涂膜的时间为实际干燥时间，以小时（h）或分（min）表示。测定时在标准规定的底材上制备涂膜，然后按产品标准规定的干燥条件进行干燥，到规定时间时，在距膜面边缘不小于 1cm 的范围内，检验涂膜是否表面干燥或实际干燥。

6. 涂料遮盖力的测定

采用自制一定规格的黑白格玻璃板，用刷子将色漆均匀地涂刷于黑白格玻璃板表面上至看不见黑白格为止。将所用的涂料一般是以两种方式来表示：即测定遮盖单位面积所需的最小用漆量，以克/米^2（g/m^2）表示，或遮盖住底面所需的最小湿膜厚度，以微米（μm）来表示。遮盖力的大小是颜料反射系数之间差别的作用。对于一定类型的颜料，为了获得最大的遮盖力，颜料颗粒的大小和它在漆料中的分散程度也是很重要的。同样重量的涂料产品，遮盖力高的，在相同的施工条件下就可以比遮盖力低的产品涂更多的面积。

四、实验方法与步骤

1. 黏度测定

每次测定之前用纱布蘸溶剂将黏度计内部擦拭干净，在空气中干燥或用冷风吹干，黏度计漏嘴应清洁，然后放入带有两个调节水平螺钉的架上。调整水平螺钉，使黏度计处于水平位置，在黏度计漏嘴下面放置 150mL 的烧杯，用手堵住漏嘴孔，将试样倒满黏度计中，用玻璃将气泡和多余的试样刮入凹槽，然后松开手指，使试样流出，同时立即开动秒表，当试样流丝中断时停止秒表，试样从黏度计流出的全部时间（秒）即为试样的条件黏度，两次测定值之差不应大于平均值的 3%，测定时试样温度为（25±1）℃。

2. 细度测定

刮板细度计在使用前必须用溶剂仔细洗净擦干，在擦洗时应用细软揩布。将符合产品标准黏度指标的试样，用小调漆刀充分搅匀，然后在刮板细度计的沟槽最深部分滴入试样数滴，以能充满沟槽而略有多余为宜。

以双手持刮刀，横置在磨光平板上端（在试样边缘处），使刮刀与磨光平板表面垂直接触。在 3s 内，将刮刀由沟槽深的部位向浅的部位拉过，使漆样充满沟槽而平板上不留有余漆。刮刀拉过后，立即（不超过 5s）使视线与沟槽平面成 15°~30° 角，对光观察沟槽中颗粒均匀显露处，记下读数（精确到最小分度值）。如有个别颗粒显露于其他分度线时，则读数与相邻分度线范围内不得超过三个颗粒，如图 6-8 所示。

平行试验三次，试验结果取两次相近读数的算术平均值，以 μm 表示。两次读数的误差不应大于仪器的最小分度值。

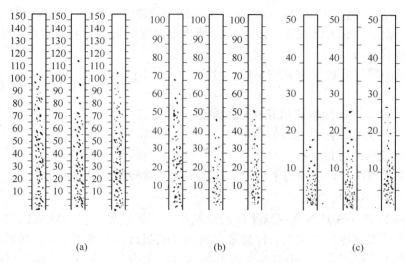

图 6-8　刮板细度计的沟槽及刻度

（a）量程 0~150μm；（b）量程 0~100μm；（c）量程 0~50μm

3. 固含量测定

（1）培养皿法

先将干燥洁净的培养皿在（105±2）℃烘箱内焙烘 30min。取出放入干燥器中，冷却至室温后，称重。用磨口滴瓶取样，以减量法称取 1.5~2g 试样（过氯乙烯涂料取样 2~2.5g，丙烯酸涂料及固体含量低于 15% 的涂料类取样 4~5g），置于已称重的培养皿中，使试样均匀地流布于容器的底部，然后放于已调节到按表 6-26 所规定温度的鼓风恒温烘箱内焙烘一定时间后，取出，放入干燥器中冷却至室温后，称重，然后再放入烘箱内焙烘30min，取出，放入干燥器中冷却至室温后，称重，直至恒重。

表 6-26　各种涂料焙烘温度规定

涂 料 名 称	焙烘温度/℃
硝基涂料、过氯乙烯涂料、丙烯酸涂料、虫胶漆	80±2
缩醛胶	100±2
油基涂料、酯胶漆、沥青涂料、酚醛涂料、氨基涂料、醇酸涂料、环氧涂料、乳胶漆、聚氨酯涂料	120±2
聚酯涂料、大漆	150±2
水性漆	160±2
聚酰亚胺漆	180±2
有机硅涂料	在 1~2h 内，由 120 升温到 180，再于 180±2 保温
聚酯漆包线漆	200±2

（2）表面皿法

本方法适用于不能用培养皿法测定的高黏度涂料如腻子、乳液和硝基电缆漆等。先将两块干燥洁净可以互相吻合的表面皿在（105±2）℃烘箱内焙烘 30min。取出放入干燥器中冷却至室温，称重。将试样放在一块表面皿上，另一块盖在上面（凸面向上），在天平上准确称取 1.5~2g，然后将盖的表面皿反过来，使两块皿互相吻合，轻轻压下，再将皿分开，使试样面朝上，放入已调节到按表 6-26 所规定温度的恒温鼓风烘箱内焙烘一定时间，以下操作同培养皿法。

固体含量的质量分数 w 按式（6-18）计算：

$$w = (m_2 - m_1)/m \tag{6-18}$$

式中　m_1——容器（表面皿或培养皿）的质量，g；

　　　m_2——焙烘后试样和容器的质量，g；

　　　m——试样的质量，g。

试验结果取两次平行试验的平均值，两次平行试验的相对误差不大于 3%。

4. 挥发物和不挥发物测定

在 (105±2)℃（或其他商定温度）的烘箱内，干燥玻璃、马口铁或铝制的圆盘和玻璃棒，并在干燥器内冷却至室温。称量带有玻璃棒的圆盘，准确到 1mg，然后以同样的精确度在盘内称入受试产品 (2±0.2)g（或其他双方认为合适的数量）。确保样品均匀地分散在盘面上。如产品含高挥发性的溶剂，则用减量法从一带塞称量瓶称样至盘内，然后于热水浴上缓缓加热到大部分溶剂挥发完为止。

把盛玻璃棒和试样的盘一起放入预热到 (105±2)℃（或其他商定温度）的烘箱内，保持 3h（或其他商定的时间）。经短时间的加热后从烘箱内取出盘，用玻璃棒搅拌试样，把表面结皮加以破碎，再将棒、盘放回烘箱。

到规定的加热时间后，将盘、棒移入干燥器内，冷却到室温再称重，精确到 1mg。试验平行测定至少两次。

按式（6-19）、式（6-20）分别计算挥发物的质量分数 $w(\mathrm{V})$ 或不挥发物的质量分数 $w(\mathrm{NV})$。

$$w(\mathrm{V}) = (m_1 - m_2)/m_1 \tag{6-19}$$

$$w(\mathrm{NV}) = m_2/m_1 \tag{6-20}$$

式中　m_1——加热前试样的质量，g；

　　　m_2——加热后试样的质量，g。

以两次测试的算术平均值（精确到一位小数）报告结果。

5. 涂料干燥时间的测定

按涂膜一般制备法在马口铁板、紫铜铜片（或产品标准规定的底材）上制备涂膜，然后在一定的干燥条件下进行干燥。每隔若干时间或到达规定的时间时，在距膜面边缘不小于 1cm 的范围内，选用下列方法检验涂膜是否表面干燥或实际干燥（烘干的涂膜从电热鼓风箱中取出后，应在恒温恒湿条件下放置 30min 后测试）。

（1）表面干燥时间测定法：

1）吹棉球法。在涂膜表面上轻轻放上一个脱脂棉球，用嘴距棉球 10~15cm，沿水平方向轻吹棉球，如能吹走，膜面不留有棉丝，即认为表面干燥。

2）指触法。以手指轻触涂膜表面，如感到有些发黏，但无涂料粘在手指上，即认为表面干燥。

（2）实际干燥时间测定法：

1）压滤纸法。在涂膜上放一片定性滤纸（光滑面接触涂膜），滤纸上再轻轻放置干燥试验器，同时开动秒表，经 30s，移去干燥试验器，将样板翻转（涂膜向下），滤纸能自由落下，或在背面用握板之手的食指轻敲几下，滤纸能自由落下而滤纸纤维不被粘在涂膜上，即认为涂膜实际干燥。

对于产品标准中规定涂膜允许稍有黏性的涂料，如样板翻转经食指轻敲后，滤纸仍不能自由落下时，将样板放在玻璃板上，用镊子夹住预先折起的滤纸的一角，沿水平方向轻拉滤纸，当样板不动，滤纸已被拉下，即使涂膜上粘有滤纸纤维，亦认为涂膜实际干燥，但应标明涂膜稍有黏性。

2）压棉球法。在涂膜表面上放一个脱脂棉球，于棉球上再轻轻放置干燥试验器，同时开动秒表。经 30s，将干燥试验器和棉球拿掉，放置 5min，观察涂膜无棉球的痕迹及失光现象，涂膜上若留有 1~2 根棉丝，用棉球能轻轻掸掉，均认为涂膜实际干燥。

3）刀片法。用保险刀片在样板上切刮涂膜，并观察其底层及膜内有无粘着现象。若无粘着现象，即认为涂膜实际干燥。

4）厚层干燥法（适用绝缘涂料）。用二甲苯或乙醇将铝片盒擦净、干燥。称取试样 20g（以 50% 固体含量计），静止至试样内无气泡（不消失的气泡用针挑出），水平放入加热至规定温度的电热鼓风箱内。按一定的升温速度和时间进行干燥。然后取出冷却，小心撕开铝片盒将试块完整地剥出。检查试块的表面、内部和底层是否符合产品标准规定，当试块从中间被剪成两份，应没有黏液状物，剪开的截面合拢再拉开，亦无拉丝现象，则认为厚层实际干燥。平行试验三次，如两个结果符合要求，即认为厚层干燥。

6. 遮盖力测定

（1）刷涂法。根据产品标准规定的黏度（如黏度稠无法涂刷，则将试样调至合适的黏度，但稀释剂用量在计算遮盖力时应扣除），在感量为 0.01g 天平上称出盛有涂料的杯子和漆刷的总质量。用漆刷将涂料均匀地涂刷于玻璃黑白格板上，放在暗箱内，距离磨砂玻璃片 15~20cm，有黑白格的一端与平面倾斜成 30°~45° 交角，分别在 1 支和 2 支日光灯下进行观察，以刚看不见黑白格为终点。然后将盛有剩余涂料的杯子和漆刷称重，求出黑白格板上涂料的质量。涂刷时应快速均匀，不应将涂料刷在板的边缘上。

刷涂法中涂料遮盖力 $X(g/m^2)$ 按式（6-21）计算（以湿涂膜计）：

$$X = (m_1 - m_2)/A \qquad (6\text{-}21)$$

式中 m_1——未涂刷前盛有涂料的杯子和漆刷的总质量，g；

　　　　m_2——涂刷后盛有剩余涂料的杯子和漆刷的总质量，g；

　　　　A——黑白格板涂料的面积，$A = 200cm^2 = 0.02m^2$。

（2）喷涂法。将涂料试样调至适于喷涂的黏度（$(23\pm2)℃$ 条件下，在涂-4 黏度计中的测定值，油基涂料应为 20~30s；挥发性涂料为 15~25s）。先在感量 0.001g 的天平上分别称重两块 100mm×100mm 的玻璃板，用喷枪薄薄地分层喷涂试样，每次喷涂后放在黑白格木板上，置于暗箱内，以下操作同（1）刷涂法。至终点后，把玻璃板背面和边缘的涂料擦净，按表 6-26 中规定的焙烘温度烘至恒重。

喷涂法中涂料遮盖力 $X(g/m^2)$ 按式（6-22）计算（以干膜计）：

$$X = (m_1 - m_2)/A \qquad (6\text{-}22)$$

式中 m_1——未喷涂前玻璃板的质量，g；

　　　　m_2——喷涂涂膜恒重后的玻璃板的质量，g；

A——黑白格板涂料的面积，$A = 100\text{cm}^2 = 0.01\text{m}^2$。

平行测定两次，结果之差不大于平均值的 5%，则取其平均值，否则必须重新试验。

五、注意事项

（1）严格按照操作步骤使用各性能测试仪器。

（2）每次测定黏度前用纱布蘸溶剂将黏度计内部擦拭干净，在空气中干燥或用冷风吹干，黏度计漏嘴应清洁。

（3）刮板细度计在使用前必须用溶剂仔细洗净擦干，在擦洗时应用细软揩布。

（4）油基涂料样板不能与硝基涂料样板放在同一个电热鼓风箱内干燥。

六、实验报告要求

（1）每人一份实验报告，报告应包括实验目的、实验原理、实验设备及材料、实验方法与步骤。

（2）实验数据处理与分析。

记录并计算涂料黏度、涂料固体含量、挥发物和不挥发物、干燥时间和遮盖力的测定值。

七、思考题

（1）有人用涂-4 黏度计测定某涂料给出 3min 的黏度结果，你认为这个数据是否正确可靠？

（2）热固性漆或交联性涂料的完全固化可用什么方法来表征？热固性涂料的焙烘温度和涂料固化温度之间有什么关系？

（3）面漆为什么要求细度小，一般在多少以下？底漆的细度最小允许在多少以上？

实验 19　涂层性能评价实验

一、实验目的

（1）了解涂层各种性能测试的意义。

（2）掌握各种涂层性能测试仪器的校正及测定操作步骤。

（3）掌握各种涂层性能的评定和计算方法。

二、实验设备及材料

1．实验设备

旋转涂漆器，湿膜测厚仪，干膜厚度测定仪，光泽计，摆杆硬度计，铅笔硬度试验仪，附着力测定仪，柔韧性测定器，冲击试验器，涂-4 黏度计，电热鼓风恒温干燥箱，高温炉，漆刷，喷枪，秒表。

2．实验材料

（1）马口铁板：镀锡量为 E_4，硬度等级为 T52，厚度为 $0.2 \sim 0.3$mm。准备尺寸为 25mm×120mm、50mm×120mm 或 70mm×150mm 的试板。

（2）玻璃板：尺寸为 90mm×120mm×（2~3）mm、100mm×100mm×5mm 的试板。

（3）钢板：应符合《普通碳素钢的技术要求》（GB/T 912—1989），尺寸为 50mm× 120mm×（0.45~0.55）mm 或 65mm×150mm×（0.45~0.55）mm 的试板。

（4）铝板：尺寸为 50mm×150mm×（1~2）mm 的试板。

（5）石棉水泥板：应符合建标 25 规定的要求，厚度为 3~6mm 的试板。

（6）钢棒：普通低碳钢棒，直径（13±2）mm，长 120mm，一端为圆滑面，另一端有孔或环。

（7）老化曝晒样板及标准样板分别为 150mm×250mm 和 70mm×150mm 的钢板、热处理强化的铝合金板、镁合金板以及其他实际应用的板材，如木板、塑料板、水泥板及其他合金板。

（8）玻璃水槽。

（9）砂布：0 号或 1 号。

（10）蒸馏水或去离子水应符合《分析实验室用水规格和试验方法》（GB/T 6682—2008）中三级水规定的要求。

（11）硫酸、氢氧化钠或氢氧化钙，均为化学纯。

（12）高级绘图铅笔一组：9H、8H、7H、6H、5H、4H、3H、2H、H、F、HB、B、2B、3B、4B、5B、6B，其中 9H 最硬，6B 最软。

（13）高级绘图橡皮。

（14）400 号水砂纸。

（15）削笔刀。

三、实验原理

在涂料检验过程中，漆膜厚度是一项很重要的控制指标。由于漆膜的厚薄不匀或涂装层数不合理，均将对涂层性能产生很大影响；各种样品的性能比较也只有在同样的漆膜厚度下才有可比性。目前测定漆膜厚度的仪器可分为湿膜和干膜两种。

涂膜光泽度是涂膜表面的一种光学性质，以其反射光的能力来表示。测定时采用固定角度的光电光泽计，在同一条件下，分别测定从涂膜表面来的正反射光量与从标准板表面来的正反射光量，涂膜光泽度以两者之比的百分数表示。

涂膜硬度是指涂膜抵抗诸如碰撞、压陷、擦划等机械力作用的能力。可用摆杆阻尼试验法和铅笔测定法测定。

（1）摆杆阻尼试验法：在色漆、清漆及有关产品的单层或多层涂层上进行摆杆阻尼试验，测定其阻尼时间，接触涂层表面的摆杆以一定周期摆动时，如表面越软，则摆杆的摆幅衰减越快。反之，衰减越慢。

（2）铅笔硬度法：采用已知硬度标号的铅笔刮划涂膜，以铅笔的硬度标号表示涂膜硬度的测定方法。

涂膜附着力即涂膜对底材黏合的坚牢程度，按圆滚线划痕范围内的涂膜完整程度评定，以级表示。

涂膜柔韧性是指涂膜随其底材一起变形而不发生损坏的能力。测定时使用柔韧性测定器，以不引起涂膜破坏的最小轴棒直径表示涂膜的柔韧性。

涂膜耐冲击性是指涂膜在重锤冲击下发生快速变形而不出现开裂或从金属底材上脱落的能力。测定时以固定质量的重锤落于试板上而不引起涂膜破坏的最大高度（cm）来表示涂膜的耐冲击性。

涂膜耐热性是指涂膜对高温环境作用的抵抗能力。测定时采用鼓风恒温烘箱或高温炉加热，达到规定的温度和时间后，以物理性能或涂膜表面变化现象来表示涂膜的耐热性能。

涂膜耐水性是指涂膜对水的作用的抵抗能力。将试板置于蒸馏水或去离子水中浸泡，在达到规定的试验时间后，以漆膜表面变化现象表示其耐水性能。有浸水试验法和浸沸水试验法两种方法。

涂料漆膜耐酸碱性是指涂膜对酸碱侵蚀的抵抗能力，测定时将漆膜浸入规定的介质中，观察其侵蚀的程度。

涂膜耐候性是指涂膜抵抗阳光、雨、露、风、霜等气候条件的破坏作用（失光、变色、粉化、龟裂、长霉、脱落及底材腐蚀等）而保持原性能的能力。涂膜在环境条件影响下，性能逐渐发生变化的过程被称为涂膜老化。将样板在一定条件下曝晒，按规定的检查周期对上述老化现象进行检查，并按规定的涂膜耐候性评级方法进行评级。

四、实验方法与步骤

1. 涂膜的制备

（1）制板方法。涂膜前先按《色漆和清漆标准试板》（GB/T 9271—2008）规定对所用底板进行表面处理，然后将试样搅拌均匀，如果试样表面有结皮，则应先仔细揭去。多组分涂料按规定的配比称量混合，搅拌均匀。必要时混合均匀的试样可用 0.124 ~ 0.175mm（80~120 目）筛子过筛。然后将试样稀释至适当黏度或按产品标准规定的黏度，按规定选用下列方法之一制备涂膜。

　　1）刷涂法。用漆刷在规定的试板上，快速均匀地沿纵横方向涂刷，使其成一层均匀的涂膜，不允许有空白或溢流现象。涂刷好的样板，按规定进行干燥。

　　2）喷涂法。在规定的试板上喷涂成均匀的涂膜，不得有空白或溢流现象。喷涂时，喷枪与被涂面之间的距离不小于 200mm，喷涂方向要与被涂面成适当的角度，空气压力为 0.2~0.4MPa（空气应过滤去油、水及污物），喷枪移动速度要均匀。喷涂好的样板按规定进行干燥。

　　3）浸涂法。将试样稀释至适当的黏度，以缓慢均匀的速度将试板垂直浸入涂料液中，停留 30s 后，以同样速度从涂料中取出，放在洁净处滴干 10~30min，滴干的样板或钢棒垂直悬挂于恒温恒湿处或电热鼓风恒温干燥箱中干燥（干燥条件按产品标准规定），如产品标准对第一次浸涂的干燥时间没有规定，可自行确定，但不超过产品标准中所规定的干燥时间。控制第一次涂膜的干燥程度，以保证制成的涂膜不致因第二次浸涂后发生流挂、咬底或起皱等现象。此后，将试样倒转 180°，按上述方法进行第二次浸涂、滴干，然后按规定进行干燥。

　　4）刮涂法。将试板放在平台上，并予以固定。按产品规定湿膜厚度，选用适宜间隙的涂膜制备器，将其放在试板的一端，制备器的长边与试板的短边大致平行或放在试板规定的位置上，然后在制备器的前面均匀地放上适量试样，握住制备器，用一定的向下压力，并以 150mm/s 的速度匀速滑过试板，即涂布成需要厚度的湿膜。

　　5）均匀涂膜制备法（旋转涂漆器法）。把底板固定在样板架上，在旋转涂漆器上选定旋转时间（以“秒”计）及转速（以“转/分”计），并使涂料产品的温度与测定黏度时的温度一致，在整个制备过程中保持不变。

　　将涂料产品（黏度介于 30~150s(涂-4 黏度计)）沿长方形底板纵向的中心线成带状地注入，其量约占底板的一半面积，迅速盖上盖子，启动电机，待仪器自动停止转动后，方可打开盖子，取出样板，立即检查，选取涂膜均匀平整且全覆盖底板表面的样板，按规定进行干燥。

　　6）浇注法。把充分搅拌的涂料样品均匀浇注在整块水平的样板上，再以 45°角倾斜放置在洁净无灰处 10~30min，使样板上多余的涂料流尽，以同样的角度置于干燥箱或烘箱内，按规定进行干燥。然后，将样板倒转 180°，按上述方法进行第二次浇注、干燥。

　　注意：上述各种方法的制板过程中，均不允许手指与试板表面或涂膜表面直接接触，以免留下指印影响涂膜性能的测试。

　　（2）涂膜的干燥和状态调节。状态调节是指在试验前将试样和试件置于有关温度和湿度的规定条件下，并使它们在此条件下保持预定时间的整个操作。除另有规定外，恒温恒湿条件是指标准环境条件：温度（23±2）℃，相对湿度 50%±5%。

　　1）自干涂料。制备的涂膜应平放在恒温恒湿条件下，按产品标准规定的时间进行干燥。一般自干涂料在恒温恒湿条件下进行状态调节 48h（包括干燥时间在内）；挥发性涂料状态调节 24h（包括干燥时间在内）。

　　2）烘干涂料。制备的涂膜应先在室温放置 15~30min，再平放入电热鼓风恒温干燥箱中按产品标准规定的温度和时间进行干燥。干燥后的涂膜在恒温恒湿条件下进行状态调节 0.5~1h。

　　（3）涂膜厚度。各种涂膜干燥后的涂膜厚度应符合表 6-27 中的规定，然后才能进行各种性能的测定。

表 6-27　各种涂膜干燥后的涂膜厚度

名　称	厚度/μm
清油、丙烯酸清漆	13±3
酯胶、酚醛、醇酸等清漆	15±3
沥青、环氧、氨基、过氯乙烯、硝基、有机硅等清漆	20±3
磁漆、底漆、调和漆	23±3
丙烯酸磁漆、底漆	18±3
乙烯磷化底漆	10±3
厚漆	35±5
腻子	500±20
防腐漆单一漆膜的耐酸耐碱性及防锈漆的耐盐水性、耐磨性（均涂二道）	45±5
单一漆膜的耐湿热性	23±3
防腐漆酸套漆膜的耐酸耐碱性	70±10
磨光性	30±5

1) 湿膜厚度测定。在各种底材涂刷涂料施工后，立即将湿膜厚度计稳固地垂直放在平整的工件涂层表面上，然后移去，观察湿膜计表面接触的齿形黏附湿膜的最大读数即为该湿膜的厚度，以微米（μm）表示。以同样方式在不同地位，至少再测取两次读数，以得到一定范围内的代表性结果。用后洗净揩干，如发现齿端损伤或磨损需更新。

2) 干膜厚度测定：

①调零：根据试样基体的特点选择磁性测量探头和涡流测量探头。将测头置于标准基板上，按"调零"按键，使显示板显示"0.00"，如果不能显示该值，可以按动向下的按键箭头调整。

②校准：将仪器所带不同厚度校准片置于测头与基体之间，调节上下键箭头，使显示屏显示到标准片厚度值。

③重复①、②两步骤，直至显示屏读数准确为止。

④将测头与涂层测试面垂直地接触并轻压测头定位套，随着一声鸣响，屏幕显示测量值，该显示的数值即为涂层的厚度值。

⑤本仪器对测量值自动进行统计处理，它需要至少三个测量值来产生 5 个统计值：平均值（MEAN）、标准偏差（S. DEV）、测试次数（No.）、最大测试值（MAX）、最小测试值（MIN）。

2. 涂膜光泽度的测定

先在玻璃板上制备涂膜，清漆需涂在预先涂有同类型的黑色无光漆的底板上。

测定时，接通电源，按下电源开关预热 10min 后，按下 140% 的量程选择钮，拉动样板夹。将黑色标准板插入空隙里夹好。慢慢转动标准旋钮，使表针指示标准板所标定的光泽数。取出标准板，插入被测样板。光泽低于 70% 时，应按下 70% 的量程选择钮，在样板的三个不同位置进行测量，读数准确至 1%。每测定五块样板后，用标准板校对一次。标准板宜用擦镜纸或绒布擦，以免损伤镜面。

结果取三点读数的算术平均值。各测量点读数与平均值之差，不大于平均值的 5%。

3. 涂膜硬度的测定

（1）摆杆法。除另有规定外，试验应在（23±2）℃、相对湿度50%±5%下进行。使用仪器时，应避免气流和振动，并且建议使用一个保护外罩。将抛光玻璃板放于仪器水平工作台上，用一个酒精水平仪置于玻璃板上，调节仪器底座的垫脚螺丝，使板呈水平。用乙醚湿润了的软绸布（或棉纸）擦净支承钢珠。将摆杆处于试板相同的环境条件下放置10min，将被测试板涂膜朝上，放置在水平工作台上，然后使摆杆慢慢降落到试板上。核对标尺零点与静止位置时的摆尖是否处于同一垂直位置，如不一致则应予以调节。在支轴没横向位移的情况下，将摆杆偏转一定的角度（科尼格摆为6°，珀萨兹摆为12°），停在预定的停点处。松开摆杆，开动秒表。记录摆幅由6°到3°（科尼格摆）、12°到4°（珀萨兹摆）及5°到2°的时间，以秒计。可在同一块试板的三个不同位置上进行测量，记录每次测量的结果及三次测量的平均值。

对于科尼格摆法、珀萨兹摆法，涂层阻尼时间是以同一块试板上三次测量值的平均值表示。对于有自动记录摆杆在规定角度范围内摆动次数的阻尼试验仪，其阻尼时间应按式（6-23）进行计算。

$$t = T/n \tag{6-23}$$

式中　t——涂层阻尼时间，s；

　　　T——摆的周期，s/次；

　　　n——规定角度范围内摆杆摆动的次数，次。

对于双摆杆法涂膜硬度的计算按式（6-24）进行：

$$X = t/t_0 \tag{6-24}$$

式中　t——摆杆在涂膜上从5°到2°的摆动时间，s；

　　　t_0——摆杆在玻璃板上从5°到2°的摆动时间，s。

（2）铅笔硬度法：

1）试验机法：

①制备试验用铅笔：用削笔刀削去木杆部分，使铅芯呈圆柱状露出约3mm。然后在坚硬的平面上放置砂纸，将铅芯垂直靠在砂纸上画圆圈，慢慢地研磨，直至铅笔尖端磨成平面，边缘锐利为止。

②在试验机的试验样板放置台上，将样板的涂膜面向上，水平地放置且固定。

③试验机的重物通过重心的垂直线使涂膜面的交点接触到铅笔芯的尖端，将铅笔固定在铅笔夹具上。

④调节平衡重锤，使试验样板上加载的铅笔荷重处于不正不负的状态，然后将固定螺丝拧紧，使铅笔离开涂膜面，固定连杆。在重物放置台上加上（1.00±0.05）kg的重物，放松固定螺丝，使铅笔芯的尖端接触到涂膜面，重物的荷重加到尖端上。

⑤恒速地摇动手轮，使试验样板向着铅笔芯反方向水平移动约3mm，使笔芯刮划涂膜表面，移动的速度为0.5mm/s。将试验样板向着与移动方向垂直的方向挪动，以变动位置，刮划五道。铅笔的尖端，每道刮划后，要重新磨平再用。

⑥涂膜刮破（或擦伤）的情况：在五道刮划试验中，如果有两道或两道以上认为未刮破（或擦伤）到样板的底材或底层涂膜时，则换用前一位铅笔硬度标号的铅笔进行同样试验，直至选出涂膜被刮破（或擦伤）两道或两道以上的铅笔，记下在这个铅笔硬度

标号后一位的硬度标号。

注：擦伤是指在涂膜表面有微小的刮痕，但由于压力使涂膜凹下去的现象不作考虑，如果在试验处的涂膜无伤痕，则可用橡皮擦除去碳粉，以对着垂直于刮划的方向与试验样板的面成45°角进行目视检查，能辨别的伤则认为是擦伤。

2）手动法：

①制备试验用铅笔：方法同1）法。

②将样板放置在水平的台面上，涂膜向上固定，如图6-9所示。手持铅笔约成45°角，以铅笔芯不折断为度，在涂膜面上推压，向试验者前方以均匀的、约1cm/s的速度推压约1cm，在涂膜面上刮划。

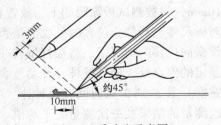

③每刮划一道，要对铅笔芯的尖端进行重新研磨，对同一硬度标号的铅笔重复刮划五道。

图6-9　手动法示意图

以下操作同1）试验机法中第⑥条。

对于硬度标号相互邻近的两支铅笔，找出涂膜被刮破（或擦伤）两道以上（包括两道）及未满两道的铅笔后，将未满两道的铅笔硬度标号作为涂膜的铅笔硬度。

4. 涂膜附着力的测定

在马口铁板上（或按产品标准规定的底材）制备样板3块，待涂膜实干后，于恒温恒湿的条件下测定。测前先检查附着力测定仪的针头，如不锐利应予更换，更换方法为：提起半截螺帽，抽出试验台，即可换针。当发现划痕与标准回转半径不符时，应调整回转半径，其方法是松开卡针盘后面的螺栓、回转半径调整螺栓，适当移动卡针盘后，依次紧固上述螺栓，划痕与标准圆滚线图比较，如仍不符应重新调整回转半径，直至与标准回转半径5.25mm的圆滚线相同为调整完毕。测定时，将样板正放在试验台上，拧紧固定样板调整螺栓，向后移动升降棒，使转针的尖端接触到涂膜，如划痕未露底板，应酌加砝码。按顺时针方向，均匀摇动摇柄，转速以80~100r/min为宜，圆滚线划痕标准图长为（7.5±0.5）cm。向前移动升降棒，使卡针盘提起，松开固定样板的有关螺栓，取出样板，用漆刷除去划痕上的漆屑，以4倍放大镜检查划痕并评级。

以样板上划痕的上侧为检查的目标，依次标出1、2、3、4、5、6、7等七个部位（见图6-10）。相应分为七个等级。按顺序检查各部位的涂膜完整程度，如某一部位的格子有70%以上完好，则定为该部位是完好的，否则应认为坏损。例如，部位1涂膜完好，附着力最佳，定为一级；部位1涂膜坏损而部位2完好，附着力次之，定为二级。依次类推，七级为附着力最差。标准划痕圆滚线如图6-10所示。结果以至少有两块样板的级别一致为准。

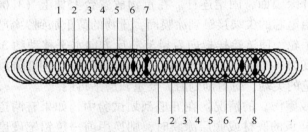

图6-10　标准划痕圆滚线

5. 涂膜柔韧性的测定

在马口铁板上制备涂膜。经干燥、状态调节后测定涂膜厚度，然后在规定的恒温恒湿条件下，用双手将试板涂膜朝上，紧压于规定直径的轴棒上，利用两大拇指的力量在 2~3s 内，绕轴棒弯曲试板，弯曲后两大拇指应对称于轴棒中心线。然后用 4 倍放大镜观察涂膜。检查涂膜是否产生网纹、裂纹及剥落等破坏现象。

记录涂膜破坏的详细情况，以不引起涂膜破坏的最小轴棒直径表示涂膜的柔韧性。

6. 涂膜耐冲击性的测定

（1）冲击试验器的校正。把滑筒旋下来，将金属环套在冲头上端，在铁砧表面上平放一块金属片，用一底部平滑的物体从冲头的上部按下去，调整压紧螺帽使冲头的上端与金属环相平，而下端钢球与金属片刚好接触，则冲头进入铁砧凹槽的深度为（2±0.1）mm。钢球表面必须光洁平滑，如发现有不光洁不平滑现象时，应更换钢球。

（2）冲击试验。将涂漆试板涂膜朝上平放在铁砧上，试板受冲击部分距边缘不少于15mm，每个冲击点的边缘相距不得少于 15mm。重锤借控制装置固定在滑筒的某一高度（其高度由产品标准规定或商定），按压控制钮，重锤即自由地落于冲头上。提起重锤，取出试板。记录重锤落于试板上的高度。同一试板进行三次冲击试验。

（3）试板的检查。用 4 倍放大镜观察，判断涂膜有无裂纹、皱纹及剥落等现象。

（4）记录涂膜变化的详细情况，以不引起涂膜破坏的最大高度（cm）来表示涂膜的耐冲击性。

7. 涂膜耐热性的测定

先制备涂膜，待涂膜实干后，将三块涂漆样板放置于已调节到按产品标准规定温度的鼓风恒温烘箱（或高温炉）内。另一块涂漆样板留作比较。待达到规定时间后，将涂漆样板取出，冷至温度（25±2）℃，与预先留下的一块涂漆样板比较，检查其有无起层、皱皮、鼓泡、开裂、变色等现象或按产品标准规定检查。

记录涂膜变化的详细情况及评定结果，以不少于两块样板均能符合产品标准规定为合格。

8. 涂膜耐水性的测定

取一定量的样品，在底板上制备涂膜，并进行干燥、状态调节、测定涂膜的厚度。注意：试板投试前应用 1：1 的石蜡和松香混合物封边，封边宽度 2~3mm。再按下述法（1）或法（2）进行试验。

（1）浸水试验法。在玻璃水槽中加入蒸馏水或去离子水，除另有规定外，调节水温为（23±2）℃，并在整个试验过程中保持该温度。将三块试板放入其中，并使每块试板长度的 2/3 浸泡于水中。

在产品标准规定的浸泡时间结束时，将试板从槽中取出，用滤纸吸干，立即或按产品标准规定的时间状态调节后以目视检查试板，并记录是否有失光、变色、起泡、起皱、脱落、生锈等现象和恢复时间。

（2）浸沸水试验法。在玻璃水槽中加入蒸馏水或去离子水，除另有规定外，保持水处于沸腾状态，直到试验结束。以下操作同浸水试验法。

记录涂膜破坏的详细情况及评定结果，三块试板中至少应有两块试板符合产品标准规定则为合格。

9. 涂料漆膜耐酸碱性的测定

取普通低碳钢棒，用砂布彻底打磨后，再用200号油漆溶剂油或工业汽油洗涤，然后用绸布擦干。将黏度为（20±2）s（涂-4黏度计）的试样倒入量筒中至40mL。静置至试样中无气泡后，用浸渍法将钢棒带孔的一端在2~3s内垂直浸入试样中，取出，悬挂在物架上。放置24h将钢棒倒转180°，按上述方法浸入试样中，取出后再放置七天（自干漆均在恒温恒湿条件下干燥，烘干漆则按产品标准规定的条件干燥）。用杠杆千分尺测量漆膜厚度。

将试样棒的三分之二浸入温度为（25±1）℃的酸或碱中，并加盖。浸入酸或碱中的试棒每24h检查一次，每次检查试棒需经自来水冲洗，用滤纸将水珠吸干后，观察漆膜有无失光、变色、小泡、斑点、脱落等现象。

记录涂膜破坏的详细情况及评定结果，合格与否按产品标准规定，以两只试棒结果一致为准。

10. 涂膜耐久性（耐候性）检测

（1）制备样板。按规定的方法制备试验样板，并参照各种涂料产品标准中规定的施工方法制备涂膜，曝晒样板的反面必须涂漆保护，底漆和面漆宜采用喷涂法施工。每一个涂料品种，同时用同样的施工方法制备两块曝晒样板和一块标准样板，并妥善地保存在室内阴凉、通风、干燥的地方。

（2）曝晒投试及检查测定。样板投试前，先观测涂膜外观状态和物理机械性能并作记录。

以年和月为测定的计时单位（投试三个月内，每半个月检查一次；投试三个月至一年，每月检查一次；投试一年后，每三个月检查一次），对老化现象进行检查。样板检查前，样板下半部用毛巾或棉纱在清水中洗净晾干，作检查失光、变色等现象用；上半部不洗部分，作检查粉化、长霉等现象。

样板曝晒期限可以提出预计时间，但终止指标应根据各种涂膜老化破坏的程度及具体要求而定。一般涂膜破坏情况达到综合评级《色漆和清漆涂层老化的评级方法》（GB/T 1766—2008）的"差级"中的任何一项即可停止曝晒试验。

五、注意事项

（1）严格按照操作步骤使用各性能测试仪器。

（2）光泽计标准板宜用擦镜纸、丝绸或绒布擦度，以免损伤镜面，造成光泽度的变化。

（3）光泽计应放置于干燥洁净的地方，避免受潮及有害气体的腐蚀等。

六、实验报告要求

（1）每人一份实验报告，报告应包括实验目的、实验原理、实验设备及材料、实验方法与步骤。

（2）实验数据处理与分析。

针对每种涂层性能，详细列表记录试样的测定结果，并给出最终评级和计算结果。

七、思考题

（1）现在如下一组光泽度数据：85%（60°）和 75%（20°），能据此判明它们光泽谁高谁低吗？为什么？在什么情况下采用 20°光泽数据？

（2）在测试硬度使用仪器时气流和振动会有什么影响？

（3）涂膜的树脂玻璃化温度高或交联密度很高，预计涂膜的抗冲击性怎样变化？与涂膜硬度有什么关系？涂膜对底材附着力大小与冲击度有无关系？柔韧性和抗冲击性有否相关性？

附　录

附录一　腐蚀试件的准备

要根据实验目的，选择试件的化学成分和金相组织，使之具有代表性。

试件的形状和尺寸取决于实验目的、材料的性质、实验的时间和实验的装置。为了消除边界效应的影响，试件表面积对其质量之比要大些，边缘的面积对总面积之比要小些。试件的外形要力求简单，以便于清楚腐蚀产物、测量表面积和进行加工。通常采用薄矩形、圆形薄片和圆柱体试件。

重量法测定腐蚀速度的试件通常采用：

矩形：$50mm \times 25mm \times (2 \sim 3)mm$

圆盘形：$\phi(30 \sim 40)mm \times (2 \sim 3)mm$

在用电化学方法进行测试时，为了引出导线、克服电偶腐蚀和缝隙腐蚀的干扰、便于封样，又常常采用其他形状的试件，如长的圆柱体、长方体等。

为了消除金属试件表面状态的差异，获得均一的表面状态，试件表面在试验前要经过严格的处理。一般是先用粗磨、细磨、抛光到一定光洁度，使平行试件的表面状态接近。如果在机加工时已达到足够的光洁度（7），实验前只需要用金相砂纸（如 320 目）打磨，活化试件表面。也可通以 $50\mu A/cm^2$ 左右的微小阴极电流 $1 \sim 2min$ 以进行活化。

附录二 腐蚀产物的清除

清除腐蚀产物要最大限度地除净试件上的腐蚀产物而又尽可能不损伤试件的基体，以减少误差。

清除腐蚀产物的方法可以分为：

（1）机械方法：即用毛刷、橡皮、滤纸甚至用砂纸擦，有时还可用喷砂的方法除去，用自来水冲刷。必须避免损伤金属基体。

（2）化学方法：即选择适宜的溶剂、去膜剂及去膜条件，要力求腐蚀产物溶解快、空白失重小、操作简便。

附表1介绍几种化学除膜剂的配方及使用条件。在浸洗后用橡皮、刷子擦除腐蚀产物。

附表 1　几种化学除膜剂

试件材质	除膜剂的配方	除膜条件
铜和铜合金	5%~10%硫酸溶液或15%~20%盐酸溶液	室温、几分钟个、橡皮擦、刷子刷
铁和钢	20%盐酸溶液或硫酸溶液+有机缓蚀剂	30~40℃，擦除
	20%氢氧化钠+10%锌粉	沸腾
	浓盐酸+50g/L 氯化锡+20g/L 三氯化锑	室温，擦除
锡和锡合金	15%磷酸溶液	沸腾，10min，擦除
铅和铅合金	10%醋酸溶液	沸腾，10min，擦除
	5%醋酸铵溶液	热，5min，擦除
铝和铝合金	70%硝酸溶液	室温，3min，擦除
	2%氧化铬磷酸溶液	78~85℃，10min，擦除
不锈钢	10%硝酸溶液	至洗净为止，忌带氯离子
镁和镁合金	15%氧化铬+1%铬酸银溶液	沸腾，15min，擦除

（3）电化学方法：

1）原理。将一直流电源的负极接到待清除腐蚀产物的试件上组成阴极，用一辅助电极（石墨或铅）作阳极，在适当的去膜液中通电，介质中的氢离子在阴极析出氢气，阴极表面原有的腐蚀产物因氢气泡的作用拱起剥落，残留的疏松锈层用机械方法即可冲刷除净。

2）去膜条件：

溶液	5%硫酸
缓蚀剂	有机缓蚀剂（如若丁）2mL/L（饱和溶液）
阳极	石墨
阴极	试件
阴极电流密度	0.2A/cm²
温度	74℃
去膜时间	3min
去膜装置	见附图1

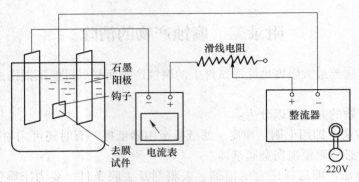

附图 1　电化学去膜装置线路图

3）操作步骤及注意事项：

①配置 5%硫酸溶液，倒入电解槽并用电阻丝加热到 74℃，放入缓蚀剂，搅拌使之溶解。

②按附图 1 接好线路。阳极最好用两块平行的圆筒形的石墨板，把试件放置其间，使阴极电流分布均匀。

③检查线路后，先将一形状大小与膜试件相近的空白试件作为阴极，调电流至所需值。

④用去膜试件取代空白试件与导线连接，接通电源后带点迅速浸入去膜液中，并及时观察和调节电流值。3min 后取出，关闭电源。

⑤立即在自来水下冲洗，刷去表面锈层。再用蒸馏水、丙酮和无水乙醇擦洗，干燥，称重并记录。

⑥反复去膜，称重直至两次去膜失重不大于 0.5mg 可视为恒重。

注意：在某一去膜液中只可处理同一材质的试件；试件的挂钩或夹具必须与试件的材质相近。

附表 2 列出用上述方法去膜的空白失重。

附表 2　电化学方法去膜的空白失重

金属	空白失重 /mg·cm^{-2}	金属	空白失重 /mg·cm^{-2}	金属	空白失重 /mg·cm^{-2}
铝 2S	0.0155	铜	0.00202	锡	0.00217
海军黄铜	0.00202	蒙乃尔合金	0.00	锌	太大
红铜	0.00	钢	0.0791	镍	0.0217
黄铜	0.00403	18-8 不锈钢	0.00		
5%锡的青铜	0.00	化学铅	0.0605		

附录三　确定塔菲尔常数（b值）的几种方法

根据线性极化方程式来求取金属的腐蚀速度，必须确定腐蚀体系阴极和阳极极化曲线的塔菲尔常数 b_k 和 b_a，或确定其比例常数 B。

$$R_p = \frac{\Delta E}{\Delta i} = \frac{b_a \times b_k}{2.3(b_a + b_k)} \times \frac{1}{i_c} = \frac{B}{i_c}$$

对于一定的腐蚀体系，可以认为 b_k 和 b_a 在腐蚀过程中不变，通常可由下列方法获得其值：

（1）由文献中查取有关电极反应的 b 值。

（2）由活化极化动力学研究结果的数据表明，b 的实验值通常在 $0.03 \sim 0.18V$ 之间，而大多数又在 $0.06 \sim 0.12V$ 之间。对于扩散控制的局部反应，b_k 为无穷大，对于处于钝态的腐蚀体系 b_a 值为无穷大。如果缺乏某一体系的 b 值的数据，也可近似地假定其为此范围内的某一数值，推算出自然腐蚀电流，其误差不超过 200%。

（3）用失重法校正：

利用线性极化技术在不同时间内测定其极化电阻率，即瞬时极化电阻率；将瞬时极化电阻率对时间作图，利用图解积分法求得 $R_p t$ 值，将其除以时间，则可得到在该实验时间内的极化电阻率的平均值 R_p。

同时进行腐蚀失重测定，根据法拉第定律，把腐蚀的失重指标换算成平均自腐蚀电流指标 i_c。不管腐蚀体系是活化控制，还是浓差极化控制，均可将上述求得的 R_p 和 i_c 代入：

$$B = R_p \times i_c$$

求得包含 b 值的比例常数 B。用 B 值进行此腐蚀体系的有关计算。

（4）电极极化曲线求 b 值。施加电流于试件，将其极化到塔菲尔区，然后用极化电位对电流密度的对数值作图。根据塔菲尔公式：

$$\varphi = a + b\lg i$$

则图上的塔菲尔区直线段的斜率为：

$$\frac{d\varphi}{d\lg i} = b$$

当 $\lg i = 1$ 时，则 $b = d\varphi$。

b_k 在大多数情况下都可由测得的阴极极化曲线确定，而 b_a 只有在腐蚀速度很小的情况下，又是活化极化控制，才能从测得的阳极极化曲线上求取。因为只有在此情况下，阳极极化曲线才具有塔菲尔关系。在一般情况下，阳极极化时金属的腐蚀电位将落在金属强烈溶解或因强烈氧化而呈现钝态的电位区。在这种情况下，可由阴极极化曲线来求取 b_a（也可由阳极极化曲线求取 b_a，从略），方法如下：

在阴极极化时，极化电流密度 I_k 应为局部阴极电流密度 i_k 和局部阳极电流密度 i_a 之差：

$$I_k = i_k - i_a$$
$$i_a = i_k - I_k$$

如附图 2 所示，将所测得的阴极极化曲线的线性段（b_k）延长。在延长线上的每一个阴极极化电位下，例如 φ_A，有两个相应的电流密度，在阴极极化曲线线性段延长的对应电流密度是局部阴极电流密度 i_k，在阴极极化曲线上的是极化电流密度 I_k，则由：

$$i_a = i_k - I_k$$

可确定该电位下一点 a，同理，可以在 φ_B、φ_D、φ_E 等电位下确定相应的 b、d、e 等点，作通过 a、b、d、e 等点的直线，这就是计算的阳极极化曲线，从而求得 b。

这个方法要求在自腐蚀电位 φ_c 附近约 50mm 范围内作图，测定点要力求多些，尽可能准确，以减少误差。

附表 3 列出一些腐蚀体系常数 B 的文献值，供参考。

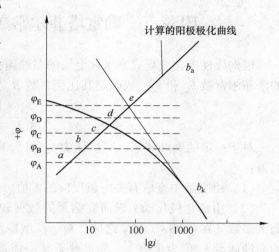

附图 2　由阴极极化曲线计算阳极极化曲线求取 b_a 值

附表 3　腐蚀体系常数 B 值（文献摘录）

腐蚀体系	B/mV	腐蚀体系	B/mV
Fe/0.5mol/L H_2SO_4	12.9~14.4	Al、Cu、软钢/海水	5.5
Fe/0.5mol/L H_2SO_4（加缓蚀剂）	25	Cu/3%NaCl	31
Fe/10% H_2SO_4	43	304 不锈钢/3%NaCl（理论值）	21.7
碳钢/0.5mol/L H_2SO_4	12	Cu、Cu-Ni 合金、黄铜/海水	17.4
不锈钢/0.5mol/L H_2SO_4	18	碳钢、不锈钢/水（pH=7，250℃）	20~25
Fe/1mol/L H_2SO_4	28	碳钢、304 不锈钢/水（298℃）	20.9~24.2
Fe/0.2mol/L HCl	30	Cr-Ni 不锈钢/Fe^{3+}/Fe^{2+}（缓蚀剂）	52
Fe/1mol/L HCl	18.0~23.2	Cr-Ni 不锈钢/$FeCl_3$ 和 $FeSO_4$	52
Fe/HCl+H_2SO_4（加缓蚀剂）	11~21	Fe/有机酸	90
Fe/4%NaCl（pH=1.5）	17.2	Fe/中性溶液	75
碳钢/海水	25	软钢/0.02mol/L H_3PO_4+缓蚀剂	16~21
Al/海水	18.2		

参 考 文 献

[1] 张世远，路权，薛荣华，等. 磁性材料基础 [M]. 北京：科学出版社，1988.

[2] 廖晓玲，周安若，蔡苇. 材料现代测试技术 [M]. 北京：冶金工业出版社，2010.

[3] 潘清林，黄继武. 金属材料科学与工程实验教程 [M]. 长沙：中南大学出版社，2006.

[4] 周小平. 金属材料及热处理实验教程 [M]. 武汉：华中科技大学出版社，2006.

[5] 戴雅康. 金属力学性能实验 [M]. 北京：机械工业出版社，1991.

[6] 那顺桑. 金属材料工程专业实验教程 [M]. 北京：冶金工业出版社，2004.

[7] 潘清林，孙建林. 材料科学与工程实验教程（金属材料分册）[M]. 北京：冶金工业出版社，2011.

[8] 冯立明，牛玉超，张殿平. 涂装工艺与设备 [M]. 北京：化学工业出版社，2004.

[9] 王锡春. 最新汽车涂装技术 [M]. 北京：机械工业出版社，1999.

[10] 王吉会，郑俊萍，刘家臣，等. 材料力学性能 [M]. 天津：天津大学出版社，2006.

[11] 曲敬信，汪泓宏. 表面工程手册 [M]. 北京：化学工业出版社，1998.

[12] 向嵩，张晓燕. 材料科学与工程实验教程 [M]. 北京：北京大学出版社，2011.

[13] 葛利玲. 材料科学与工程基础实验教程 [M]. 北京：机械工业出版社，2010.

[14] 叶宏，佴海东，张小彬. 金属热处理原理与工艺 [M]. 北京：化学工业出版社，2011.

[15] 沈品华. 现代电镀手册 [M]. 北京：机械工业出版社，2010.

[16] 张允城，胡如南，向荣. 电镀手册（第3版）[M]. 北京：国防工业出版社，2007.

[17] 倪玉德. 涂料制造技术 [M]. 北京：化学工业出版社，2003.

[18] 张学敏. 涂装工艺学 [M]. 北京：化学工业出版社，2002.

[19] 杨渊德，林宣益，桂泰江，等. 涂料制造及应用 [M]. 北京：化学工业出版社，2012.

[20] 王凤平，朱再明，李杰兰. 材料保护实验 [M]. 北京：化学工业出版社，2005.

[21] 王吉会. 腐蚀科学与工程实验教程 [M]. 北京：北京大学出版社，2013.

[22] 李久青，杜翠薇. 腐蚀试验方法及监测技术 [M]. 北京：中国石化出版社，2007.

冶金工业出版社部分图书推荐

书　名	作　者	定价(元)
材料成形计算机模拟（第2版）	辛啟斌　王琳琳　编著	28.00
材料科学基础教程	王亚男　陈树江　等编著	33.00
材料现代测试技术	廖晓玲　主编	45.00
材料现代研究方法实验指导书	祖国胤　丁　桦　主编	25.00
超硬材料工具设计与制造	吕　智　等著	59.00
金属学及热处理	范培耕　主编	38.00
电子信息材料	常永勤　编	19.00
多晶材料 X 射线衍射	黄继武　李　周　编著	38.00
粉末冶金工艺及材料	陈文革　王发展　编著	33.00
复合材料	尹洪峰　魏　剑　编著	32.00
工程材料与成型工艺	徐萃萍　赵树国　主编	32.00
功能复合材料	尹洪峰　等编著	36.00
激光加工技术及其应用	刘其斌　编著	35.00
激光弯曲成形及功能梯度材料成形技术	尚晓峰　苏荣华　王志坚　著	25.00
金属材料力学性能	那顺桑　李　杰　艾立群　编著	29.00
金属材料学（第2版）	吴承建　等编著	52.00
金属硅化物	易丹青　刘会群　王　斌　著	99.00
难熔金属材料与工程应用	殷为宏　汤慧萍　编著	99.00
人造金刚石工具手册	宋月清　刘一波　主编	260.00
图解激光加工实用技术	金冈優　著	26.00
现代材料测试方法	李　刚　等编	30.00
硬质合金生产原理和质量控制	周书助　编著	39.00
金属材料学（第3版）	强文江　主编	66.00